全国高职高专规划教材

绿色食品生产管理

主编　米志鹏　马贵民

主审　杜广平　肖君泽

中国环境科学出版社·北京

图书在版编目（CIP）数据

绿色食品生产管理/米志鹏，马贵民主编. —北京：中国环境科学出版社，2012.7
（全国高职高专规划教材）
ISBN 978-7-5111-1058-9

Ⅰ. ①绿… Ⅱ. ①米…②马… Ⅲ. ①绿色食品—生产管理 Ⅳ. ①S-01

中国版本图书馆 CIP 数据核字（2012）第 155163 号

责任编辑 孟亚莉
文字编辑 安子莹
责任校对 尹 芳
封面设计 玄石至上

出版发行 中国环境科学出版社
（100062 北京市东城区广渠门内大街 16 号）
网 址：http://www.cesp.com.cn
电子邮箱：bjgl@cesp.com.cn
联系电话：010-67112765（编辑管理部）
发行热线：010-67125803，010-67113405（传真）
印装质量热线：010-67113404

印 刷 北京市联华印刷厂
经 销 各地新华书店
版 次 2012 年 8 月第 1 版
印 次 2012 年 8 月第 1 次印刷
开 本 787×960 1/16
印 张 17.5
字 数 365 千字
定 价 32.00 元

前　言

民以食为天，食以安为先。在环境污染日益严重的形势下，食品安全问题已成为全球也是我国最紧迫的民生问题之一。加快发展绿色农业，生产出“无污染、安全、优质、营养”的农产品，并逐步形成绿色食品生产管理的主导模式，这既是我国13亿人口食品安全和营养改善的根本保障，也是中华农耕文明史上具有深远意义的战略之举。

本书以绿色食品生产全过程——“从农田到餐桌”为基本框架，由绿色食品产业概述、绿色食品基础知识、绿色食品生产、绿色食品质量监控体系、绿色食品认证及绿色食品市场营销六大项目构成，以我国绿色食品生产技术规程为指导，全面阐述了绿色食品生产管理的相关理论与实践，以绿色食品生产管理过程为主线，具有编排层次清晰，应知应会知识全面、实践技能易于操作三大特点。本书既可作为高职高专绿色食品生产相关专业学生的教材，又可作为从事绿色食品生产管理、农业技术推广、食品工业等行业的工作者及农村干部和绿色食品经营者的培训教材和自学参考资料。此书虽为作者倾力之作，但由于本研究领域和科技的迅猛发展及作者的能力所限，在此书完稿之际，仍有挂一漏万之感。为此，书中出现的缺点甚至错误之处，希望能得到专家学者及同行的不吝赐教，以便在使用中及时得到修正，避免以讹传讹。

本书由黑龙江生物科技职业学院米志鹃副教授和马贵民教授编写，由教育部高职高专植物生产类教指委委员、黑龙江农业经济职业学院杜广平教授，湖南生物机电职业技术学院肖君泽教授负责本书的审订工作。

在本书编写和出版过程中，中国环境科学出版社对本书的编写、书稿校对和及时出版给予了鼎力支持，在此深表谢意！

米志鹃　马贵民

2012年5月20日

目　录

模块一　绿色食品产业概述

学习目标：

1. 明确发展绿色食品产业的重要意义
2. 了解绿色食品产业及发展前景
3. 掌握绿色食品生产资料开发及其市场开发的原则
4. 明确我国发展绿色食品产业的资源优势，并对其进行准确分析与定位

课题一　绿色食品产业及发展

1990 年 5 月 15 日，中国正式宣布开创绿色食品。中国绿色食品事业经历了以下发展过程：提出绿色食品的科学概念──→建立绿色食品生产体系和管理体系──→系统组织绿色食品工程建设实施──→稳步走向社会化、产业化、市场化、国际化。

第一阶段：从农垦系统启动的基础建设阶段（1990—1993 年）

1990 年，绿色食品工程在农垦系统正式实施。在绿色食品工程实施后的 3 年中，完成了一系列基础建设工作，主要包括：在农业部设立绿色食品专门机构，并在全国省级农垦管理部门成立了相应的机构；以农垦系统产品质量监测机构为依托；建立起绿色食品产品质量监测系统；制定了一系列技术标准；制定并颁布了《绿色食品标志管理办法》等有关管理规定；对绿色食品标志进行商标注册；加入了“有机农业运动国际联盟（IFOAM）”组织，为日后中国绿色食品与国际相关行业的交流与合作奠定了基础。与此同时，绿色食品开发也在一些农场快速起步，并不断取得进展。1990 年绿色食品工程实施的当年，全国就有 127 个产品获得绿色食品标志商标使用权。1993 年全国绿色食品发展出现第一个高峰，当年新增产品数量达到 217 个。

第二阶段：向全社会推进的加速发展阶段（1994—1996 年）

这一阶段绿色食品发展呈现出 5 个特点：

一是产品数量连续两年高增长。1995 年新增产品达到 263 个，超过 1993 年最高水平

1.07 倍；1996 年继续保持快速增长势头，新增产品 289 个，增长 9.9%。

二是农业种植规模迅速扩大。1995 年绿色食品农业种植面积达到 113.3 万 hm^2，比 1994 年扩大 3.6 倍，1996 年扩大到 213.3 万 hm^2，增长 88.2%。

三是产量增长超过产品数量增长。1995 年主要产品产量达到 210 万 t，比上年增加 203.8%，超过产品个数增长率 4.9 个百分点；1996 年达到 360 万 t，增长 71.4%，超过产品个数增长率 61.5 个百分点，表明绿色食品企业规模在不断扩大。

四是产品结构趋向居民日常消费结构。与 1995 年相比，1996 年粮油类产品比重上升 53.3%，水产类产品上升 35.3%，饮料类产品上升 20.8%，畜禽蛋奶类产品上升 12.4%。

五是县域开发逐步展开。全国许多县（市）依托本地资源，在全县范围内组织绿色食品开发和建立绿色食品生产基地，使绿色食品开发成为县域经济发展富有特色和活力的增长点。

第三阶段：向社会化、市场化、国际化全面推进阶段（1997 年至今）

绿色食品社会化进程加快主要表现在：中国许多地方的政府和部门进一步重视绿色食品的发展；广大消费者对绿色食品认知程度越来越高；新闻媒体主动宣传、报道绿色食品；理论界和学术界也日益重视对绿色食品的探讨。

绿色食品市场化进程加快主要表现在：随着一些大型企业宣传力度的加大，绿色食品市场环境越来越好，市场覆盖面越来越大，广大消费者对绿色食品的需求日益增长，而且通过市场的带动作用，产品开发的规模进一步扩大。绿色食品国际市场潜力逐步显示出来，一些地区绿色食品生产企业生产的产品陆续出口到日本、美国、欧洲等国家和地区，显示出了绿色食品在国际市场上的强大竞争力。

绿色食品国际化进程加快主要表现在：绿色食品国际交流与合作取得了重大进展，绿色食品与国际接轨工作也迅速启动。为了扩大绿色食品标志商标产权保护的领域和范围，绿色食品标志商标相继在日本和香港地区开展注册；为了扩大绿色食品出口创汇，中心已与 90 个国家、近 500 个相关机构建立了联系，并与许多国家的政府部门、科研机构以及国际组织在质量标准、技术规范、认证管理、贸易准则等方面进行了深入的合作与交流，不仅确立了中国绿色食品的国际地位，广泛吸引了外资，而且有力地促进了生产开发和国际贸易。

一、绿色食品产业

（一）绿色食品产业的基本属性

绿色食品产业是从普通食品再生产的各个环节中转化生成和发展起来的，既保留了食品产业的一般属性，又具有新的特殊属性。其特殊属性主要表现在：具有特殊的产品技术标准，特殊的生产工艺条件，特定的商品流通渠道，统一的产品标志和专门的组织管理系统。这些特殊属性的存在，是绿色食品产业划分的基本依据。

（二）绿色食品产业的基本内涵和外延

根据绿色食品再生产的要求，绿色食品产业的基本内涵可以概括为：由绿色食品的农产品生产、加工企业、绿色食品的营销企业及其经专门认定的产前、产后专业化配套企业，以及其他绿色食品专业部门所组成的经济综合体。在这个综合体内，各个组成部分之间存在特定的经济技术联系和相互依存关系，由此构成统一的产业结构体系。

绿色食品产业的外延，其涵盖的范围应当包括：绿色食品农业（其中包括种植业、畜牧业、水产业等）；绿色食品加工业；绿色食品专用生产资料制造业（其中包括肥料、农药、兽药、渔药、饲料及其添加剂、食品添加剂等生产企业）；绿色食品商业（其中包括绿色食品专业批发市场、专业批发和零售企业）；绿色食品科技部门（其中包括科技开发、科技推广和科技教育机构）；技术监督部门（其中包括环境监测和产品质量监测部门）；绿色食品管理部门（其中包括标准制定、质量认证、标志管理、综合服务等部门）；绿色食品社会团体等。绿色食品产业的微观组织应具有以下基本特点：

1．经济活动专业化

应是专业或主要进行绿色食品生产经营活动的经济实体，以及专业或主要从事绿色食品管理及服务活动的机构。除此以外的绿色食品相关经济部门，只是绿色食品的关联产业，其经济活动不属于绿色食品产业行为，因而不应纳入绿色食品产业体系。

2．经过专门认定

这既是绿色食品标志专有权的排他性所决定的，也是保持绿色食品特性的内在需要。所谓经专门认定是指企业生产的绿色食品及其专用生产资料产品，以及专门从事绿色食品营销的商业企业，必须通过认证；其他有关专业机构须经审核批准或授权委托。未经专门认定的产品和单位，不具有公认的绿色食品真实性，因而不被认为具有绿色食品产业属性。

3．具有统一标志

统一的标志是绿色食品产业属性的外在表征。其主要表现形式为：绿色食品产品包装上使用绿色食品统一标志；绿色食品专用生产资料产品包装上标注规定的文字；绿色食品专营商店设有统一标志；有关专业机构冠以上加有“绿色食品”字样的名称。

二、绿色食品产业的发展

（一）绿色食品生产资料开发

1．绿色食品生产资料开发的要求与原则

绿色食品是无污染的安全、优质、营养类的食品，其无污染、安全性决定了绿色食品

“从农田到餐桌”必须进行全程的质量控制，生产资料的开发与使用必须符合以下要求与原则。

绿色食品生产所用肥料，必须做到：保护和促进作物的生长和品质的提高；不造成作物产生和积累有害物质，不影响人体健康；对生态环境无不良影响，对A级绿色食品和AA级绿色食品生产所用的肥料也有明确的规定。

无论A级绿色食品还是AA级绿色食品生产，肥料均要求以无害化处理的有机肥、生物有机肥和无机矿质肥料为主，生物菌肥、腐殖酸类、氨基酸类叶面肥作为绿色食品生产过程的必要补充。

绿色食品种植业生产，其病虫害防治应综合运用多种防治措施，创造不利于病虫草害滋生和有利于各类天敌繁衍的环境条件，保持农业生态系统的平衡和生物多样性，减少病虫草害。

优先采用农业措施，通过选用抗病虫品种、非化学药剂种子处理、培育壮苗、加强栽培管理、中耕除草、伏秋深翻晒土、清洁田园、轮作换茬、间作套作等一系列措施起到防治病虫的作用，还应尽量利用灯光、色彩诱杀害虫，机械捕捉害虫，机械和人工除草等措施，防治病虫草害。当病虫发生量达到防治指标而必须用药时，应遵守《绿色食品农药使用准则》，以生物源、植物源和矿物源农药为主，对于A级绿色食品生产使用人工合成的化学农药时，应选用高效、低毒、低残留的农药和昆虫特异性生长调节剂，避免对害虫天敌、人畜及环境造成污染。

绿色食品生产饲料及其添加剂开发是指为了满足饲养动物的需要并提高产品安全性而开发的饲料和向饲料中添加的少量或微量物质。作为绿色食品饲料添加剂，除满足一般畜禽和水产品饲料添加剂需求外，特别要求强调无毒害，禁止使用对人体健康有影响的化学合成添加剂。

绿色食品生产饲料及其添加剂的筛选与开发应立足于纯天然的生长促进剂，应遵守《绿色食品饲料及饲料添加剂使用准则》。

绿色食品生产食品添加剂开发的目的是指为了改善食品品质和色、香、味、形以及防腐和加工工艺的需要而加入食品中的化学合成或天然物质。

食品添加剂的一般要求，作为食品添加剂使用的物质，最重要的条件是食用安全性，然后是其工艺效果。

作为绿色食品生产的食品添加剂，除满足一般要求外，特别要求强调无毒害，禁止使用对人体健康有影响的化学合成添加剂。

以纯天然、对人体无任何毒副作用的食品添加剂为绿色食品添加剂的开发目标。如目前已开发的亚麻籽胶食品添加剂、向日葵胶食品添加剂和NPS多糖食品添加剂等均是纯天然的食品添加剂。

2. 绿色食品生产资料开发的重点

绿色食品生产资料开发应以绿色食品生产所需的肥料、农药、饲料及添加剂以及食品添加剂的开发为重点。绿色食品生产所需肥料的开发应以有机肥料、绿肥和叶面肥开发为重点，有机肥料是绿色食品生产的根本保证，绿肥是绿色食品持续生产中扩大肥源的主要途径，叶面肥是绿色食品生产中肥源的必要补充。绿色食品生产所需农药的开发应以植物源农药、微生物农药的开发为重点。绿色食品所需饲料及其添加剂应以中草药饲料及其添加剂、活菌添加剂以及调味剂、诱食剂作为开发重点。绿色食品生产所需食品添加剂的开发应以发展天然食品添加剂取代化学合成的食品添加剂，重点开发天然色素、抗氧化剂和食品强化剂等。

（二）绿色食品产品开发

绿色食品产业发展的最终目的是向市场提供品种丰富、数量充足、品质优良的绿色食品产品，以满足城乡人民的生活需求，并将一部分绿色食品产品出口到国外，为国家创造外汇，因此，产品开发是绿色食品产业体系建设的重要组成部分，也是衡量绿色食品产业发展水平和规模的重要标志。绿色食品标准体系的建立和完善、标志管理的规范化和法制化、宣传范围的扩大和深度的提高以及消费市场对绿色食品日益增长的需求均为绿色食品产品开发创造了良好的条件，产品开发也一直呈现出稳步增长的良好态势。

绿色食品产品开发历时 22 年，现已开发的产品涵盖了 5 大类 57 小类，品种齐全，既有初级产品，又有深加工产品；既有大宗农副产品，也有包装规格很小的调味品、小食品。在各大类产品中，品种结构也很丰富，如农林产品及其加工产品，既有以小麦、小麦粉、大米、大米加工品、玉米、玉米加工品、大豆、大豆加工品为主要品种，也有杂粮、杂粮加工品、鲜果类、干果类、果类加工品等；畜禽类产品，既有液体乳，又有乳制品等。

（三）绿色食品市场开发

1. 绿色食品市场开发的基本原则

一是遵循市场经济规律。市场上商品供过于求处在买方市场时，价格就下跌；相反，商品供不应求处于卖方市场时价格就上扬。也就是说，价格是市场供求状况的“信号”。无论是绿色食品生产企业，还是经营企业，在开发绿色食品市场过程中，必须时刻关注市场供求状况，并根据价格信号，及时调整生产结构、产品结构和营销方式及策略。另外，在分析绿色食品市场时，还必须考虑普遍食品市场的供求状况及变化态势，因为绿色食品市场也是整个食品市场的一个组成部分。随着我国加入 WTO 以及绿色食品事业国际化速度的加快，绿色食品生产企业和经营企业在开拓市场时，不仅要考虑到国内市场的供求变化，还应考虑到国际市场的供求变化。同时，市场经济是竞争的经济，每个绿色食品产品要想在市场上畅销，也应该和其他食品一样，参与市场竞争，接受市场的考验，得到广大消费者的认可。

二是把好产品质量关，共同对消费者负责。质量是绿色食品的生命，也是市场竞争的筹码。因此，无论是绿色食品的生产企业，还是经营企业，将其产品推向市场之前，必须把好质量关。生产企业必须严格按照绿色食品标准开发产品；经营企业必须向市场提供真正的绿色食品产品，这样才能吸引广大消费者接受绿色食品，稳步提高绿色食品市场占有率。

三是经济效益与社会效益并重。开展绿色食品市场建设最终目的是满足消费需求，为企业增加经济效益。但由于绿色食品企业是一项有特殊意义的事业，事关环境和资源的保护，城乡人民身体健康。因此，在市场建设过程中，企业追求经济效益的同时，要兼顾社会效益。特别是在市场建设初期，为了体现开发绿色食品的重要意义和深远影响，树立整个事业的形象，扩大事业的影响，甚至需要牺牲一定的经济效益而获得更大的社会效益。

四是团结协作，发挥整体优势。在市场经济环境条件下，绿色食品的发展既面临一般普通食品的竞争压力，又将面临国际市场竞争的考验，同时还要受到流通领域条块分割、行业封闭体制惯性的影响，只有在绿色食品市场建设中，从整个事业的全局和长远利益出发，加强合作，才能奠定生存的基础，拓宽发展的空间，取得竞争的优势。

2. 绿色食品市场开发的途径

一是加强宣传力度，继续扩大绿色食品的影响。绿色食品事业经过 20 多年的发展，我们得到了一个基本共识：宣传工作不仅是绿色食品开发和管理的主要环节，而且是贯穿于绿色食品事业发展始终的一项长期性的基本任务。目前，绿色食品产品开发规模的扩大和广大消费者日益迫切的需求，需要更加有力的宣传来配合并促进绿色食品市场建设。面向全社会，要准确宣传绿色食品的概念和内涵、发展绿色食品事业的重要性以及绿色食品的文化，为绿色食品市场建设营造良好的社会环境；面向广大消费者，要从质量和价值入手，宣传绿色食品产品的安全性、经济性、科学性和优越性，以扩大消费需求；面向商界，要以绿色食品的商业价值和商业机会为主，通过宣传绿色食品的商誉、商机和市场潜力，调动商业流通企业营销绿色食品的积极性，积极探索绿色食品市场建设的有效方式和途径；面向国际社会，要从标准的完整性和管理的系统性方面，宣传绿色食品的特点和优势，以扩大绿色食品的国际影响，巩固绿色食品在国际市场上的形象和地位。

二是积极筛选、研制适应绿色食品生产的生产资料，培育绿色食品生产资料市场。生产资料是物化的技术，绿色食品生产需要特定的技术来保证，而这些特定的技术又反映在生产加工操作规程的制定和实施上，绿色食品生产所需的肥料、农药、饲料添加剂、食品添加剂、兽药、水产养殖用药等生产资料的使用准则又构成了绿色食品生产加工操作规程的核心内容，也是保证绿色食品产品质量的基本方式和手段。在绿色食品生产资料市场的培育上，首先要分类确立适合当地条件的主导产品，围绕主导产品建立流通主渠道，最后形成一个覆盖全国的市场流通网络。

三是稳步扩大产品开发规模，逐步调整产品结构，丰富绿色食品市场产品供给。按商业标准，店堂每平方米经营品种一般为 15～20 个品种，按这个标准推算，100 m^2 的商店经营的商品品种要达到 1 500～2 000 个。2010 年年底，中国绿色食品企业总数已达 6 418 家，现已开发的绿色食品产品包括农林及加工产品、畜禽类产品、水产类产品、饮料类产品等 5 大类 57 个小类，覆盖农产品及加工食品的 1 000 多个品种，生产总量超过 1 亿 t。

在绿色食品产品开发过程中，要注重拳头产品、特色产品、名牌产品的开发，这些产品销售面广、市场竞争力强、社会知名度高，通过其宣传促销活动促进绿色食品市场的发育和发展。

四是分阶段、多层次建立绿色食品营销网络。在绿色食品市场体系建立和发育的初期，应发挥全社会的力量，共同建设绿色食品产品营销网络。要继续发挥绿色食品生产企业销售主渠道的作用，稳定原有的销售渠道，同时开辟新的销售渠道；要调动社会上有经营能力的商业企业经营绿色食品的积极性，同时做好商业企业认定工作，完善绿色食品标志商标在商业企业上使用的管理办法，服务规范和监控手段；要发挥绿色食品系统内现有经营企业的优势，积极组织和开展绿色食品产品销售工作，通过连锁经营、配送直销等形式把绿色食品推向市场。

五是加强宏观调控，为绿色食品市场体系建设顺利开展创造良好的环境和条件。主要措施是，要严格按照绿色食品标准体系，开展对产品、生产资料、生产基地、商业企业的认定、审查和监督，确保产品质量和服务质量；要继续扩大绿色食品标志商标的境外注册，扩大绿色食品产业知识产权保护的范围，同时在技术标准、贸易准则等方面加快与国际接轨，为进一步扩大绿色食品国际贸易创造条件；要继续加大打击假冒伪劣绿色食品产品的力度，切实维护绿色食品市场经济主体的权益等。

课题二　资源优势与绿色食品产业发展

一个国家或一个地区的产业发展与区域竞争优势的发展关系极大，而产业政策导向对形成和发展区域竞争优势具有重要的推动作用。中国绿色食品产业经过 20 多年的发展已进入快速成长期。目前，我国通过产业政策导向，推进企业的战略重组和品牌整合，进而提高产品和企业的市场竞争力，推动绿色食品产业的可持续发展战略。

一、我国绿色食品产业区域竞争优势发展现状

（一）我国绿色食品产业区域竞争优势特点

（1）产业整体竞争水平显著提升；

（2）国际竞争力日益加强；

（3）市场呈现产品、企业“双集中”的趋势；

（4）各级政府高度重视。

（二）我国绿色食品产业区域竞争优势发展中的不足

（1）市场集中度仍然偏低、企业规模偏小；

（2）驰名品牌少和品牌杂乱同时并存；

（3）AA 级绿色食品产品开发不够；

（4）市场发展不够规范，法律环境亟需改善。

二、我国发展绿色食品区域竞争优势的政策

（一）制定绿色食品产业政策，促进产业整体实力提升

为提高绿色食品产业化水平和国际竞争力，各级政府应在绿色食品产业发展规划基础上，进一步加大扶持绿色食品生产基地和发展大企业集团的力度，可根据资源优势和现有的区域集中度优势，按区域、按产品出台有针对性的推动产业和企业发展的产业政策。

1．加快绿色食品基地建设

“十一五”中后期至“十二五”期间，是我国绿色食品产业发展的关键时期，要重点建设一批专业化、规模化和标准化的种植业养殖业绿色食品基地，这是增加 AA 级绿色食品产品数量，开拓国内外市场的基础。没有优质的原料，就不能加工出质量上乘的食品。

国外对此非常重视，发达国家对有机食品产业的投资呈直线上升趋势，美国环保投资占国民生产总值的比例已达到 3%，并在商务部下设立有机食品出口办公室，专门负责有机产品的基地建设投资和促销；日本、德国为了发展本国的有机食品产业也都实行了对基地发展的优惠政策。

借鉴国外发展的经验，我国也要对绿色食品基地和“龙头”企业实行优惠政策，促进其快速发展。

2．培育和扶持大企业集团的发展

发展绿色食品产业，培育和发展“龙头”企业是关键，这主要基于龙头企业对基地建设和开拓市场两方面起着促进的作用。要进一步培育和发展一批国家级绿色食品龙头企业，引导和推动龙头企业以品牌为核心，以资本为纽带，采取兼并、出资买断等多种形式，组建“联合舰队”，使其在科技创新和市场开发中，更好地发挥企业集团优势和驰名品牌优势。从国际经验来看，一个行业集中度的提高主要是基于购并和重组，这一点可以从近年来频频发生的乳业和啤酒业的兼并重组中得到证明。

（二）培育合作竞争理念，推进双赢发展战略

在市场国际化条件下，产品能否打进国际市场，并不断扩大市场覆盖率和市场占有率，是检验产业整体水平和企业竞争力的重要指标。在这一过程中，培育合作竞争理念，推进双赢、多赢发展战略至关重要。我国目前绿色食品产业市场集中度低、企业规模小、驰名品牌少、市场竞争力不强都与合作竞争理念的培育和发展滞后有直接关系。要把我国的绿色食品“打出去”，就要在合作竞争中有所创新。

1．通过合作竞争开拓国内外市场

目前，我国绿色食品出口国多集中在美国、日本和东南亚等国家和地区，市场覆盖率和市场占有率比较小，回旋余地小，市场风险大。要积极开发新市场，分散贸易风险，扩大市场的互补性和降低进入壁垒，就要在产品出口国中寻求合作伙伴，并通过与之开展的多种形式合作，加强开拓市场的能力。要针对不同市场和不同的合作伙伴，制定不同的营销战略和策略，不断扩大市场的覆盖率、市场占有率，进而提高利润率。

2．通过合作竞争不断优化产品结构

要加强对国际市场需求的跟踪调研，不断创新产品，同时大力开发有中国资源特色和融入出口国文化特色的绿色产品；在保持传统绿色产品出口优势同时，提高深加工产品出口的比重，特别是 AA 级绿色食品产品的比重。要借鉴外国企业产品创新和管理创新的做法和经验，提高产品质量和市场竞争力。我国内蒙古的蒙牛乳制品股份公司成功吸引 2 600 万美元外资，合作投资开发产品和开拓新市场就是一个成功范例。

（三）推进绿色食品经营和管理体制创新

影响绿色食品产业市场集中度和竞争力提高的深层次因素是经营体制和管理体制。只有结合生产力发展的需要，采用科学合理的管理体制，才能有效地促进生产力的发展，提高绿色食品产业的整体竞争力。

1．绿色食品经营体制的改革方向

绿色食品产业化是产业市场结构战略性调整的方向，是发展龙头企业和驰名品牌的基础。绿色食品产业化的关键要培育一批辐射面广、带动力强的龙头企业，建设一支高素质的企业家队伍，注重基地和龙头企业之间的合作，按照“民办、民管、民受益”的原则，积极发展多种形式的专业合作经济组织；搞活绿色食品流通，加快绿色食品批发市场和零售市场建设，积极发展物流配送、连锁经营、电子商务等现代营销方式；打破各种地区和行业壁垒，降低交易成本，提高在国内外市场上的竞争力。

2．绿色食品管理体制的改革方向

要建立一个绿色食品产加销一体化、统一高效、权责利统一的管理体制。对绿色食品生产基地建设、加工、营销、内外贸易和宏观调控等职能进行整合，实行产前、产中、产

后一体化管理。建议成立由农业部、商务部为主的中国绿色食品产加销一体化管理机构，统一规划和指导绿色食品产业的发展。

加强对市场准入和质量监督的管理，保证绿色食品健康发展。一是要实施绿色食品市场准入制度。生产、加工、销售绿色食品的企业和市场要经过权威部门，参照国际标准，按照国家的有关要求，严把市场准入关。二是要加强对绿色食品质量监督。要依据《中华人民共和国商标法》《产品质量法》《农业部绿色食品标志管理办法》等法律法规，加强对绿色食品产品和生产资料的质量监督，加大对生产企业的检查及产品的抽检、公告、处理力度；加强对各类监测机构监管，确保监测结果的公正性和准确性。三是要进行绿色食品市场打假。各地绿色食品产、加、销行政主管部门和各级绿色食品管理机构要积极配合工商管理、技术监督等部门，依法打击各类假冒行为，纠正不规范使用绿色食品标志的行为，切实保护企业的知识产权和消费者的合法权益。

基地建设水平直接决定绿色食品产业发展水平，在实施基地建设提档升级工程方面，要重点推进“两个升级”和“两个提高”。“两个升级”即无公害农产品基地向绿色食品基地建设升级，绿色食品基地向有机食品基地建设升级。“两个提高”是指提高基地建设科技支撑能力，提高基地建设集中度。不断增加绿色食品原料产量，确保满足绿色食品企业对加工原料的需求。

质量是绿色食品企业发展的生命线。通过实施质量监管创新工程，切实把监管工作“前移”，推广基地农户联保责任制，使每个基地农户都能诚信种植，严格按照标准生产。加大对绿色食品生产基地的土壤、水、大气环境等指标进行抽检的力度，并开展质量追溯体系建设，进一步提升绿色食品整体质量水平。

课题三　发展绿色食品产业的意义

一、提升农业标准化水平

通过发展绿色食品产业，实施绿色食品全程质量管理，制定了涵盖粮食作物、经济作物等相应的绿色食品技术标准，有效地促进了标准化农业生产，加快了农业科技成果转化，推动了由传统农业向现代农业转变。

二、提高农产品竞争力

在绿色食品生产、加工、包装、储运各环节中，始终坚持“从农田到餐桌”全程质量控制，确保绿色食品质量安全。随着经济社会持续快速发展，收入水平不断提高，城乡居民食物消费正在经历一个从以数量需求为主向注重质量转变的阶段。对安全优质农产品需求的快速增长，使绿色食品得到了市场的普遍认可和消费者的广泛赞誉。

三、推动农业产业化发展

农业产业化的基础是产品，没有产品，农业产业化就是一名空话，没有名牌产品，农业产业化就不能快速发展。坚持推行以“品牌标志为纽带、龙头企业为主体、基地建设为依托、农户参与为基础”的产业化经营模式，切实强化企业与农户的利益联结机制，延长了农业产业链，增强了农产品加工企业实力。

四、促进农民增收

随着《农产品质量安全法》全面实施，消费者质量安全意识不断增强，各方面发展绿色食品积极性和参与度将进一步提高。由于绿色食品具有质量、品牌和效益优势，在优质优价市场竞争机制的作用下，发展绿色食品可以显著提高农产品质量安全水平，促进农业资源的科学配置，活跃农村经济，进而成为农民增收的重要渠道。

五、保护生态环境

实施绿色食品生产基地的生态环境技术标准有利于生态环境的保护；绿色食品的生产技术应用有利于生态环境的保护。通过绿色食品开发，有效地保护了生态环境，绿色食品主产区土壤环境指标、江河水质和空气质量均高于国家标准，水净、天蓝、土沃、田洁。生态环境的不断改善，为绿色食品产业开发提供了更加有利的资源条件。

知识拓展　绿色食品工程

绿色食品工程是指将农学、生态学、环境科学、营养学、卫生学等多学科的原理运用到食品的生产、加工、储运、销售以及相关的教育、科研等各环节，从而形成一个完整的无公害、无污染的优质食品的产供销管理系统。

绿色食品工程注重生产基地、环境监测、食品检测、市场运行、科研教育等各子系统之间的结构和联系。以市场为先导；无污染的原料基地为基础；环境监测、食品检测为保证；教育培训、宣传为推广手段；依靠先进的科学技术，带动生产条件的优化、耕作技术的改进，推动农业现代化进程，逐步实现经济效益、社会效益、生态效益的良性循环，为我国的环境保护事业作出贡献。

思考与练习

1. 简述发展绿色食品产业的重要意义。
2. 简述绿色食品产业的发展历程。
3. 简述绿色食品生产资料开发的要求与原则。
4. 简述绿色食品市场开发途径。
5. 简述我国绿色食品产业的区域竞争优势及政策。

模块二　绿色食品基础知识

学习目标：

1．理解绿色食品的概念与特征

2．掌握绿色食品必须具备的条件

3．明确绿色食品标志的允许使用范围

4．掌握绿色食品标志的使用管理与监督管理

课题一　绿色食品概述

一、绿色食品含义

绿色食品是遵循可持续发展原则，按照特定生产方式生产，经专门机构认定，许可使用绿色食品标志商标的无污染的安全、优质、营养类食品。

发展绿色食品必须遵循可持续发展的原则。从保护、改善生态环境入手，以开发无污染食品为突破口，将保护环境、发展经济、增进人们健康紧密地结合起来，促成环境、资源、经济、社会发展的良性循环。

绿色食品特定的生产方式是指按照标准生产、加工；对产品实施全程质量控制；依法对产品实行标志管理。

二、绿色食品等级

（1）AA 级绿色食品：系指生产地的环境质量符合绿色食品产地环境技术条件的要求，生产过程中不使用化学合成的肥料、农药、兽药、饲料添加剂、食品添加剂和其他有害于环境和身体健康的物质，按有机生产方式生产，产品质量符合绿色食品产品标准、经专门

机构认定，许可使用 AA 级绿色食品标志的产品。AA 级绿色食品的产品包装上是以白底印绿色标志，其防伪标签的底色为蓝色。按照农业部发布的行业标准，AA 级绿色食品等同于有机食品。

（2）A 级绿色食品：系指生产地的环境质量符合绿色食品产地环境技术条件的要求，生产过程中严格按照绿色食品生产资料使用准则和生产操作规程要求，限量使用限定的化学合成生产资料，产品质量符合绿色食品产品标准，经专门机构认定，许可使用 A 级绿色食品标志的产品。A 级绿色食品的产品包装上以绿底印白色标志，其防伪标签的底色为绿色。

三、绿色食品的内涵

“绿色食品”备受消费者的青睐，但许多人对它的内涵并不十分清楚，从而出现种种误解：其一，“绿色食品”就是含叶绿素的食品；其二，“绿色食品”就是走上餐桌的野菜；其三，市场上销售的绿颜色食品就是“绿色食品”。其实这些都不是真正意义上的“绿色食品”，之所以称为“绿色”，是因为自然资源和生态环境是食品生产的基本条件，由于与生命、资源、环境保护相关的事物国际上通常冠之以“绿色”，为了突出这类食品出自良好的生态环境，并能给人们带来旺盛的生命力，因此将其定名为“绿色食品”。

课题二　绿色食品特征

安全、优质、营养是绿色食品的最突出特征。为了保证绿色食品安全、优质、营养的特性，开发绿色食品有一套较为完整的质量标准体系。绿色食品标准包括产地环境质量标准、生产技术标准、产品质量和卫生标准、包装标准、储藏和运输标准以及其他相关标准，它们构成了绿色食品完整的质量控制标准体系。

一、产品出自最佳生态环境

农业生产需要在适宜的环境下进行，由于工业污染、农业污染、农村生活污染等日益加剧，大气、土壤、水体污染严重，造成农业环境质量不断下降，从而直接影响了在该环境下生长的动植物，进而造成食物污染。因此，在绿色食品生产中，对环境有严格的要求，强调环境是基础，具有一票否决权，绿色食品必须具备的首要条件是：“绿色食品或原料产地必须符合绿色食品产地环境质量标准。”绿色食品生产首先从原料产地的生态环境入手，通过对原料产地及其周围的大气、土壤、水质等环境因子严格监测，判定其是否具备生产绿色食品的基础条件。符合绿色食品产地环境标准的产地均是在空气清新、水质纯净、土壤未受污染、农业生态环境质量良好的地区。在确定该区域环境符合绿色食品产地标准的基础上，还要求生产企业或当地政府有一套保证措施，以确保该区域在今后的生产过程中环境质量不下降。

二、产品实行全程质量控制

实行“从农田到餐桌”全程质量控制是绿色食品的特色。绿色食品生产并不是简单地对最终产品的有害成分含量和卫生指标进行测定，而是对整个生产过程实施全程质量监控。在绿色食品开发过程中，生产前由定点环境监测机构对绿色食品产地环境质量进行监测和评价（包括生产、加工区域的大气、土壤、灌溉水、畜禽养殖水、渔业养殖水和食品加工用水），以保证产地环境符合绿色食品产地环境技术条件；生产过程中，要符合绿色食品种植、养殖和食品加工操作规程并由委托管理机构派检查员检查生产者是否按照绿色食品生产技术标准进行生产，检查生产企业的生产资料购买、使用情况，以证明生产行为对产品质量和产地环境质量是有益的；产后由定点产品监测机构对最终产品进行检验，确保最终产品符合绿色食品标准。绿色食品生产是我国在食品行业和农业上最先推广全程质量控制模式的典范，它在食品和农产品生产及其加工领域改变了仅以最终产品的检验结果评定产品质量优劣的传统观念，这是以质量控制为核心的生产方式的一个进步，是一个质的变化，也树立了一个全新的质量观。同时，实施全程质量控制不仅要求在产中强调技术投入，更要求在产前、产后追加技术投入，有利于提高整个生产过程的技术含量，推动农业和食品工业的技术进步。

三、产品依法实行标志管理

绿色食品标志是一个质量证明商标，属知识产权范畴，受《中华人民共和国商标法》保护。目前我国的绿色食品标志已在日本、中国香港等国家与地区注册，绿色食品标志已日趋国际化，在国外已拥有一定的市场，成为农业突破壁垒的一条有效的途径。

课题三　绿色食品必须具备的条件

绿色食品必须具备的条件有：

1. 产品或产品原料产地必须符合绿色食品生态环境质量标准

农业初级产品或食品的主要原料，其生长区域内没有工业企业的直接污染，水域上游、上风口没有对该区域构成污染威胁的污染源。该区域内的大气、土壤、水质均符合绿色食品生态环境标准。并有一整套保证措施，确保该区域在今后的生产过程中环境质量不下降。

2．农作物种植、畜禽饲养、水产养殖及食品加工必须符合绿色食品生产操作规程

农药、肥料、兽药、食品添加剂等生产资料的使用必须符合《绿色食品农药使用准则》《绿色食品肥料使用准则》《绿色食品食品添加剂使用准则》《绿色食品兽药使用准则》。

3．产品必须符合农业部制定的绿色食品质量和卫生标准

凡冠以绿色食品的最终产品必须由中国绿色食品发展中心指定的食品监测部门依据绿色食品产品标准检测合格。绿色食品产品标准是参照有关国家、部门、行业标准制定的，通常高于或等同现行标准，有些还增加了检测项目。

4．产品外包装必须符合国家食品标签通用标准，符合绿色食品特定的包装、装潢和标签规定

绿色食品产品的包装、装潢应符合农业部《绿色食品标志设计标准手册》的要求，取得绿色食品标志使用权资格的单位，应将绿色食品标志用于产品的内外包装，《绿色食品标志设计标准手册》对绿色食品标志的标准图形、标准字体、图形与字体的规范组合、标准色、广告用语及用于食品系列化包装的标准图形、编号规范均作了严格规定，同时列举了应用示例。《农业部“绿色食品”产品管理暂行办法》第四条规定，绿色食品产品出厂时，须印制专门的标签，其内容除必须符合国家 GB 7718 标准外，还应标明主要原料产地的环境、产品的卫生及质量等主要指标。

课题四　绿色食品标志

一、绿色食品标志及其含义

绿色食品标志，有四种形式：有中文“绿色食品”，英文“Green Food”，绿色食品标志图形及这三者的组合（图 2-1）。

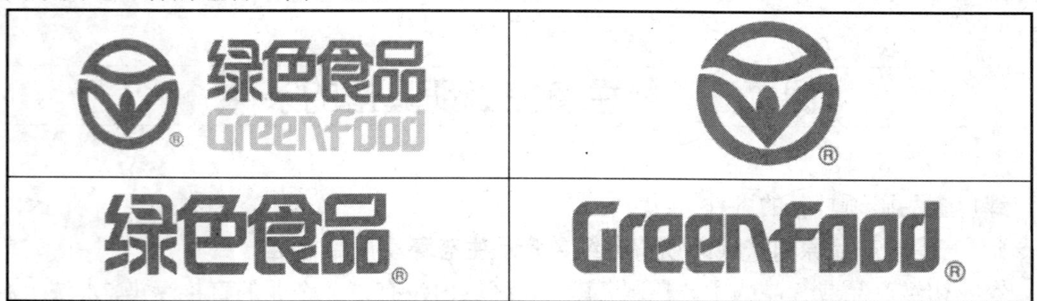

图 2-1　绿色食品标志图形及组合

绿色食品标志图形由三部分构成：上方的太阳、下方的叶片和中心的蓓蕾，象征自然生态；颜色为绿色，象征着生命、农业、环保；图形为正圆形，意为保护。整个图形描绘了一幅明媚阳光照耀下的和谐生机，告诉人们绿色食品正是出自纯净、良好生态环境的安全、无污染食品，能给人们带来蓬勃的生命力，同时还提醒人们要保护环境，通过改善人与自然的关系，创造自然界新的和谐。

二、绿色食品标志性质

绿色食品标志是经中国绿色食品发展中心（以下简称中心）在国家工商行政管理局商标局注册的质量证明商标，用于证明无污染的安全、优质、营养类食品。和其他商标一样，绿色食品标志具有商标的通性——商标权，受法律保护。

商标权就是商标注册人对其注册商标所享有的权利，它包括商标所有权和与之相联系的商标专用权、商标续展权、商标转让权、商标许可权和商标诉讼权等项权利。商标专用权在法律保护下具有三个特征：一是商标的限定性，注册商标的专用权以核准注册商标及核定使用的商品为限；二是商标的时效性，商标的专用权有严格的时间效力，我国商标有效期为 10 年；三是商标的地域性，商标的专用权遵循属地原则，商标在哪个国家（地区）注册，就在哪个国家（地区）受法律保护。

绿色食品标志商标作为质量证明商标的特点，一是绿色食品标志商标专有权，只有经中心许可，企业才能在其产品上使用绿色食品标志商标；二是绿色食品标志商标的限定性，绿色食品标志商标注册的四种商标形式受法律保护，只能在其注册的 5 大类 57 小类商品上使用；三是绿色食品标志商标的地域性，在中华人民共和国、日本、中国香港等已注册的国家和地区受到保护；四是绿色食品标志商标的时效性，1996 年 11 月 7 日至 2006 年 11 月 6 日。有效期满必须申请继续注册；五是绿色食品标志商标的注册人，只有商标的许可权和转让权，没有商标使用权。

三、绿色食品标志使用范围

绿色食品标志使用范围，限定在 5 大类 57 小类产品上。绿色食品产品类别代码为两位数，按小类编号。

其内容如下：

1．农林产品及其加工产品

01 小麦；02 小麦粉；03 大米；04 大米加工品；05 玉米；06 玉米加工品；07 大豆；08 大豆加工品；09 油料作物产品；10 食用植物油及其制品；11 糖料作物产品；12 机制糖；13 杂粮；14 杂粮加工品；15 蔬菜；16 冷冻、保鲜蔬菜；17 蔬菜加工品；18 鲜果类；19

干果类；20 果类加工品；21 食用菌及山野菜；22 食用菌及山野菜加工品；23 其他食用农林产品；24 其他农林加工食品。

2．畜禽类产品

25 猪肉；26 牛肉；27 羊肉；28 禽肉；29 其他肉类；30 肉食加工品；31 禽蛋；32 蛋制品；33 液态乳；34 乳制品；35 蜂产品。

3．水产类产品

36 水产品；37 水产加工品。

4．饮品类产品

38 瓶（罐）装饮用水；39 碳酸饮料；40 果蔬汁及其饮料；41 固体饮料；42 其他饮料；43 冷冻饮料；44 精制茶；45 其他茶；46 白酒；47 啤酒；48 葡萄酒；49 其他酒类。

5．其他产品

50 方便主食品；51 糕点；52 糖果；53 果脯；54 食盐；55 淀粉；56 调味品类；57 食品添加剂。

四、绿色食品标志管理

(一）绿色食品标志管理概述

1．绿色食品标志管理的对象与目的

绿色食品标志管理的对象是所有绿色食品和绿色食品生产企业。

绿色食品标志管理的目的是为绿色食品生产者确定一个特定的生产环境、生产规范，并为绿色食品流通创造了一个良好的市场环境。其结果是维护了这类特殊商品的生产、流通、消费秩序，保证绿色食品应有的质量。

2．绿色食品标志管理的特点

（1）绿色食品标志管理是一种质量管理

美国管理学家 H.孔茨认为：“管理就是创造一种环境，使置身于其中的人们能在集体中一道工作，以完成预定的使命和目标。”绿色食品标志管理，是针对绿色食品工程的特征而采取的一种管理手段，其对象是全部的绿色食品和绿色食品生产企业；其目的是为绿色食品的生产者确定一个特定的生产环境，包括生产规范等，以及为绿色食品流通创造一个良好的市场环境，包括法律规则等；其结果是维护了这类特殊商品的生产、流通、消费秩序，保证了绿色食品应有的质量。因此，绿色食品标志管理，实际上是针对绿色食品的质量管理。

（2）绿色食品标志管理是一种认证性质的管理

认证主要来自买方对卖方产品质量放心的客观需要。1991 年 5 月，我国国务院发布的

《中华人民共和国产品质量认证管理条例》，对产品质量认证的概念作如下表述："产品质量认证是根据产品标准和相应技术要求，经认证机构确认，并通过颁发认证证书和认证标志来证明某一产品符合相对标准和相应技术要求的活动。"

由于绿色食品标志管理的对象是绿色食品，绿色食品认定和标志许可使用的依据是绿色食品标准，绿色食品标志管理的机构——中国绿色食品发展中心是独立处于绿色食品生产企业和采购企业之外的第三方公正地位，绿色食品标志管理的方式是认定合格的绿色食品，颁发绿色食品证书和绿色食品标志，并予以登记注册和公告，所以说绿色食品标志管理是一种质量认证性质的管理。

（3）绿色食品标志管理是一种质量证明商标的管理

绿色食品标志商标是中国绿色食品发展中心作为国家认证管理机构在中国工商行政管理局商标局正式注册的质量证明商标，质量证明商标区别于普通商标，是专门用于证明绿色食品产品质量的。绿色食品标志作为质量证明商标，其注册人没有使用权，只有转让和许可权。

（4）绿色食品标志管理是一种委托方式的管理

以标志商标委托管理的方式，组织全国的绿色食品管理队伍是我国绿色食品事业的一大特色。绿色食品是改革开放和市场经济的产物，必须按市场规律办事。从市场宏观形势看，绿色食品的国际市场比国内市场成熟；国内沿海开放地区的市场需求比中西部欠发达地区的需求大。从消费人群结构分析，绿色食品的消费者明显偏重于高收入阶层和高知识阶层。从生产地的生态环境条件和开发产品的迫切性而言，北方地区优于南方地区……绿色食品的管理形式，必须服从于其工作内容，如果不顾客观差异，而搞"一刀切"地组建全国各地的管理机构，不仅收不到应有的工作效果，还会造成不必要的资源浪费。

本着"谁有条件和积极性就委托谁"的原则，委托各地相应的机构管理绿色食品标志，不仅体现了因地制宜、因人制宜、因时制宜的求实态度，而且对绿色食品事业长期健康稳定地发展大有裨益。其优点是：

一是变行政管理为法律管理。实施标志委托管理，被委托机构获得相应管理职能的同时，即承担了维护标志法律地位的严肃义务。因为此时的标志管理，实际是一种证明商标的管理，此时的被委托机构，形同商标注册人在地域上的延伸，被委托机构和绿色食品企业的关系犹如商标注册人和被使用许可人的关系，一切管理措施都得以《中华人民共和国商标法》为依据。也就是说其管理行为已超越了行政管理的范围，而是法律化了。这对于一个关系人民健康的崭新事业而言，意义极其深远。

二是充分体现自愿原则。因为所有的委托都是在自愿的基础上进行的，所以被委托机构的积极性和主动性成为事业发展的先天优势。对各被委托机构而言，投身绿色食品事业是"我要干"而不是"要我干"。另一方面，委托是在有条件和有选择的前提下进行的，从而在主观积极性的基础上又考虑了客观条件，尽可能做到内因与外因的有机结合。

三是引入竞争机制。实施标志的委托管理，本身即意味着打破了“岗位终身制”。每一个被委托机构都可能因丧失了其工作条件或责任心而随时失去被委托的地位，每一个不在委托之列的机构都存在竞争获得委托的机会。因而，委托管理制引入了竞争机制，而竞争则可以带来生机，竞争才能加速发展。

四是体现绿色食品的社会化特点。实施标志的委托管理，打破了行业界限和部门垄断，符合绿色食品质量控制从土地到餐桌一条龙的产业化特点，也体现了绿色食品“大家的事业大家办”的社会化特点，不仅有利于吸收各行业人士的关心和支持，而且有利于绿色食品在相关各行业的发展。从质量认证的角度看，实施委托管理的方式，符合认证、检查、监督相分离的原则，更充分地体现了绿色食品认证的科学性和公正性。

目前，中国绿色食品发展中心已在全国 30 多个省、市、自治区委托了绿色食品标志管理机构，形成了一支网络化的管理队伍。这些委托管理机构形成了区域性的分中心，对区域绿色食品发展起到重要作用；他们承担着宣传发动、检查指导、信息传递等重要任务，对事业的兴衰成败起着非常重要的作用。这支队伍具有自己鲜明的特色：事业心强，有活力，不论所在单位是行政性的还是事业性的，均不受干扰，直接对委托人负责，对法律负责。

3．绿色食品标志管理手段

绿色食品标志管理的手段一是依据标准认定，二是依据法律管理。

依据标准认定，即把可能影响最终产品质量的生产全过程（从农田到餐桌），依照绿色食品标准体系逐环节地制定出严格的量化标准，并按国际通行的质量认证程序检查其是否达标，只在符合标准要求的企业和产品上使用绿色食品标志商标。确保认定本身的科学性、权威性和公正性。

依法管理，即依据《中华人民共和国商标法》《反不正当竞争法》《广告法》《产品质量法》等法规，切实规范生产者和经营者的行为，打击市场假冒伪劣现象，维护生产者、经营者和消费者的合法权益。

4．绿色食品标志管理机构及人员

（1）国家绿色食品管理机构

国家绿色食品管理机构有农业部绿色食品办公室、中国绿色食品发展中心、中国绿色食品协会。

中国绿色食品发展中心（China Green Food Development Center），是经中华人民共和国人事部批准的、组织和指导全国绿色食品开发和管理工作的权威机构，也是绿色食品标志商标的所有者。全权负责组织实施全国绿色食品工程。1990 年开始筹备并积极开展工作，1992 年 11 月正式成立，隶属中华人民共和国农业部。

为了将分散的农户和企业组织发动起来进入绿色食品的管理和开发序列，中国绿色食品发展中心在全国构建了三个组织管理系统，并形成了高效的网络：一是在全国各地委托了分支管理机构，协助和配合中国绿色食品发展中心开展绿色食品宣传、发动、指导、管理、服务工作；二是委托全国各地具有省级计量认证资格的环境监测机构负责绿色食品产地环境监测与评价；三是委托区域性的食品质量监测机构负责绿色食品产品质量监测。绿色食品组织网络建设采取委托授权的方式，并使管理系统与监测系统分离，这样不仅保证了绿色食品监督工作的公正性，而且也增加了整个绿色食品开发管理体系的科学性。

① 基本宗旨。组织和促进无污染的安全、优质、营养类食品开发，保护和建设农业生态环境，提高农产品及其加工食品质量，推动国民经济和社会可持续发展。

② 工作范围。受农业部委托，制定发展绿色食品的政策、法规及规划，组织制定绿色食品标准，组织和指导全国绿色食品开发和管理工作；专职管理绿色食品标志商标，审查、批准绿色食品标志产品；委托和协调地方绿色食品工作机构和环境及产品质量监测工作；组织开展绿色食品科研、技术推广、培训、宣传、信息服务、示范基地建设，以及对外经济技术交流与合作。

③ 机构设置。综合处：职能是组织、协调、指导和监督地方绿色食品委托管理机构工作；组织和协调开展全国绿色食品系统重大活动；开展信息传递、统计及咨询服务工作；承担中心内部管理和服务工作。

标志管理处：职能是研究制定与标志管理有关的政策、规定和管理办法；受理各类使用标志的申请、复核与审批（食品、生产资料、商店、餐饮企业、基地）；负责标志商标的管理、监督与保护；指导和协调各地绿色食品委托管理机构加强质量保证体系的建设（产品环境与产品质量）；承担相关的咨询服务。

计划发展处：职能是组织研究制定绿色食品发展战略、产业政策、开发规划；组织和协调全国绿色食品基地的建设和管理工作；管理绿色食品建设项目的可行性研究和项目的评估工作；负责全国绿色食品信息网络建设工作。

科技处：职能是制定绿色食品科研、技术推广的发展规划；组织重点科研项目的攻关、技术开发、示范推广；管理科研成果、专利和科技经费工作；负责制定并完善绿色食品各类标准；开展技术咨询以及技术与人才培训工作。

宣传处：职能是绿色食品事业宣传工作规划与方案的研究制订；绿色食品整体形象设计；绿色食品管理机构、生产经营企业及社会传媒机构宣传工作与活动的协调、指导和服务；绿色食品重大宣传活动的策划、组织与实施。

国际合作处：职能是管理中心对外交流、对外联络与国际合作事项；负责中心与有机农业运动国际联盟（IFOAM）等国际组织的联系与交流；协调中心外资、技术引进等外事外经工作；协调中心有关部门及绿色食品各企业、事业单位经营项目的对外合作、招商引资；协助开拓国际市场。

（2）各省、市（区）绿色食品管理机构

根据绿色食品事业的发展，国家绿色食品管理机构在全国各省（市、区）委托了绿色食品管理机构，负责本辖区内绿色食品商标标志的管理工作。

各省、市（区）的绿色食品管理机构有各省、市（区）的绿色食品办公室及绿色食品发展中心。

各省绿色食品委托管理机构的主要职能是：

根据国家绿色食品管理机构的总体发展战略，研究本省（市、区）发展绿色食品的方针、政策及规划，并报国家绿色食品管理机构批准后执行。

受国家绿色食品管理机构的委托，认真负责、管理好本省（市、区）与绿色食品标志申请和使用有关的事宜。

协调好本省（市、区）内工商、环保、食品卫生等各部门的关系，共同做好绿色食品质量控制和市场监督工作，依法打击假冒伪劣行为。

组织各地科技人员，对与绿色食品生产相关的技术进行攻关，不断更新和丰富绿色食品的生产操作规程。

在省（市、区）内各有关部门的支持下，多渠道筹集资金，搞好绿色食品基地建设和开发工作。

协助国家绿色食品管理机构做好定点商店及专柜的选择认定工作，促进绿色食品市场发育、成熟。

组织与绿色食品相关的国内外经济技术合作，协助国家绿色食品管理机构组织绿色食品产品参加各种展销或贸易活动。

联合绿色食品企业及有关部门，做好宣传工作；配合中国绿色食品发展中心，实施绿色食品整体宣传战略。

（3）定点的绿色食品监测机构

食品检测机构，是独立于国家绿色食品管理机构，处于第三方公正地位的权威技术机构。绿色食品监测机构是指具备法定资格，经中国绿色食品发展中心考核确认，自愿接受委托，承担绿色食品监测任务的机构。监测机构包括环境质量监测机构和产品质量监测机构。产品质量监测机构包括食品质量监测机构和生产资料产品质量监测机构。

绿色食品监测机构应当具备的条件：

❖ 取得国家计量认证有效证书。
❖ 认可资格和授权监测范围能够满足绿色食品监测的需要。
❖ 有长期从事农业环境质量监测、食品质量检测或生产资料产品质量检测工作经验的专业队伍。

具备上述条件的环境质量监测单位要经中心委托的绿色食品管理机构（省绿办）推荐，向中心提出接受业务委托申请；而具备条件的产品质量监测单位，直接向中心提出接受业务委托申请。

中心遵循择优选用、合理布局、业务委托、规范发展的原则，不断建设和完善绿色食品监测体系，保障绿色食品事业健康发展。

机构名称、机构、体制、授权监测范围、法定代表人、技术负责人或质量保证负责人等事项发生重大变化时，应及时报中心。环境质量监测机构还应同时报省绿办。

绿色食品监测机构有如下权力：

① 根据检测任务委托书，执行绿色食品申报检验、年度抽检及仲裁检验等任务。

② 在执行年度抽检任务时，查阅受检单位与本项任务有关的资料。

③ 依照法律、法规、绿色食品标准及有关规定，客观、公正地出具检测数据及报告，不受各级行政机构和绿色食品管理机构的干预。对拒检单位，有权按检验“不合格”上报中心。

④ 向中心或绿办反映绿色食品生产企业在环境、产品质量及使用绿色食品标志等方面存在的问题。

⑤ 向中心提出有关绿色食品法规、标准和规定的修订或修改建议。

绿色食品监测机构有如下责任和义务：

① 应严格执行绿色食品有关标准，无绿色食品标准的执行国家标准行业标准，若无以上标准，采用经上报中心批准的标准。

② 承担检测任务时，有义务承检中心要求加测的项目，但未经中心同意，不得擅自增减检测项目。

③ 接受委托检测任务后，在规定时间内出具检验报告。接到年度抽检任务后，根据产品生产季节情况，适时取样和检验，并在规定时间内出具检验报告。对检验不合格者，不得重新取样检验。

④ 对出具的检验报告负责。保守受检单位的技术和商业机密，并不得侵占受检单位的知识产权。

⑤ 收集国内外与绿色食品有关的各种检验标准和方法，不断提高业务水平和服务质量。

绿色食品监测机构承担绿色食品监测工作，业务上必须接受中心的监督、检查和管理。监测机构应在接到绿色食品检测任务或收到检验样品 2 个工作日内，以电子邮件方式将下达任务单位、受检单位、受检产品名称和收样时间报中心。并于每月 10 日前，将上月的承担绿色食品检测任务情况汇总报中心。检验报告应按中心规定的统一格式打印，一式三份，分别由中心、监测机构及受检单位存留。受检单位自收到检验报告之日起（以当地邮局邮戳为准）15 日内可向监测机构提出书面异议。逾期未提出异议，视为承认检验结果。受检单位对监测结果提出异议，原监测机构应予受理，并对副样重新检测。受检单位对重测结果仍有异议，则由中心指定其他监测机构作仲裁检验，仲裁检验报告为最终结论。申报产品期间所发生的监测费用，监测机构按照《绿色食品环境监测费计收标准》和《绿色食品产品检验费计收标准》，从受检单位收取。年度抽检或监督抽检任务，费用由下达抽检任务的单位支付，不得向受检单位收取。监测机构及其所属单位不得直接或间接从事承检产品的研究、开发及生产经营活动，不得以“监制”、“监测”等名义出现在受检产品包装标签及其广告上。监测机构不得与各级绿色食品管理机构发生经济利益关系。监测机构工作人员应当遵纪守法、廉洁奉公，在承担绿色食品监测任务的过程中，不得从事有碍公正性的任何活动。监测机构应于每年1月底前以书面形式向中心报送上一年度绿色食品监测工作年度总结。中心根据《绿色食品监测机构能力验证办法》，定期组织监测机构开展能力验证工作。中心每年依据监测任务完成情况和能力验证结果对监测机构进行综合评定，对工作优秀的监测机构予以奖励。监测机构出具虚假证明，或者出具错误数据且造成严重影响的，中心取消对其业务委托；造成损失的，由监测机构依据国家法律、法规承担相关法律责任。对违反上述有关规定或综合评定较差的监测机构，中心暂停或取消对其业务委托，并向社会公告。

（4）绿色食品标志监督管理员

为了不断提高绿色食品标志管理队伍的整体素质和业务水平，适应绿色食品事业发展和加强绿色食品标志管理的需要，不断完善绿色食品的审批、监督、管理体系，国家绿色食品管理机构和省级绿色食品委托监督管理机构，应配备与当地绿色食品事业发展相适应的绿色食品标志监督管理员（简称监管员）。

监管员是指各级绿色食品管理机构中，经中心核准注册的从事绿色食品标志管理的工作人员。监管员应在中心注册，取得《绿色食品标志监督管理员证书》。由中心对通过基本条件审核的监管员申请者统一组织注册培训、考试及颁证。

监管员依据《绿色食品标志管理办法》《绿色食品标志商标使用许可合同》以及有关法律法规和管理规定履行以下职责：

① 指导企业履行绿色食品办证手续、规范使用绿色食品标志、严格执行绿色食品标准，为企业提供相关咨询服务。

② 对绿色食品企业进行检查、复查，按年度核准《绿色食品标志商标准用证》（以下简称准用证）。

③ 督促绿色食品企业履行《绿色食品标志商标使用许可合同》，按时足额缴纳标志使用费。

④ 配合绿色食品产品质量监测机构实施中心下达的产品监督抽查计划，协助开展实地检查、产品抽样等工作。

⑤ 开展市场监督检查，配合政府有关部门对假冒绿色食品和违规使用绿色食品标志的进行查处，维护绿色食品市场秩序。

⑥ 负责收缴丧失绿色食品标志使用权企业的《准用证》和《绿色食品标志商标使用许可合同》。

⑦ 指导下级绿色食品管理机构的标志监管员开展工作。

监管员具有以下职权：

① 查验绿色食品企业的《准用证》和《绿色食品标志商标使用许可合同》。

② 检查绿色食品企业的生产现场、仓库、产品包装以及生产记录和档案资料等有关情况。

③ 了解绿色食品企业的产地环境监测和产品检测的情况。

④ 指出绿色食品企业在生产过程中的不当行为并要求其改正。

⑤ 指出有关单位和个人在绿色食品标志使用方面的不当行为，并要求其改正。

⑥ 根据有关规定对违反绿色食品管理规定的企业暂行收缴其《准用证》，并于5个工作日内报请中心做进一步处理。

⑦ 向中心如实报告有关绿色食品管理机构、监测机构和企业在绿色食品质量管理和标志使用方面存在的问题。

⑧ 向上级绿色食品管理机构和所在单位提出改进督管工作的建议。

监管员应遵守以下行为准则：

① 遵守有关绿色食品标志管理的规章制度，忠于职守。

② 努力学习有关专业知识，不断提高标志管理的能力。

③ 不以权谋私，不接受可能影响本人正常行使职责的回扣、馈赠及其他任何形式的好处。

④ 如实向中心及所在单位报告情况，不弄虚作假。

⑤ 接受中心的培训、指导和监督管理。

⑥ 保守受检企业的商业秘密。

绿色食品标志管理工作实行绿色食品管理机构的主管领导和监管员共同负责制。各级绿色食品管理机构上报有关企业年检、整改、变更、减免收费、取消标志使用权等的报告、请示，应载明有关监管员关于事实认定的意见，该监管员应对其认定的事实负责。

监管员的工作岗位应保持相对稳定。监管员工作岗位发生变动，其所在单位应及时报经中心委托管理机构向中心备案。

《绿色食品标志监督管理员证书》有效期3年，有效期满前3个月由中心委托管理机构统一向中心申报换证。超过有效期未办理换证手续的，视为自动放弃监管员资格。

中心对监管员的工作进行考核。对工作业绩显著的予以表彰；对不称职的取消其监管员资格，收回证书。具体考核办法另行制定。

（二）绿色食品标志使用管理

1. 绿色食品标志的使用期及终止

① 绿色食品商标在企业A级绿色食品产品上的有效使用期为3年，绿色食品生产资料的使用期，自批准之日起有效期为3年，绿色食品基地的使用期，自批准之日起有效期为6年。要求：到期后还要继续使用绿色食品标志的，须在有效期满前90天内重新提出

申请。

② 绿色食品商标在企业的AA级绿色食品产品上有效使用期为1年，农作物为一个生长周期。

③ 企业取得绿色食品标志使用权后，应尽快在产品包装上和宣传广告中使用绿色食品标志。产品获标后，半年内必须使用绿色食品标志。半年内没有使用绿色食品标志的，国家绿色食品管理机构有权取消其标志使用权，并公告于众。

④ 在绿色食品标志商标有效使用期内，如发生下列情况，企业必须立即停止使用绿色食品标志商标。并按照相关规定解决问题后再经国家绿色食品管理机构许可，才允许继续使用绿色食品标志。

第一，改变生产条件、工艺、产品标准及注册商标的；

第二，由于不可抗拒因素丧失绿色食品生产条件的；

第三，监督抽检不合格的。

2. 对使用绿色食品标志企业的要求

① 企业必须严格履行《绿色食品标志许可使用合同》，按期交纳标志使用费，对于未如期交纳费用的企业，中国绿色食品发展中心有权取消其标志使用权，并公告于众。

② 绿色食品标志许可使用有效期满。若想继续使用绿色食品标志，须在使用期满前90天重新申报。未重新申报者，视为自动放弃使用权，收回绿色食品证书，并进行公告。

③ 企业应积极参加各级绿色食品管理部门组织的绿色食品知识、技术及相关业务的培训。

④ 企业应按照中国绿色食品发展中心要求，定期提供有关获得标志使用权的产品相关信息。有产品的当年产量，原料供应情况，肥料、农药的使用种类、方法、用量，添加剂使用情况，产品价格，防伪标签使用情况等内容。

⑤ 获得绿色食品标志使用权的企业不得擅自改变生产条件、产品标准及工艺。企业名称、法人代表等变更须及时报发展中心备案。

3. 绿色食品商标使用的权限和范围

中国绿色食品发展中心是绿色食品标志商标的唯一注册人，未经中国绿色食品发展中心许可，任何企业和个人无权使用绿色食品标志。绿色食品标志商标只能在经国家绿色食品管理机构许可的产品上使用。

4. 绿色食品标志使用的地域

绿色食品标志商标在中国、日本等已注册的国家和地区受相关法律保护。绿色食品生产企业在出口产品上使用绿色食品商标，必须经国家绿色食品管理机构同意。

5. 绿色食品商标设计要求

绿色食品产品标签、包装必须符合《中国绿色食品商标标志设计使用规范手册》要求。

具体要求如下：

① 绿色食品产品包装、标签上必须做到“四位一体”，即“绿色食品标志图形”、“绿色食品”文字、产品编号及防伪标签，必须全部同时体现在产品包装上。

绿色食品产品编号形式： LB —— XX — XX XX XX XXXX A（AA）

其代码含义： 绿标 产品类别 认证年份 月份 省别（国别）产品序号 产品级别

附 1：产品类别代码

产品类别代码为两位数，而产品分类为 5 大类 57 小类，以小类进行两位数编号即为产品类别。述于绿色食品标志使用范围。

附 2：省别（国别）代码

省别代码，按全国行政区划的序号编码；国别，从 51 号开始，按各国第一个绿色食品产品认证的先后顺序编排该国家代码；中国不编代码。

01 北京；02 天津；03 河北；04 山西；05 内蒙古；06 辽宁；07 吉林；08 黑龙江；09 上海；10 江苏；11 浙江；12 安徽；13 福建；14 江西；15 山东；16 河南；17 湖北；18 湖南；19 广东；20 广西；21 海南；22 四川；23 贵州；24 云南；25 西藏；26 陕西；27 甘肃；28 宁夏；29 青海；30 新疆；31 香港；32 澳门；33 台湾；34 重庆；51 法国

企业信息码形式： GF XXXXXX XX XXXX

信息码含义：绿色食品英文

“GREEN FOOD” **缩写 地区代码 获证年份 企业序号**

GF 是绿色食品英文“GREEN FOOD”头一个字母的缩写组合，后面为 12 位阿拉伯数字，其中 1～6 位为地区代码（按行政区划编制到县级），7～8 位为企业获证年份，9～12 位为当年获证企业序号。

继续实行“一品一号”原则。现行产品编号只在绿色食品标志商标许可使用证书上体现，不要求企业将产品编号印在该产品的包装上。

中国绿色食品发展中心为每一获证企业建立一个可在续展后继续使用的企业信息码。要求将企业信息码印在产品包装上原产品编号的位置，并与绿色食品标志商标（组合图形）同时使用。

2012 年 7 月 31 日以后，所有获证产品包装上统一使用企业信息码。

② AA 级绿色食品标志的底色为白色，标志与标准字体为绿色；而 A 级绿色食品标志的底色为绿色，标志与标准字体为白色。

③ 凡标志图形出现时，必须附注册商标符号®。为了增加绿色食品标志产品的权威性及绿色食品标志许可的透明度，在产品编号正后或正下方须注明“经中国绿色食品发展中

心许可使用绿色食品标志”的文字。

④ 在绿色食品生产资料产品的包装标签的左上方，必须标明“A（或AA）级绿色食品生产资料”、“中国绿色食品发展中心认定推荐使用”字样及统一编号，并加贴中心统一的防伪标签。

绿色食品生产资料编号形式：	LSSZ — XX	XX	XX	XX	XX	A（AA）
其代码含义：	**绿色食品生产资料**	**产品类别**	**认证年份**	**国家代号**	**地区代号**	**产品序号**	**产品级别**

6．绿色食品标志防伪标签的使用

（1）绿色食品标志防伪标签的特点

绿色食品标志防伪标签采用了以造币技术为核心的综合防伪技术。该防伪标签为纸制，便于粘贴。标签用绿色食品指定颜色，印有标志及产品编号，有采用荧光防伪技术的前中国绿色食品发展中心主任（刘连馥）的亲笔签名字样。

防伪标签具有专用性，因标签上印有产品编号，所以每一标签只能用于一种产品上。

防伪标签具有多种规格类型，满足不同包装的需要，分为：圆形，直径为15 mm、20 mm、25 mm、30 mm不等；长方形，52 mm×126 mm，或按此比例变化的任意规格。

（2）绿色食品标志防伪标签的作用

❖ 绿色食品防伪标签具有保护作用。

❖ 绿色食品防伪标签具有监督管理作用。

❖ 统一绿色食品整体形象的作用。

（3）绿色食品标志防伪标签的管理

绿色食品标志防伪标签由中国绿色食品发展中心统一委托定点专业生产单位印刷。企业不得自行生产或从其他渠道获取防伪标签，也不可直接向中心委托的防伪标签生产企业订货。

各企业根据其绿色食品生产计划及产品包装规格的需要，填写《绿色食品标志防伪标签需求计划表》，于需要使用前两个月报中心，中国绿色食品发展中心根据企业申报时的产量掌握一年内防伪标签的发放总量。

企业在报表的同时，应向中国绿色食品发展中心交付印标费用。中心将生产任务通知单下达到防伪标签生产企业，并按企业需求时间发货。各企业收到货物应及时检验，若标签有质量或数量问题，须立即与绿色食品发展中心联系。

许可使用绿色食品标志的产品必须加贴绿色食品标志防伪标签；每种产品只能使用对应的防伪标签（印有该产品的编号）；防伪标签应贴于食品标签或包装正面显著位置，不能掩盖原有绿标、编号等绿色食品整体形象。防伪标签粘贴位置应固定不能随意变化。

7．绿色食品基地生产地块展板的设计要求

绿色食品基地生产者在绿色食品地块要设置展板，记载如下事项：

❖ 标题为“绿色食品××××基地生产地块”；
❖ 作物名称；
❖ 产地编号；
❖ 种植面积；
❖ 负责人；
❖ 时间。

8．取得绿色食品标志使用权的企业必须执行绿色食品标志使用协议书

协议书中主要注意下列内容：

① 国家绿色食品管理机构拥有对绿色食品生产企业的监督权，可以检查企业生产情况、档案及文件。

② 标志使用费必须按期足额交纳。

③ 企业定期向管理机构汇报标志使用情况，并提交有关产销的统计表。

④ 出口产品使用绿色食品标志，必须经国家绿色食品管理机构许可。

（三）绿色食品标志监督管理

绿色食品标志监督管理的具体内容：

1．年检

中国绿色食品发展中心及中心委托管理机构（省绿办）对获得绿色食品标志使用权的企业在一个标志使用年度内的绿色食品生产经营活动、产品质量及标志使用行为实施的监督、检查、考核、评定。

所有获得绿色食品标志使用权的企业在标志有效使用期内，每个标志使用年度均必须进行年度检查。

（1）年检工作职责

年检工作由中心和委托管理机构负责组织，有条件的市、县绿色食品管理机构配合实施。

中心的年检工作职责：

一是制定全国年检工作的有关职责；

二是组织开展全国年检工作；

三是指导、监督和考核委托管理机构及其监管员的年检工作；

四是组织对各地年检工作及重点企业进行检查；

五是依据有关规定，对年检不合格的产品做出取消产品标志使用权的决定并予以公告；

六是向绿色食品系统通报有关年检工作情况。

委托管理机构的年检工作职责：

一是根据中心的有关规定，制定当地的年检工作实施细则；

二是制订并组织实施当地的年检工作计划；

三是指导、监督和考核下级绿色食品管理机构的年检工作，监督、考核本级和下级监管员的年检工作；

四是配合中心检查当地的年检工作和重点企业；

五是依据有关规定，对企业做出限期整改的决定，并报中心备案；

六是依据有关规定，报请中心取消有关产品的标志使用权；

七是向中心及时传递有关信息，定期报告年检情况，提出工作建议；

八是完成中心委托的其他年检工作。

市、县级绿色食品管理机构的年检工作职责：

一是向上级绿色食品管理机构提出年检工作计划的建议；

二是根据上级绿色食品管理机构下达的年检工作计划，配合和参与开展年检工作；

三是监督、考核本级和下级监管员的年检工作；

四是向上级绿色食品管理机构定期报告有关情况，提出工作建议。

（2）年检工作实施

委托管理机构应当明确分管年检工作的领导，确定负责年检工作的部门和人员，于每年 2 月 20 日前将年检工作计划上报中心备案，并下达市、县绿色食品管理机构。年检计划应包括：年检企业、年检重点项目和时间安排等。可根据认证时间和生产实际情况将当年获得绿色食品标志使用权的企业列入当年或下年度年检计划。

委托管理机构应建立完整的年检工作档案。档案材料应包括企业认证申报材料、《绿色食品申报材料审核意见》复印件、《绿色食品标志商标准用证书》复印件、《绿色食品标志商标使用许可合同》、年度产品质量抽检《检验报告》《实地检查考核表》《核准证书申请表》等。

年检工作实施主要采取产品质量年度抽检和企业实地检查方式，并进行综合考核评定。

产品质量年度抽检由中心统一制订计划，并委托有关产品质量检测机构抽检，各级绿色食品管理机构配合执行。委托管理机构可以在中心的抽检计划之外另行安排抽检。年度抽检的费用由下达抽检计划的单位负担。产品质量抽检办法按中心有关规定执行。

实地检查是指对企业的绿色食品产品和原料生产及管理状况进行现场检查。实地检查由委托管理机构组织实施，市、县管理机构予以配合。实地检查应组成检查组，成员至少 2 人，并由一名监管员任组长，检查组成员必须严格遵守有关监管员工作的规定。实地检查在产品生产和作物生长期间实施。

年检工作由中心及其委托的省绿办组织实施。年检结果以绿色食品证书上是否加盖年检合格章的形式体现。年检结果是判定绿色食品企业证书到期后是否有资格继续使用绿色食品标志（含续报）的重要依据。

企业的绿色食品标志使用年度为最后一年的，其年检应于使用期满前 3 个月完成，相关工作也要相应提前。年检合格的结论是标志使用期满续展的必备文件。年检不合格或未通过整改验收以及拒不接受年检的，其续展申请均不予受理。

2. 抽检

中国绿色食品发展中心对已获得绿色食品标志使用权的产品采取的监督性抽查检验。抽检是企业年度检查工作的重要组成部分。

所有获得绿色食品标志使用权的企业在标志使用的有效期内，必须接受产品抽检。

申请续展产品当年的抽检检验报告可作为绿色食品标志使用续展审核的依据。

产品抽检工作由中心制订抽检计划，委托相关绿色食品产品质量监测机构按计划实施，中心的委托管理机构予以配合。

中心的产品抽检工作职责：

一是制定全国抽检工作的有关规定；

二是开展全国的抽检工作；

三是下达年度抽检计划；

四是指导、监督和考核各监测机构的抽检工作；

五是依据有关规定，对抽检不合格的产品做出整改或取消产品标志使用权的决定，并予以通报或公告；

六是及时向委托管理机构和监测机构公布有效使用绿色食品标志企业名录。

监测机构的产品抽检工作职责：

一是根据中心下达的抽检计划制订具体组织实施方案；

二是按时完成中心下达的检测任务；

三是按规定时间及方式向中心、相关委托管理机构和企业出具检验报告；

四是向中心及时报告抽检中出现的问题和有关企业产品质量信息。

委托管理机构的产品抽检工作职责：

一是配合中心及监测机构开展产品抽检工作；

二是向中心提出产品抽检工作计划的建议；

三是根据中心对抽检不合格产品做出的整改决定，督促企业按时完成整改，并组织验收，同时抽样寄送中心指定监测机构；

四是及时向中心报告企业的变更情况，包括企业名称、通讯地址、法人代表以及企业停产、转产等情况。

中心于每年 3 月底前制订产品抽检计划，并下达有关监测机构和委托管理机构。监测机构根据抽检计划和产品周期适时派专人赴企业或市场上规范随机抽取样品，也可以委托相关委托管理机构协助进行，由绿色食品标志监管员抽样并寄送监测机构，封样前应与企业有关人员办理签字手续，确保样品的代表性。在市场上抽取的样品，应确认其真实性。监测机构应及时进行样品检验，出具检验报告，检验报告结论要明确、完整，检测项目指标齐全，检验报告应以特快专递方式分别送达中心、有关委托管理机构和企业各一份。监测机构最迟应于企业使用绿色食品标志年度使用期满前 40 日完成抽检，并将检验报告分别送达中心、有关委托管理机构和企业。监测机构须于每年 12 月 20 日前将产品抽检汇总表及总结报中心，总结内容应全面、详细、客观，未完成抽检任务的应说明原因。

中心制订产品抽检计划必须遵循科学、高效、公正、公开的原则，突出重点产品和重点指标，并考虑上年度抽检计划完成情况及当年任务量。监测机构必须承检中心要求检测的项目，未经中心同意，不得擅自增减检测项目。对当年应续展的产品，监测机构应及时抽样检验并将检验报告提供给企业，以便作为续展审核的依据。

监测机构在产品抽检中发现倒闭、无故拒检或提出自行放弃绿色食品标志使用权的企业，应及时报告中心及有关委托管理机构。企业对检验报告如有异议，应于收到报告之日起（以当地邮局邮戳为准）15 日内向中心提出书面复议申请，未在规定时限内提出异议的，视为认可检验结果。对检出不合格项目的产品，监测机构不得擅自通知企业送样复检。

产品抽检结论为食品标签、感官指标不合格或产品理化指标中的部分非营养性指标（水分、灰分、净含量等）不合格的，中心通知企业整改，企业必须于接到通知之日起一个月内完成整改，并将整改措施和结果报告委托管理机构，委托管理机构应及时组织整改验收并抽样寄送中心定点监测机构检验。监测机构应及时对样品进行检验，出具检验报告，并以特快邮递方式将检验报告分别送达中心和有关委托管理机构各一份。复检合格的可继续使用绿色食品标志，复检不合格的取消其标志使用权。

产品抽检结论为卫生指标或理化指标中部分关键性营养指标（药残、重金属、添加剂、黄曲霉、亚硝酸盐、微生物等有害物）不合格的，取消其绿色食品标志使用权。对于取消标志使用权的企业及产品，中心及时通知企业及相关委托管理机构，并予以公告。

3．绿色食品标志监督管理员的监督

绿色食品标志监督管理员对所辖区域内的绿色食品生产企业，每年至少进行一次监督考察。监督绿色食品生产企业种植、养殖、加工等规程的实施及标志许可使用合同的履行，并将监督、考察情况汇报国家绿色食品管理机构。

4．消费者监督

使用绿色食品标志的企业必须接受全社会消费者的监督。国家绿色食品管理机构，首先加大绿色食品监督的宣传力度，使消费者认识绿色食品标志，了解绿色食品。为了进一步鼓励消费者对绿色食品质量的监督，对消费者所发现不合标准的产品，责成生产企业进行经济赔偿，并对举报者予以一定奖励；对有产品质量问题的企业坚决予以查处。

（四）绿色食品标志法制管理

1．绿色食品标志的法律保护

绿色食品标志属知识产权范畴，受法律保护。开发推广绿色食品是一项新生事物，用法律保护绿色食品标志，是实施绿色食品工程不可缺少的手段。为此，国家工商行政管理局和农业部联合发文《关于依法使用、保护“商标标志”的通知》（工商标字[1992]第 77号），对进一步加强绿色食品商标标志保护提供了有利条件。

2．绿色食品标志商标侵权行为及假冒商标构成

根据商标法第三十八条及商标法实施细则第四十一条规定，结合绿色食品标志的具体情况确定。

下列行为均属侵权行为：

（1）未经国家绿色食品管理机构许可，在其注册的五大类商品或类似商品上使用与绿色食品标志相同或者近似商标。具体说来，包括四种情形：在注册的五大类商品上使用绿色食品标志；在注册的五大类商品上使用类似绿色食品标志的商标；在与注册商品类似的商品上使用绿色食品标志；在类似商品上使用与绿色食品标志近似的商标。

（2）销售明知是假冒绿色食品标志的商品的。

（3）伪造、擅自制造绿色食品标志或销售伪造、擅自制造的绿色食品标志的。

（4）给绿色食品标志专用权造成其他损害的。

假冒商标，是指凡未经国家绿色食品管理机构同意，而故意在其注册的五大类商品上使用与绿色食品标志相同或十分近似商标的行为，也包括擅自制造或销售绿色食品标志的行为。

假冒商标与商标侵权既有区别又有联系。商标侵权不一定就是假冒商标，但假冒商标必然构成商标侵权。一般说来，商标侵权大多是过失的和无意的，而假冒商标则是故意行为。

在认定绿色食品标志侵权行为是否假冒商标时，不能简单地以侵权情节的轻重为依据，也不能以侵权获利或经营额的大小为准，只要行为人未经国家绿色食品管理机构许可，故意在其注册的五大类商品上使用与绿色食品标志相同或十分近似的商标的，就认为是假冒绿色食品标志商标；假冒绿色食品标志商标情节严重的，构成假冒商标罪。

3．绿色食品标志商标侵权案件及假冒商标的受理机关

根据我国商标法第三十九条规定：工商行政管理局和人民法院都有权处理商标侵权案件。商标法实施细则第四十二条规定：对侵犯注册商标专用权的，任何人可以向侵权人所在地或者侵权行为地县级以上工商行政管理机关控告或者检举。

工商行政管理机关和人民法院虽然都受理绿色食品标志侵权案件，但在具体处理过程中，也存在不同之处：

（1）要求处理绿色食品标志侵权人当事人不同，受理机构也不同。

向工商行政管理机关控告和检举侵犯绿色食品标志专用权行为的，可以是任何人。即检举人可以是国家绿色食品管理机构、绿色食品委托管理机构，经公告的绿色食品标志使用人，也可以是普通消费者。

向人民法院起诉的，必须是商标注册人。绿色食品委托管理机构，经公告的使用人均可参与上诉。除此之外，人民法院不受理其他人的起诉。

（2）人民法院受理的绿色食品标志商标侵权案件，必须有明确的被告。而工商行政管理机关则只要求当事人提供的事实存在，不一定需要明确的被告。

4．绿色食品标志商标侵权行为及假冒绿色食品标志商标的处罚

对构成侵权行为的处罚，工商行政管理机关将采取诸如责令侵权人立即停止侵权行为，封存或收缴绿色食品标识；消除现有商品和包装上的绿色食品标志；责令赔偿中国绿色食品发展中心的经济损失等。

对于假冒商标的处罚，刑法第一百二十七条规定：违反商标管理法规，工商企业假冒其他企业已经注册的商标，对于直接责任人员处以三年以下有期徒刑、拘役或者罚金。

1993 年 2 月 22 日第七届全国人民代表大会常务委员会第十三次会议通过《全国人民代表大会常务委员会关于惩治假冒注册商标犯罪的补充规定》，其中第一条、第二条规定如下：

第一条，未经注册商标所有人许可，在同一种商品上使用与其注册商标相同的商标，违法所得数额较大或者有其他严重情节的，处三年以下有期徒刑或者拘役，可以并处罚金；违法所得数额巨大的处三年以上七年以下有期徒刑，并处罚金。

销售明知假冒注册商标的商品，违法所得数额较大的，处三年以下有期徒刑，或者拘役，可以并处罚金，违法所得数额巨大的，处三年以上七年以下有期徒刑，并处罚金。

第二条，伪造、擅自制造他人注册商标标识，或者销售伪造、擅自制造的注册商标标识，违法所得数额较大或有其他严重情节的依照第一条第一款的规定处罚。

技能训练

【训练项目】识别绿色食品

【训练目标】通过学习、训练，能够正确识别绿色食品

【相关资讯】绿色食品若干、资料单等

【识别绿色食品】

（一）绿色食品标志认知

绿色食品标志，有四种形式：有中文“绿色食品”，英文“Green Food”，绿色食品标志图形及这三者的组合（图 2-1）。

（二）分辨A级绿色食品和AA级绿色食品

通过A级绿色食品和AA级绿色食品标志颜色和背景色的分辨来确定A级绿色食品和AA级绿色食品。A级绿色食品标志的底色为绿色，标志与标准字体为白色；而AA级绿色食品标志的底色为白色，标志与标准字体为绿色。

（三）识别绿色食品

绿色食品必须经中国绿色食品发展中心认证后才可称为绿色食品。

1. 绿色食品产品包装、标签上必须做到“四位一体”，即“绿色食品标志图形”、“绿色食品”文字、产品编号或企业信息码及防伪标签须全部体现在产品包装上。

防伪标签目前不做硬性规定。

2. 标志图形出现时，必须附加注册商标符号®。

为了增加绿色食品标志产品的权威性及绿色食品标志许可的透明度，在产品编号或企业信息码正后方或正下方须注明“经中国绿色食品发展中心许可使用绿色食品标志”字样。

绿色食品有效期为三年，通过编号可以确认产品是否过期。另外，为进一步确认产品是不是绿色食品可以要求销售商出示绿标证书予以核对，或向绿色食品管理机构咨询，或登录绿色食品网查验。

知识拓展　有机食品、无公害农产品及农产品地理标志

有机食品，来自有机农业生产体系，根据国际有机农业生产要求和相应的标准生产加工的，并经合法的、独立的有机食品认证机构认证的农副产品及其加工产品。

有机食品必须具备的条件，一是原产地前三年没有使用任何农用化学物质，无任何污染；二是生产过程中不使用任何化学合成的农药、肥料、饲料、生长素、兽药、渔药等；三是加工过程中不使用任何化学合成的食品防腐剂、色素、添加剂和采用有机溶剂提取等；四是储藏、运输过程中未受有害化学物质的污染；五是生产和流通过程中有完善的质量控制和跟踪审查体系，有完整的生产和销售记录档案；六是必须符合国家食品卫生法的要求和食品行业质量标准。

无公害农产品，生产地环境符合无公害农产品的生态环境质量，生产过程必须符合规定的农产品质量标准和规范，有毒有害物质残留量控制在安全质量允许范围内，安全质量指标符合《无公害农产品（食品）标准》的农、牧、渔产品（食用类，不包括深加工的食品），经专门机构认定，许可使用无公害农产品标志的产品。

无公害农产品必须具备的条件，一是产品或产品原料产地必须符合无公害农产品的生态环境标准；二是农作物种植畜禽养殖及食品加工等必须符合无公害农产品的生产操

作规程；三是产品必须符合无公害农产品的质量和卫生标准；四是产品的标签必须符合《无公害农产品标志设计标准手册》中的规定。

农产品地理标志，是指标示农产品来源于特定地域，产品品质和相关特征主要取决于自然生态环境和历史人文因素，并以地域名称冠名的特有农产品标志。

思考与练习

1. 理解绿色食品的含义与特征。
2. 简述绿色食品必须具备的条件。
3. 简述绿色食品标志的形式、标志图形构成及象征意义。
4. 简述绿色食品标志使用范围。
5. 简述绿色食品标志管理的对象与目的。
6. 简述绿色食品标志的管理手段。
7. 简述绿色食品产品编号、企业信息码的形式及含义。

模块三　绿色食品生产

学习目标：

1. 明确绿色食品产地环境调查与选择的目的及意义
2. 掌握绿色食品种植业生产的农艺要求
3. 掌握绿色食品养殖业生产技术要点
4. 掌握绿色食品加工业生产技术标准要求

课题一　绿色食品产地选择与建设

一、绿色食品产地环境调查与选择

（一）绿色食品产地的环境调查与选择的目的及意义

绿色食品产地是指绿色食品初级农产品或加工产品原料的生长地。

1．绿色食品产地环境调查与选择的目的

就在于实现农业生产中的清洁生产和实现创两高一优的目标，建立一个没有生态破坏、没有环境污染、生态良性循环的农业生产体系，改善农村环境，保证农业的可持续发展。

2．绿色食品产地环境调查与选择的意义

❖　有利于了解产地所存在的环境问题；

❖　有利于提高绿色食品的品质；

❖　有利于增进人体健康；

❖　有利于维护国家和人民的利益。

（二）绿色食品产地的环境调查与选择的主要内容

1．产地调查原则

调查产地环境质量现状、发展趋势及区域污染控制措施，兼顾产地自然环境、社会经济及工农业生产对产地环境质量的影响。

2．产地调查方法

采用收集资料法和现场调查法。首先通过收集资料法获取有关资料，还不能满足要求时，再进行现场调查。

现场调查通常采用查、观、听、访四种方法进行。

查：查阅该区域水文、气象、地质、卫生、环保、农业等有关资料；

观：现场考察产地生态环境现状及外部污染情况；

听：通过现场座谈等形式，了解产地生产区域生态环境保护及农产品（或原料）的质量控制措施，以及生产单位有关产品生产、加工各环节的质量保证措施；

访：访问了解对区域目前环境状况的意见，以及生产基地的环境保护建议。

通过以上工作，达到对绿色食品产地生态环境概况的初步了解，为产地的选择提供基础材料。

3．产地调查内容

（1）自然环境特征调查

自然环境特征调查包括自然地理（位置）、气候与气象（年均风速、主导风向、年均气温、年均相对湿度、年均降水量等）、水文状况（河流、水系、水文特征，地面、地下水源及利用等）、土壤状况（成土母质、土壤类型、环境背景值等）、植被及自然灾害等。

（2）社会环境概况调查

社会环境概况调查包括工业布局和农田水利，农、林、牧、渔业发展情况，农村能源结构情况等。

（3）工农业污染及其影响调查

工农业污染及其影响调查包括工矿污染源分布，“三废”排放情况及其影响，农业副产物（畜禽粪便等）处置与综合利用，农业投入品使用情况及对农业环境的影响和危害，地面水、地下水、农田土壤、大气质量现状等。

（4）农业生态环境保护措施调查

农业生态环境保护措施调查主要包括资源合理利用、清洁生产情况与污染防治措施等。

4．产地环境选择的原则

产地必须符合绿色食品生态环境标准。绿色食品产地的生态环境主要包括大气、水、土壤等因子，绿色食品产地应选择空气清新、水质纯净、土壤未受污染具有良好农业生态环境的地区。

5. 产地环境的优化选择

绿色食品产地的选择是指在绿色食品产品开发之初，通过对产地环境条件的调查研究和现场考察，并对产地环境质量现状做出合理判断的过程。

绿色食品生产基地应尽量避开繁华都市、工业区和交通要道。

边远地区、农村农业生态环境相对较好，是绿色食品生产基地的首要选择；部分城市郊区受城市污染较轻或未受污染，农业生态环境现状好，也是绿色食品产地选择的理想区域。同时绿色食品产地要建有一套保证措施，确保该区域在今后的生产过程中环境质量不下降。

（1）大气

对大气的要求是产地及产地周围不得有大气污染源，特别是产地上风头不得有污染源，如化工厂、水泥厂、钢铁厂、垃圾堆积场、工矿废渣场等，不得有有毒气体排放，也不得有烟尘和粉尘，避开交通繁华的要道。要求大气环境质量稳定，符合大气质量标准。

（2）水质

对水质的要求是生产用水质量必须要有保证。产地应选择在地表水、地下水水质清洁，无污染的地区；水域上游没有对该产地构成污染威胁的污染源；要远离对水体容易造成污染的工矿企业，并符合绿色食品水质（农田灌溉水、渔业水、畜禽饮用水、加工用水）质量标准。

（3）土壤

对土壤质量的要求是产地位于土壤元素背景值的正常区域，产地及产地周围没有金属或非金属矿山，未受到人为污染，土壤中没有农药残留，特别是从来没有施用过 DDT 和六六六的地块，而且要求土壤具有较高的肥力。

可见，绿色食品产地环境质量要求标准较高，中国绿色食品发展中心制定了《绿色食品产地环境质量标准》（NY/T 391—2000），由农业部在 2000 年作为行业标准颁布。

此外，为保证绿色食品产地整体处于良好的生态环境之中，保证绿色食品生产能持续、稳定发展，还应考虑生物多样性、生态环境的基础建设等，如农田防护林、防洪、防尘、防风的建设等问题。

综上所述，绿色食品产地环境是绿色食品质量保证体系的基础条件，绿色食品产地环境必须有严格的标准，又需要科学的监测方法，以保证绿色食品生产的质量要求。

二、绿色食品产地的环境监测与现状评价

环境监测是用科学方法监视和检测代表环境质量及其发展变化趋势的各种数据的全过程。环境监测是绿色食品产地选择的基础工作，其主要内容包括：大气环境监测、水环境监测、土壤环境监测等。

（一）产地的环境监测

1. 大气监测

监测项目与采样分析方法见表 3-1。

表 3-1 大气监测项目与分析方法

项　目	采样方法	采气量	分析方法	备注
氮氧化物	盐酸萘乙二胺吸收法	12 L	盐酸萘乙二胺光度法	动力采样
二氧化硫	四氯汞钾吸收法	30 L	盐酸副玫瑰苯胺比色法	非动力采样（七日采样）
氟化物	石灰滤纸法		氟离子电极法	

2. 水质监测

在绿色食品初级产品的生产过程中，选择没有污染的水源，对于保证绿色食品的质量，具有决定性的作用。水质监测项目共 13 项，监测项目和分析方法见表 3-2。

表 3-2 水质监测项目与分析方法

项目	分析方法	项目	分析方法
pH	玻璃电极法	六价铬	二苯碳酰二肼比色法
镉	原子吸收法	氰化物	异烟酸-吡唑啉铜比色法
铅	原子吸收法	氯化物	硝酸银滴定法
铜	原子吸收法	化学耗氧量	重铬酸钾法
锌	原子吸收法	溶解氧	碘量法
汞	冷原子吸收分光光度法	氟化物	离子选择电极法
砷	二乙基二硫代氨基甲酸银法		

3. 土壤监测

以生产区内相对污染和外部环境影响较大的地块为重点，兼顾监测区域内主要土类的原则。土壤监测项目共 7 个 分析方法见表 3-3。

表 3-3 监测项目与分析方法

项目	分析方法	项目	分析方法
镉	原子吸收法	铬	二苯碳酰二肼比色法
铅	原子吸收法	六六六	气象色谱法
砷	二乙基二硫代氨基甲酸银比色法	DDT	气象色谱法
汞	原子吸收法		

（二）产地的环境质量现状评价

1．评价要素和因子的选择

（1）评价要素的选择

绿色食品产地环境参评要素以土壤、水质和大气为主。

（2）评价因子的确定

绿色食品原料产地环境质量评价工作主要选择那些毒性大、动植物易积累的物质作为评价因子，具体为：

①大气评价因子：二氧化硫、氮氧化物、总悬浮微粒、氟化物。

②水评价因子：汞、镉、铅、砷、铬、溶解氧、pH、生化需氧量（BOD_5）、有机氯、氟化物、氰化物、细菌、大肠杆菌。

③土壤评价因子：土壤肥力指标、重金属及类重金属（汞、镉、铅、砷、铬等）、有机污染物、六六六、DDT。

绿色食品产地环境质量监测的主要对象包括大气、土壤和水三个部分；监测时间原则上要求安排在生物生长期进行。

2．评价标准

评价标准是参评因子中某项物质的最高允许限度，或不应超过的水平。它是衡量绿色食品产地生态环境质量是否合格的尺度，必须予以科学制定。

（1）大气标准

大气质量评价标准采用《环境空气质量标准》（GB 3095—1996）中的一级标准。绿色食品产地空气中各项污染物含量不应超过 NY/T 391—2000 所列的浓度值。

（2）水质标准

① 农田灌溉水质标准：农田灌溉用水评价采用《农田灌溉水质标准》（GB 5084—2005）。绿色食品产地农田灌溉水中各项污染物含量不应超过 NY/T 391－2000 所列的浓度值。

② 水产养殖用水标准：水产养殖用水评价采用《渔业水质标准》（GB 11607—89）。绿色食品产地水产养殖用水中各项污染物含量不应超过 NY/T 391—2000 所列的浓度值。

③ 畜禽养殖用水标准：畜禽养殖用水评价采用《地面水质标准》（GB 3838—2002）中所列三类标准。绿色食品产地畜禽养殖用水中各项污染物不应超过附录中（NY/T 391—2000）所列的浓度值。

④ 加工用水质量标准：加工用水评价采用《生活饮用水标准》（GB 5749—2006）。绿色食品产地加工用水中各项污染物不应超过 NY/T 391—2000 所列的浓度值。

（3）土壤环境质量标准

土壤环境质量评价采用《土壤环境质量标准》（GB 15618—1995）。本标准将土壤按耕作方式的不同分为旱田和水田两大类，每类又根据土壤pH的高低分为三种情况，即pH＜6.5，pH＝6.5～7.5，pH＞7.5。绿色食品产地各种不同土壤中的各项污染物含量不应超过NY/T 391—2000所列的限值。

3. 评价原则

绿色食品产地环境质量现状是绿色农产品开发的一项基础性工作，在进行该项工作时应遵循以下原则。

❖ 评价应在区域性环境初步优化的基础上进行，同时考虑农业生产过程中的自身污染。

❖ 评价标准是衡量绿色农产品产地环境质量的尺度，要适度掌握，过松或过严都不宜或不利于绿色农产品的生产。

❖ 在全面反映产地环境质量现状的前提下，要突出对产品生产危害较大的环境因素和高浓度污染物对环境质量的影响。

4. 评价方法

（1）指标分类

分为严格控制指标和一般控制指标两类，表3-4所列项目为严格控制指标，其他项目为一般控制指标。

表3-4 严格控制指标

类 别	指 标
农田灌溉水	铅（Pb）、镉（Cd）、汞（Hg）、砷（As）、氰化物（CN^-）、六价铬（Cr^{6+}）
畜禽饮用水	铅（Pb）、镉（Cd）、汞（Hg）、砷（As）、六价铬（Cr^{6+}）、氰化物（CN^-）、硝酸盐
土壤	铅（Pb）、镉（Cd）、汞（Hg）、砷（As）、铬（Cr）
空气	二氧化硫（SO_2）、二氧化氮（NO_2）

（2）评价方法

采用单项污染指数与综合污染指数相结合的评价方法。

5. 产地环境质量评价现状报告的基本内容

评价报告应全面、概括地反映环境质量评价的全部工作，文字应简洁、准确，并尽量采用图表。原始数据、全部计算过程等不必在报告书中列出，必要时可编入附录。所参考的主要文献应按其发表的时间次序由近至远列出目录。

产地环境质量现状评价报告是绿色食品基地申报材料中十分重要的基础材料之一。评价单位应按《绿色食品生产环境质量现状评价纲要》的有关要求及格式认真编写。编写内容及格式如下：

（1）前言

① 评价任务的来源。包括省（市）绿色食品委托管理机构下发的环境监测委托书。

② 绿色食品产地及企业基本情况。产地的特点，原料的生产规模及发展规划，企业基本情况简介。

（2）现状调查

① 产地自然环境状况。

② 生产过程中质量控制措施。

③ 产地环境现状初步分析。

（3）产地环境质量监测

① 布点的原则和方法。

② 采样方法。

③ 样品处理原则和方法。

④ 分析检测结果。

包括水质、土壤及大气分析项目和分析方法，并要求以表格的形式编写。

（4）产地环境质量现状评价

① 水质现状评价。评价所采用的模式及评价标准、评价结果与分析。

② 土壤质量现状评价。评价所采用的模式及评价标准、评价结果与分析。

③ 大气质量现状评价。评价所采用的模式及评价标准、评价结果与分析。

④ 产地环境质量综合评价。

（5）评价结论

做出能否开发绿色食品的结论。

（6）综合防治对策及建议

三、绿色食品产地的生态建设

（一）产地的环境污染

1. 产地环境中的主要污染物与危害

（1）无机污染物

无机污染物有重金属中的汞、镉、铅、铬、镍等，类金属砷与非金属化合物中的二氧化硫、氮氧化物、氨类、亚硝酸盐类、无机氰化物、氟和氯等。

① 重金属。农业生产基地环境常因工矿企业和乡镇企业的“三废”物质进入，而导致重金属汞、镉、铅等的污染，这些污染物也随灌溉水和化肥及农药的施用进入农田，污染土壤，进而通过水—土壤—食物链（粮食、蔬果、水产、饮料等）或通过食品添加剂进

入人体，致病、致癌。

重金属对环境危害的特点之一，是它在环境中不能降解，只能位移，一旦污染了水、土壤等资源，就很难排除，影响资源利用的可持续性；其二是重金属毒性大，具有很强的生物富集性，极小剂量就对人和生物产生毒害；其三是重金属尤其是汞能明显地导致人和生物的生殖系统疾病，并已被认定是环境激素之一。这就是重金属含量作为绿色食品产地环境质量重要指标的主要原因。

② 类金属砷。砷的主要化合物是三氧化二砷（AsO_3），俗称砒霜，还有砷化氢、三硫化二砷、五氧化二砷等。

砷的氧化物、盐类及有机物均有毒，三价砷化物较五价砷化物毒性大。长期吸入含砷化合物气体，饮用低浓度含砷的水，可以引起慢性中毒，除一般有神经衰弱症状外，主要表现皮肤黏膜病变及多发性神经炎、咽干燥等，少数人鼻中隔穿孔，引起结膜炎、喉炎、支气管炎、腹痛、腹泻、肝肿大，严重者引起肝硬变。皮肤长期接触可引起皮癌。人口服5 mg以上就可引起急性中毒，产生持续呕吐、剧烈头痛、四肢痉挛、心力衰竭而死。

③ 二氧化硫。二氧化硫污染的主要来源是燃烧含硫的煤和石油，以及含硫矿物冶炼。二氧化硫是主要的大气污染物之一。二氧化硫经呼吸道吸入后，在呼吸道与水生成亚硫酸，直接产生刺激作用。吸入高浓度二氧化硫，可致急性支气管炎、肺炎、肺水肿。严重者窒息死亡。长期接触可引起慢性中毒，引起结膜炎、鼻炎、咽炎、慢性支气管炎等症状。

④ 氮氧化物。氮氧化物以二氧化氮较稳定，常温下为红棕色气体，工业生产中，制造硝酸或用硝酸浸洗金属、苯胺染料的重氮化、塑料生产以及汽车尾气均可产生氮氧化物的污染。氮氧化物主要通过呼吸道进入体内。中毒症状轻者表现为咳嗽、胸闷、呼吸道不适，重者发展为水肿、血压下降、休克、呼吸衰竭及昏迷，长期接触者，可出现慢性支气管炎、神经衰弱等症状，吸入高浓度氮氧化物可迅速出现窒息、痉挛现象而很快死亡。

⑤ 氨类。氨是一种无色气体，有强烈的刺激性气味，氨在自然界水中可以转化为亚硝酸盐，亚硝酸盐还可以转化为硝酸盐，这一转化是生物化学进程。前一阶段转化需5天左右，后一阶段约需100天才能完成。氨是植物的营养成分，但是水中过量氮的存在却可以造成水体藻类和微生物大量繁殖的现象——富营养化现象，造成一定的环境污染。

⑥ 亚硝酸盐类。亚硝酸盐是一种可引起人类致癌作用的物质，在食品发酵过程中会产生一定量的亚硝酸盐，在大量施用化肥的作物中可造成亚硝酸盐的积累，所以现代观点认为不宜对作物大量施用化肥，而应代之以有机肥料。温血动物一次摄入亚硝酸盐的最小致死剂量为20 mg/kg体重。饮用水中亚硝酸盐的最高允许浓度为1 mg/L。

⑦ 无机氰化物。氰化物种类很多，常用的有无机氰化物、有机氰化氢、氰化钠、氰化钾、氰化铵等。在炼焦、煤气发生站、电镀、热处理、化工生产、金属选矿、有机玻璃等行业都可能产生氰化物的排放。

氰化物可通过呼吸道、食道及皮肤浸入人体，引起中毒，大量吸入氰化物可引起急性中毒，抑制细胞呼吸，组织缺氧、血压下降，可迅速发生呼吸障碍而死亡。口服 150～250 mg 就可致死。慢性中毒造成头痛、眩晕、乏力、胸部及上腹部有压迫感、恶心、呕吐、心惊、血压上升、气喘等。

⑧ 氟。氟是黄绿色气体，在空气中很快变成氟化氢气体。氟及其化合物在工农业生产中应用非常广泛，在氟塑料、冷冻剂、农药、玻璃雕刻，以及火箭燃料中均有应用。

氟和氟化氢属剧毒类，有很强的刺激作用和腐蚀作用。吸入高浓度含氟气体可引起鼻、喉、胸骨灼烧痛、咳嗽、呼吸困难、血压下降、昏迷直至呼吸、循环衰竭。慢性中毒引起鼻黏膜溃疡、慢性支气管炎、肺气肿及肺硬化。氟化物经消化道、呼吸道吸收，储存于骨、软骨及牙齿中，小部分蓄积在肾脾内。主要使人骨骼受害，引起氟骨症，患者四肢麻木，腰背疼痛，关节活动受限，氟斑牙，严重者造成骨质硬化症或骨质疏松症，骨质增殖变形，易产生自发性骨折，人体常因缺氟而引起抽搐、痉挛、呼吸麻痹而死亡。

地面水中氟的最高允许浓度为 1.0 mg/L，生活饮用水氟化物适宜浓度 0.5～1.0 mg/L。

⑨ 氯。氯气是黄绿色具有强烈刺激性气味的气体，制造和使用氯气的工业，有电解食盐、漂白粉、光气、造纸、印染、纺织、鞣革、颜料、制药、橡胶及有机氯杀虫剂、塑料、合成纤维等。

氯气主要通过呼吸道和皮肤黏膜对人产生中毒作用，轻微中毒引起上呼吸道黏膜肿胀、胸部痛、干咳、呼吸困难、眼刺痛和流泪，严重中毒可引起呼吸道损伤、支气管炎、肺水肿。吸入高浓度的氯，数个小时即可窒息死亡。长期吸入低浓度的氯气，可引起鼻炎、慢性支气管炎、肺气肿、肝硬化。

（2）有机污染物

有机污染物有 *N*-亚硝基化合物、3,4-苯并芘、有机氰化物、苯系物、酚类、人工添加剂与色素和化学合成的农药等。

① *N*-亚硝化合物。按其化学结构分为两大类，即亚硝胺和 *N*-亚硝酰胺，亚硝胺比亚硝酰胺稳定，不易分解破坏。两者都是强致癌物并有致畸作用和胚胎毒性。

亚硝基化合物的前体物包括：胺类；硝酸盐和亚硝酸盐等可促进亚硝基化的物质。在微生物的作用下，尤其是黑曲霉、串珠镰刀菌等生长繁殖，可使仲胺和亚硝酸盐含量增高，条件合适时，即可形成亚硝胺，人体胃内的酸性环境也有利于亚硝胺的合成。因此，目前认为内源性合成亚硝胺是重要的来源。

亚硝胺与亚硝酰胺在致癌机制上是不同的。亚硝酰胺由于其活泼不需经任何代谢激活，即可在接触部位诱发肿瘤，对胃癌的研究有重要意义。而亚硝胺则需在体内经激活后在组织内代谢产生重氮烷，致使细胞和蛋白质甲基化引起遗传因子突变作用而致癌。

② 3,4-苯并芘。3,4-苯并芘为黄色针状晶体，是一种多环芳烃。它主要来源于煤、石油等燃烧所产生的烟尘及汽车尾气中，在橡胶加工、熏制食品、沥青燃烧过程中，均有 3,4-苯并芘产生。

3,4-苯并芘是公认的致癌物，主要是受污染的大气通过呼吸道进入人体，引起呼吸系统的癌症。

③ 苯系物。苯是一种芳香族碳氢化合物，它的衍生物有甲苯、乙苯、苯乙烯、氯苯、二氯苯、三氯苯、硝基苯、三硝基甲苯等。

苯及苯系物可经呼吸道侵入人体，刺激人的呼吸系统及中枢神经系统。慢性中毒以抑制造血机能为主，引起记忆力减退，白细胞、红细胞减少，血小板降低，食欲不佳等，重则昏睡、昏迷甚至死亡。

④ 酚类。酚类大多数是无色晶体，难溶于水。最简单的是苯酚。酚污染主要来源于炼焦、炼油、煤气发生站、苯酚生产、合成树脂、制药、木材、防腐、合成塑料、合成纤维等工业生产部门。

酚属高毒类，为细胞原浆毒物，对皮肤和黏膜有强烈腐蚀作用。酚的水溶液易经无损皮肤吸收，酚蒸汽由呼吸道吸入人体，引起中毒，吸收后的毒性与口眼中毒相同，能刺激中枢神经，高浓度酚能使蛋白质凝固，引起中毒，甚至昏迷致死；低浓度酚积累可引起慢性中毒，出现头痛、失眠、呕吐、高铁血红蛋白症等。

⑤ 人工添加剂。人工添加剂能使食品或是外形美观，或是香气扑鼻，或是口味宜人，或是能长久保存，但人工添加剂是人类健康的隐性杀手。

食品生产加工过程中不按照人工添加剂使用卫生标准使用，超过使用范围或使用量添加，造成污染，更有甚者，使用非食品用化工产品作添加剂，由于砷、铅等含量高，污染食品后易引起中毒。

⑥ 色素。色素分两大类，一类为天然色素，另一类为合成色素。天然色素主要有红曲、虫胶色素、叶绿素、胡萝卜素、姜黄、胭脂红等，这类色素虽然少毒或无毒，但色彩淡、用量大、价格贵；而人工色素着色力强，色泽鲜艳、色调丰富多彩，成本低廉，故应用广泛，品种达 700 种左右。由于人工色素的安全性普遍存在问题，世界各国许可使用的仅限于 60 多种，我国允许使用的仅有胭脂红（合成品）、柠檬黄、靛蓝、苋菜红 4 种，并规定剂量不超过 0.5‰～1.0‰，对使用范围也有限制。

⑦ 化学合成的农药。农药虽能够防治农业病虫害，调节植物生长，抑制杂草繁殖。但施用不当，会造成产地环境污染。农药对植物会发生直接的药害，还会影响生态系统平衡，影响植物的生长。会导致病虫抗药性增强。天敌数量剧减，导致盲目增加用药量。据专家调查证实：20 世纪 90 年代以来，我国的农药使用量已高达 100 万 t/a，农药真正到达目的物上的只有 10%～20%，最多可达 30%，落到地面的为 40%～60%，漂浮于大气中的为 5%～30%。也就是说进入环境中的化学农药高达 70%以上。进入环境中的化学农药会随着气流和水流在各处环流，污染水体、大气等环境资源。一些难降解的化学农药、除草剂、杀虫剂等几乎得不到任何分解而在环境中蓄积循环，破坏生态平衡，通过食物、饮用水进入人体和生物体，其影响范围极大。据资料报道：从南极的企鹅、海豹到北极的爱斯

基摩人的体内都可检出农药DDT的含量，因为它具有在脂内蓄积的特点，以致禁用10年后的 DDT 农药仍可检出其存量。因此，过量施用化学农药严重地威胁着生态平衡、生物多样性和人类的健康。化学农药也是绿色食品最敏感的外源物化学物质，控制极严，如特难降解的 DDT、六六六不仅禁用，就连施用过的土壤也不能作为绿色食品生产用地，AA级绿色食品禁用化学农药，A 级绿色食品也严格控制品种和数量，要求以生物农药代之。

（3）环境激素

环境激素（环境荷尔蒙）是指由于人类活动而释放在环境中的化学物质和放射性物质。它们在动物体内发挥着类似雌性激素的作用，它们干扰体内激素，使生殖功能失常，故又称为扰乱体内分泌化学物质。最具代表性的是有机氯类物质，如二噁英、DDT、多氯联苯（PCB）；塑料制品类如苯乙烯、氯乙烯、联苯酚 A、邻苯二甲酸酯；还有一些生长刺激素。

除农药 DDT、六六六和生长激素直接喷洒外，二噁英类物质既可随有机氯除草剂，也可随垃圾焚烧的废气和垃圾填埋的渗漏水进入农田环境，恶化水、土资源，最后被植物吸收。塑料制品中所含邻苯二甲酸酯和联苯酚 A，则常因塑料大棚、农田中的废弃塑料薄膜经日晒雨淋、高温高湿或其他条件溶解出来，而重金属类的环境激素物质常常随工业“三废”物质、化学肥料、农药及所有激素物质通过食物链逐级生物浓缩，即使在环境中极微量的有害成分也会通过这种恶性富集最终达到极高的浓度，对环境、人类产生极大的破坏性。这些环境激素是绿色食品生产的大忌，不要因为其量极微而轻视，食物链的生物浓缩或称恶性富集机制，会毁掉绿色食品的品质和价值。

（4）过氧化脂质——脂褐素

它是由自由基与血液中或细胞膜内的脂类结合，发生自动氧化，从而产生的脂酸环氧化物。自由基（又称为游离基），是人体内新陈代谢的产物，但随着过多的氧、臭氧基、金属污染物质等进入人体，就会加速其在体内的形成。自由基是细胞内电子无法配对的原子或分子，其性质极不稳定，反应性极强。它在体内会从其他原子和分子中夺取电子以稳定自身性质，被夺走电子的物质又会夺取其他原子或分子的电子，从而产生连锁反应，使细胞组织受损，从而致病、致癌。

2．产地环境污染对绿色食品生产的影响

（1）大气污染对绿色食品生产的影响

如果大气环境受到污染，就会对农业和绿色食品产生影响和危害。植物受大气污染影响后，会使植物的细胞和组织器官受到伤害，生理功能和生长发育受阻，产量下降，产品品质变坏。如水果蔬菜失去固有的色泽，口感变劣，营养价值降低。有害重金属积累过多，如饲料牧草的含氟量过高，不仅对畜禽造成危害，还导致土壤污染。大气污染会使绿色食品的品质、安全和营养降低乃至失去绿色食品的本质属性和价值。

大气污染物种类繁多。在我国的大气环境中，对环境质量影响较多的污染物有总悬浮微粒（TSP）、二氧化硫（SO_2）、氮氧化物（NO_x）、氟化物、一氧化碳（CO）和光化学氧化剂（O_3）等。

二氧化硫（SO_2）在干燥的空气中较稳定，但在湿度较大的空气中即被氧化成三氧化硫。三氧化硫再经过一系列反应，形成硫酸雾和酸雨，造成更大的危害。我国酸雨多发地区面积极大，危害严重，绿色食品生产应避开这类生产地。

大气氟污染物主要为氟化氢（HF）。它对植物的毒性很强，植物受害的典型症状是叶尖和叶缘坏死，主要在嫩叶、幼芽上首先发生。试验表明：氟化物对花粉粒发芽和花粉管伸长有抑制作用。氟化氢是一种积累性毒物，即使在大气中浓度不高，也可通过植物吸收而富集，然后通过食物链影响动物和人体健康。

大气中的微粒物质除了沉淀于土壤外，还可沉淀于植株体上或被作物吸收，造成粮食、蔬菜污染、减产和品质下降。大气氟污染和颗粒物污染必须在绿色食品生产前监测，要求达标生产。

（2）土壤污染对绿色食品生产的影响

土壤是绿色植物的基体。土壤受到污染，就会对绿色植物的生长繁殖带来影响，影响农作物的产量和质量；通过食物链，还会影响到养殖业和畜牧业，危及人类的身体健康。

土壤污染主要有：化学污染、生物污染、物理污染三个方面。

土壤化学污染。化学肥料对土壤污染主要是磷肥和氮肥等。磷肥的原料磷矿石，含有其他无机元素如砷、镉、铬、氟、钯等，主要是镉和氟，含量因矿源而异。无论含量大小，镉均会随磷肥一起施入土壤中，长期积累的效应不容忽视。

氮的化学污染主要是硝酸盐肥料，如硝酸铵和尿素等化学肥料，产生硝酸根和亚硝酸根离子，污染作物和地下水，而致病、致畸和致癌。

土壤的化学污染是垃圾、污泥、污水。大型畜禽加工厂、制纸、制革厂的废水，均含有某些污染化学成分，过量集中输入农田，也会导致有毒物质积累和重金属超标，导致人畜致病。其他的重金属如镉、汞、铬、铅等，在电池、电器、油漆、颜料中都存在着。有机污染物的多氯联苯（PCB）、多元酚类多存在于洗涤剂、油墨、塑料添加剂中。这些物质一旦进入土壤，会严重地威胁整个食物链。绿色食品生产前必须进行土壤环境监测。

土壤生物污染。关于生物污染方面，主要是城市垃圾，特别是人畜粪、医疗单位的废弃物中，含有大量病原体，它们若不经过无害化处理，必然会导致对土壤严重污染。据有关资料表明：有些病原菌在土壤中能存活相当长的时间，对蔬菜的危害最大。如痢疾杆菌可存活 22～142 天，沙门氏菌生存 35～70 天，结核杆菌在 1 年左右，蛔虫卵为 315～420 天以上。国内外因此而暴发的流行病年年皆有发生。

土壤的物理污染。主要是施入土壤中的有机物料，如未经过清理的碎玻璃、旧金属片、煤渣等，这些物料大量使用会使土壤渣砾化，降低土壤的保水、保肥能力。近年来城市垃圾中聚乙烯薄膜袋、破碎塑料等数量日益增加，在连续使用农药薄膜的地区。土壤中大量残留的塑料碎片，使土壤水分运动受阻，作物根系生长不良，这一土壤物理污染现象，也是值得重视和需要研究解决的问题。

（3）水质污染对绿色食品生产的影响

农业生产离不开水，水质的好坏对种植业、养殖业以及食品加工业都会产生重要影响。

水质污染对农作物会产生直接影响，使作物减产，品质降低，还会通过土壤间接影响农作物生长。主要表现在以下三方面：一是作物叶片或其他器官受害，导致生长发育障碍，产量降低；二是产品中有毒物质积累使品质下降，不能食用；三是农产品质劣价低，没有竞争力。

对于养殖业，水质污染主要表现在以下三方面：一是水中大量的溶解性有机物分解时消耗溶解氧，由于富营养化造成水中溶解氧不足，使水生生物和鱼类缺氧死亡；二是重金属直接危害水生生物或通过富集作用使水生生物体内重金属含量倍增，超标几十倍甚至几百倍；三是农药和其他有毒化产品使鱼类中毒。

（二）产地环境污染的控制与治理

1. 大气污染对农业危害的控制与治理

大气污染物对作物的影响程度除了与有害气体的种类、浓度、作用时间有关外，还受作物的种类、作物的发育时期、当时的气象条件及土壤、地形条件等因素的影响。另外，多种气体的复合污染与单一气体污染产生的效应也不同。

根据大气污染的特点，可采取以下控制与治理措施。

（1）根治污染源

这是控制农田大气污染的关键，如果根除了污染源，问题也就解决了。所以对于生产过程中排放的大气污染物，采取有效的治理措施，如：改革生产工艺，少排或不排废气，严格操作，加强设备维修管理，防止跑、冒、漏气等显得十分必要。对于必排废气，也要进行必要的回收净化。但鉴于目前的技术水平，对各种污染物还不能达到零排放的要求。因此就必须加强工厂管理，控制排气时间。根据作物对大气污染物有一定的敏感期这一特点，在工厂检修机器、排空废气时，要避开附近作物的敏感期，还要避开高温、高湿和无风等不利于毒物扩散的气象条件，这样就可以减轻对植物的毒害作用。

（2）工厂合理布局

在农业区和牧区内及其上风向位置，不宜兴建大气污染严重的工厂，特别是小型的乡镇企业（工艺落后，处理设施不完善的企业）。在选址建设工厂时，必须先做好环境质量影响评价，评价内容主要说明该项目建成投产后可能对周围环境造成的污染程度，即污染物可能对附近农作物造成的影响进行预测。环境管理部门根据影响程度和范围，决定是否可以建厂，要集中建设，严防遍地开花（特别是乡镇工业）。

（3）制定农田大气质量标准，加强大气污染监测

农田环境质量标准是指农田环境污染物的最高容许限度或最高容许浓度，它可以保证

对作物生长及农产品质量不产生有害影响，对农业生态平衡不造成破坏。它是衡量农田环境是否受到污染的尺度。按环境要素可分为：农田灌溉水质标准，农田大气质量标准和农田土壤质量标准。

农田大气质量标准，系指以保证对各种作物不产生有害影响为目标，而确定的各种污染物在大气中的允许含量。制定此标准，可以为评价农田大气质量以及为环境管理部门对大气进行监督提供依据。加强大气污染监测，可以及时发现污染问题，以便采取措施，把危害减至最低限度，特别是对慢性危害和不可见危害更有意义。

（4）造林绿化，净化空气

许多树种对大气污染物具有吸收、净化作用，在大气污染区的农田周围大量种植抗毒、吸毒树木，建防污林带，可以大大改善农田大气环境质量。

（5）搞好污染区的作物种植区划，筛选耐性、抗性作物品种

例如，果树因品种不同，对氨气毒害的抗性大小顺序为：中国梨、桃、苹果、西洋梨；在桃树中，南方品种大于北方品种；在苹果中顺序为：小国光、拿冠、青香蕉、红香蕉、红玉。了解到这一特点，在有氨气污染的地方（氨气厂、化肥厂），选择抗氨气毒害的品种，以减少因氨气危害受到的损失。

再如，葱、蒜等百合科的蔬菜，对氟化物比较敏感，一旦受到污染后，表现的主要症状是叶尖或叶缘枯黄，受害变色部位的含氟量也明显高于叶片的绿色部位，进入叶肉的氟化物可随着水分的蒸腾作用而被转移和积累到叶尖和叶缘。青菜叶片含氟量与大气含氟量呈极显著相关，菜叶中的氟主要来自大气。为了保证人体健康和安全，对于氟污染区应不种或少种蔬菜等食用作物，多种植棉、麻和观赏植物，以防氟化物通过食物链过多地进入人体。

2．农田水污染的控制与治理

受污染的水体通过灌溉对土壤造成污染，污染物通过根系的吸收、转化、积累等进入植株的茎、叶、果实，再经食物链对人体健康产生危害。所以控制和解决因农田用水造成的污染危害应从以下几个方面考虑。

（1）减少污水灌溉面积，少用和不用有污染的水灌溉农田

农田一经灌溉造成污染，尤其是对土壤造成污染，就很难消除。而有的危害不是马上就可以显示出来，要经过 10 年、20 年，甚至更长的时间。如土壤镉污染通常是由含镉工业废水污染灌溉以及施用含镉污泥引起的。举世瞩目的“骨痛病”则是由镉的慢性中毒而引起的。这种病潜伏时间很长，短则 10 年，长则 20～30 年，主要病因是人们食用含镉食物后，镉进入人体后在肾脏和骨骼中积累，抑制再吸收功能，造成失钙，从而使骨骼软化、萎缩，严重者自然骨折，疼痛致死。再如，用含有汞及甲基汞的污水灌溉农田，植株从被污染的土壤中通过吸收、转化、积累汞，汞及其化合物被人长期食用后，能引起最为严重的公害病——水俣病。为减少对农田的污染，应不用或少用已受污染的水体灌溉农田。

（2）改良土壤

改良土壤的措施，主要有增施有机肥，施用腐殖肥料，用客土改良等。具体应用时必须根据当地的土壤性质加以实施。如酸性土壤施用碱性物质，碱性土壤施用酸性物质。由于改良土壤消耗的人力、财力都相当大，除特殊情况外，一般不宜采用此法。

（3）重新规划用地

对已受到严重污染的地块，应重新规划，用作扩建厂房、建造住宅等。还可种植净化能力强的花、草、苗木等，待达到一定净化程度时再用作农田用地。

（4）合理种植

种植吸收某种污染物低的作物，以防止可食部位污染；种植吸收力强的植物，尽快消除污染。从农业上说，合理种植是最有意义的。例如，不同的蔬菜种类，对金属镉的吸收就有很大差异，菠菜、茄子、土豆中平均含镉最高；青菜、辣椒、莴苣次之；卷心菜、黄瓜含镉量最低。在生产中则可按当地蔬菜生产特点，通过轮作试验，选择若干组对镉富集较弱的蔬菜，以显著降低蔬菜中的含镉量。以土壤含镉在 3×10^{-6} mg/kg（重污染）情况下，以下几组轮作可供参考：

卷心菜⟶冬瓜⟶青菜

花菜⟶卷心菜⟶黄瓜或冬瓜⟶春茄⟶豇豆

上述两种轮作中，除青菜叶中含镉稍高外（仍低于 0.1×10^{-6} mg/kg 的标准），其余均低于这一标准，符合食用卫生标准，人们食用这些蔬菜后，不会产生有害影响。

3. 化学农药对农产品污染的控制与治理

防治病虫、草害，取得农业大丰收，农药在其中起着重要的作用，是一项技术措施。但如果方法不当，就会造成不良的后果，如：伤害农作物、残留量升高引起人、畜中毒等，因此，必须科学合理地使用农药。

（1）预防为主、综合防治

所谓预防为主，就是做好病虫害的预测预报工作，准确掌握虫情，合理安排用药次数和用药量，并通过农业技术措施，控制病虫害滋生和繁殖的条件，培育和使用抵抗病虫害能力强的品种，防止病虫害的侵入和蔓延。总之，一切防治措施必须在病虫害发生前实施，并用其来控制病虫害的发生和发展。例如防治水稻螟虫，必须抓住螟虫卵盛孵期和蚁螟未钻进稻茎中这一有利时机，用杀虫脒或苏化 203 泼浇，对蚁螟杀伤率可达 95%以上。

综合防治从农业生产的总体规划和保护农业生态系统出发，有组织地、协调地运用农业、生物、化学、物理等多种防治措施就是综合防治。采用综合防治可控制在经济危害容许水平以下，同时也把有可能产生的有害副作用减少到最低限度。如利用瓢虫、蜘蛛来捕食蚜虫，利用姬蜂、草蛉虫来防治棉铃虫，利用金小蜂防治越冬棉花红蛉虫，利用赤眼蜂防治水稻纵卷叶螟、玉米螟、甘蔗螟等。

（2）了解农作物种类和生长情况，合理选用农药和施药浓度根据作物的种类和使用性质，在防治病虫害时需要选择不同类型的农药。防治经济类作物如棉花等耐药性较强的作物上的病虫害，选用农药种类可适当放宽些。但防治瓜果、蔬菜上的病虫害就要特别慎重选用农药，严禁使用剧毒、高残毒和有刺激性气味的农药。如在茶叶、瓜果、蔬菜、烟叶、中草药等作物上应严禁使用有机磷、有机汞剧毒农药和DDT、六六六等高残毒农药。因这些农药喷洒后，易被蔬菜、瓜果等作物吸收，需要经过较长时间才能消失，而蔬菜、瓜果等生长期较短，随时可以采食，往往等不到这类农药完全消失就进行收获，食用后就可能引起中毒。又因这几种农药属乳油剂型，更容易渗透到蔬菜叶子和果实表皮里去，具有耐雨水冲刷的性能，不易消失和破坏。而且还具有耐热、耐高温的性能，烹调后不易破坏。所以应严禁在蔬菜、瓜果、茶叶等作物上施用。瓜果、蔬菜等作物上的害虫，可选用敌百虫、乐果、拟除虫菊酯等毒性低和易于分解的农药来防治。

（3）根据季节，合理使用农药

作物生长前期对农药的选择可以适当放宽些，而到了收获期就必须选择毒性低和半衰期短的农药。

（4）控制用药浓度，控制用药量，注意施药方法

在防治病虫害时，应严格按照使用说明配药和施用，不能任意加大农药使用浓度和用药量，以避免农作物产生药害，害虫产生抗药性和引起人畜中毒。

（5）严格遵守农药的安全等待期

农药安全等待期，即最后一次施药与作物收获期的间隔天数。严格按照规定药量和浓度施药，遵守安全等待期后采摘，可以使作物中农药的残留量不超过一般规定的容许残留标准。几种农药的安全等待期见表 3-5。

表 3-5　几种农药施用的安全等待期

农药名称	安全等待期/d	农药名称	安全等待期/d
马拉松	7	滴滴涕	水果 30 d，蔬菜禁用
敌敌畏	5～7	六六六	30
敌百虫	7～10	毒杀芬	20～30
乐果	7～10	退菌特	20～30
杀螟松	10～15	氟乙酰胺	40
甲基 1605	15	砷酸铅	40～60
磷胺	21		

目前，我国农药生产品种已逐步向高效、低毒、无污染和残留期短的方向发展，杀灭菊酯、辛硫磷、乙酰甲胺磷、三氯杀螨醇等农药，都属于低毒低残留农药，可以用于蔬菜、水果等作物上，对于高残留的六六六、DDT 严禁使用。另外昆虫变态激素已成为继化学农

药和生物农药之后的第三代杀虫剂。

4．施肥对农产品污染的控制与治理

化肥的施用，是提高作物产量的重要措施，随着化肥工业的发展和农业生产水平的提高，化学肥料特别是氮肥施用量不断增加。而化学氮肥的利用率比较低，一般为30%～50%，氮肥的损失不仅是个经济效益问题，更为严重的是会引起土壤、水体、大气、生物、植物的营养富集而造成污染，其最终结果是对人体健康产生危害。

为了达到减少用量，增加肥效，防止污染的目的，在农业生产上，施用铵盐氮肥后，应立即耙田和松土，把肥料耕入还原层中。或者采用深施和使用硝化抑制剂，可收到减少氮肥的硝化，提高氮肥的肥效，降低土壤中硝酸盐的含量的效果。

在通常情况下，硝态氮肥不应与新鲜厩肥等碳氮比大的有机物同时施用，以防止反硝化作用的产生。对于旱田，还应采用土壤耕作措施，调节土壤中的空气、水分，使其保持良好的通气性能。

在防止硝态氮肥的污染时，对磷肥的施用量也不宜过多，因为磷肥中含有数十倍至数百倍土壤自然含量的镉，土壤中镉的含量增加，在被蔬菜等农作物吸收后，对人体健康产生危害。

5．畜禽产品污染的控制与治理

畜牧业是依赖于植物生产的第二性生产，它总是依靠第一性生产来提供资源，如能量、蛋白质和维生素等。通过畜禽有机体的新陈代谢，积累转化成各种形式的畜产品，然后经运输、加工、储藏及市场销售，为消费者提供生活资料。

畜禽的污染与环境质量状况有密切的关系。尽管有的畜禽在饲养过程中不直接接触农药等有害物质，但农田中使用的农药、化肥和工业生产排放的有害物质都会通过作物和饲料，以及昆虫、鱼贝类等的残留间接地对畜禽产生危害。

为了防止畜禽产品污染，必须注意做好以下几项工作：

（1）贯彻“预防为主”的方针

有计划地调查环境污染物对畜禽的危害，在调查研究的基础上，因地制宜地制定全面规划，控制环境污染。

（2）建立畜牧环境保护监测机构，做好环境检测

定期对大气、水体、饲料及土壤中的有害物质进行监测，监测畜产品中的残留毒物并做到及时查清污染源和污染物质；做到防患于未然，但关键还是控制污染源。

（3）加强畜禽管理

畜禽进入农药、化肥、工业“三废”等污染过的田块吃草、吃虫或饮水时，就有可能引起中毒，所以必须严加管理，特别是家庭饲养更应该注意这一点。

（4）注意饲料的卫生管理

饲料不要和农药等有毒物质混合装运，严禁用装过有毒物质的容器存放饲料。此外，

还应管理存放好农药和灭虫、毒鼠的食饵，以防畜禽舔食、啄食。

（三）产地环境的生态建设

1. 生态农业及其特点

（1）生态农业的概念

生态农业是从系统理论出发，按照生态学、经济学和生态经济学原理运用现代科学技术成果和现代管理手段及传统农业的有效经验建立起来，以期获得较高的经济效益、生态效益和社会效益的现代化的农业发展模式。简单地说，是遵循生态经济学规律进行经营和管理的集约化农业体系。生态农业要求宏观协调生态经济系统结构，协调生态—经济—技术的关系，促进生态经济系统的稳定、有序、协调发展，建立宏观的生态经济动态平衡，在微观上做到多层次物质循环和综合利用，提高能量转换与物质循环效率，建立微观的生态经济平衡，一方面，要以较少的投入为社会提供数量大、品种多、质量好的农副产品；另一方面，又能保护资源，不断增加可再生资源量，提高环境质量，为人类提供良好的生活环境，为农业的持续发展创造条件。生态农业必须维护和提高其整个系统的生态平衡，这种生态平衡是扩大意义上的生态平衡。它既包含个体生态平衡或微观生态平衡，又包含总体生态平衡或宏观生态平衡。

（2）生态农业的特点

我国生态农业理论是建立在适合中国的国情，总结我国传统农业和现代农业实践经验的基础上，是运用生态学理论和社会主义经济学理论，通过多学科综合，用系统的观点建立起来的一整套理论，生态农业理论较之单一学科提出的农业发展理论具有独特之处。

生态农业理论强调农业生产必须因地制宜。无论是自然资源、自然条件和社会经济条件都存在地域和地区差别，对条件不同的地区不能强求生态农业建设内容的同一。只有对一个地区的各种条件进行全面调查和分析后，才能最佳地进行该地区生态农业发展决策，切实做到因地制宜。

生态农业理论强调农业是一个开放系统，并且是非常平衡的系统。必须打破传统的农业观念，从封闭式的自给自足的小农经济中解放出来，由温饱型农业逐步发展到商品农业。

（3）生态农业理论

生态农业理论强调要对农业实行集约经营。长期以来我国农业走的是一条粗放经营的道路，实行广种薄收。到目前为止还有不少地区在采用刀耕火种、轮垦耕作、陡坡开荒，违反生态的生产方式，造成水土流失、土壤盐碱化、草原沙化、土壤沙化，农业资源衰竭，自然灾害连年发生，农业生态环境严重恶化。

生态农业理论强调农业的商品化生产。我国大部分地区的农业基本上是自给自足的小农经济，农业系统处于半封闭状态，从事自给性生产，农产品商品率很低，农业系统处于低水平生产状态，农业结构的功能效率很低。生态农业理论要求从事农业生产必须充分考虑农业系统内外环境的生态条件和经济条件，通过农业系统结构的设计和调控，增加物质和能量投入，实行集约经营，改善农业生态环境，形成一个有利于农业生产的稳定的生态基础和资源基础，使农业系统和外部环境取得最佳统一。

生态农业理论强调农业生态环境质量的保持和提高，创造无污染农业。

生态农业理论强调农业经营的综合性特征。这里所说的综合性具有四层含义：①农业是一个多因子、多层次的综合性事物，其结构和功能都十分复杂，因此必须把生态农业建设当做一个整体来看，综合分析各种因素，全面考虑，采取一系列有关措施；②生产措施、建设措施的采取，也必须综合；③在生产发展和生态状况的改善问题上，也要综合考虑，生产的发展绝不能建立在对自然资源的过度利用上、破坏生态平衡的基础上，不能单纯为了追求经济效益而忽视了生态效益；④生态农业的建设，绝不能只从农业一个部门来考虑，而必须联系加工工业、交通运输、市场流通等农、工、商几个方面的问题。

2. 生态农业建设的模式

生态农业建设模式的类型很多，主要有以下三个类型：

（1）时空结构型

这是一种根据生物种群的生物学、生态学特征和生物之间的互利共生关系合理组建的农业生态系统，使处于不同生态位置的生物种群在系统中各得其所，相得益彰，更加充分地利用太阳能、水分和矿物质营养元素，是在时间上多序列、空间上多层次的三维结构，其经济效益和生态效益均佳。具体有果林地立体间套模式、农田立体间套模式、水域立体养殖模式、农户庭院立体种养模式等。

（2）食物链型

这是一种按照农业生态系统的能量流动和物质循环规律而设计的一种良性循环的农业生态系统。系统中一个生产环节的产出是另一个生产环节的投入，使得系统中的废弃物多次循环利用，从而提高能量的转换率和资源利用率，获得较大的经济效益，并有效地防止农业废弃物对生态环境的污染。具体有种植业内部物质循环利用模式、养殖业内部物质循环利用模式、种养加三结合的物质循环利用模式等。

（3）时空食物链综合型

这是时空结构型和食物链型的有机结合，使系统中的物质得以高效生产和多次利用，是一种适度投入、高产出、少废物、无污染、高效益的模式类型。

农业部科技司 2002 年向全国征集到 370 种生态农业模式或技术体系，通过专家反复研讨，遴选出经过一定实践运行检验，具有代表性的十大类型生态农业模式，并正式将此十大模式作为今后一段时间农业部的重点任务加以推广。

这十大典型模式和配套技术是：北方“四位一体”生态模式及配套技术；南方“猪—沼—果”生态模式及配套技术；平原农林牧复合生态模式及配套技术；草地生态恢复与持

续利用生态模式及配套技术；生态种植模式及配套技术；生态畜牧业生产模式及配套技术；生态渔业模式及配套技术；丘陵山区小流域综合治理模式及配套技术；设施生态农业模式及配套技术；观光生态农业模式及配套技术。

3．生态农业建设的技术原理和内容

生态农业中经济与生态的良性循环主要体现在三方面：首先，通过生态环境的治理及农村能源综合建设，使生态环境从恶性循环向良性循环转变，绿色覆盖率、土壤理化性能及有机质含量得以提高，进一步增强生态经济系统的生产能力。其次，以农业废弃物资源化为中心的物质多层次循环利用，提高资源利用率，并保护环境。最后，采取农牧结合或农林复合系统的形式，提高系统自我维持能力及生态稳定性。这三个方面就是生态农业建设技术原理。

我国生态农业技术的主要内容是：

① 生态—经济—社会复合系统中，实现种植业、养殖业及工商业之间生产、流通与生态良性循环的综合技术。

② 系统内各生产组分，子系统内各种组分的优化组合技术。

③ 农副产品废弃物资源化技术。

④ 以提高农业生态系统生产力及系统稳定性为目的的生物种群调整、引进与重组技术。

⑤ 农林能源综合建设技术。

⑥ 以系统内生物种群、时空有序性及景观生态系统为中心的立体种、养技术，或称农业生态结构工程。

⑦ 环境生态工程技术。

⑧ 生态农业系统的调控技术。

4．产地环境生态建设的意义

由于生态农业的基本理论和特点顺应了农业持续稳定协调发展战略的要求，全国各地生态农业试点单位，不论规模大小，都取得了明显的经济效益、生态效益及社会效益。因此产地环境生态建设具有深远意义。

① 促进了绿色食品生产和农村经济的发展，人民生活水平显著提高。

② 有利于农业持续稳定协调发展。

③ 农村能源、环境得到改善。

④ 抗自然灾害能力显著提高。

⑤ 生态农业是实现我国农业持续高效发展的有效途径。

生态农业是解决我国当前存在的人口、粮食、资源，能源不相协调的诸多矛盾的战略措施，是实现农业持续高效发展的一种有效途径。

当前我国农业的主要矛盾是如何实现持续发展问题，随着人口的不断增加和人民对农、副产品的需求不断提高；要求农业生产必须持续发展。我国拥有的资源、财力条件以及生态环境，又严重地制约着农业，农业难以持续增长和发展。解决这个矛盾的方法，从目前研究和实践的情况来看，比较可行的方案是走生态农业之路。因为生态农业所要解决的中心问题，就是农业持续发展，而它解决这个问题的办法又不是单纯地依赖于物质、资金及技术的高投入，而是在合理投入的前提下，首先，是通过农、林、牧产业的有机结合，食物链的合理配置，物质和能量的多级传递，物质的多层次循环利用，实现生态良性循环与协调发展；其次，通过治理与改善生态环境，发挥自然生态系统的自我维持能力，提高系统的稳定性；再次，是通过种植业、养殖业及加工业的综合发展，实现产品增殖与高效的良性循环。所以说实施生态农业既是实现我国农业持续发展战略目标的需要，又是行之有效的途径。

此外，生态农业建设还有三方面的功效：一是减轻了化肥、农药、有机粪便对产品和水体、大气的污染；二是实现了秸秆及有机粪便饲（饵）料化、肥料化，缓解了丘陵山地、草场地力的过度消耗及粪便的不合理使用，使系统向低污染、残余物合理利用与良性循环的方向发展；三是由于进行了粪便饲料化、肥料化、沼气池料化及沼渣综合利用和发展无公害蔬菜等技术措施，使生活环境有较大改善，保障了人体健康。

5．生态农业建设的技术工艺

（1）立体种养业网络技术

生态农业是农业经济系统、技术系统和生态系统交织而成的立体网络系统，其中生态系统是骨架。农业生态系统具有明显的层次结构特征，第一层由农、林、牧、副、渔等产业构成，即生产布局结构；第二层由农、林、牧、副、渔各业自身的内部构成；第三层由同一田块中的多种群构成或单个种群的结构。

生态农业建设的目的就是把上述三个层次理顺，使其总体结构合理，整体功能协调有序，实现经济良性循环。

农业生产的合理结构，从总体上讲就是要解决农、林、牧、副、渔、工、商、建、运、服十方面的产业的全面发展问题。在农业布局上，主要表现为农、林、牧、副、渔等的土地利用和农业生物占地面积的比重结构。农业生产结构，一般表现为各方面的产值构成，劳动时间、分配构成、农业劳动力分工构成等。

布局和结构要结合当地自然条件和社会经济文化条件，进行因地制宜的资源配置。

各产业内部结构是生产布局的基础，也存在生产合理结构的问题，如种植业、粮食作物、经济作物、绿肥、饲料作物、瓜菜等之间，也应有个合理的比例关系。

种群结构是指各种生物种群在系统内从空间到时间上的分布规律。要处理好平面结构工程、垂直结构工程和时间结构工程。

平面结构工程，要实现种植业平面结构优化，必须打破单一种粮食作物的小农观念，要从生产结构上进行全面合理的土地利用。在某些地区还要适当退耕还林还草，或粮草间作，实现“草、畜、肥、粮” 的良性循环。

发展林业与种植业结构结合起来进行安排。如在平原地区，针对风、沙、旱、涝、盐碱等限制农业生产力的环境条件，要营造以农田防护林为主体的农田林网，在荒地、坡地要营造水土保护林，要多林种搭配，乔、灌、草结合，实行点、带、片间多种形式结合。

垂直结构工程，种植业的垂直结构，是指农田中各作物种群在立体上的组合分布状况，即立体种植。

时间结构工程，它是指在生态区域内各种群生长发育，与当地季节、昼夜等自然节律即与当地自然资源的协调吻合状况。

时间结构设计主要包括两个方面：一是建立合理的轮作套种制度，在时间、空间上合理配置绿色植物，延长光、热、水资源的利用时间；二是通过技术的措施改变某些限制因子，提高系统的输出。如温室育苗、温室栽培瓜菜、覆膜栽培技术，在接茬演替的时间结构设计中是常用的配套技术。它们不仅能直接防止地面蒸发造成水分损失，而且能使土壤中的水、肥、气、热诸因素互相协调，较好地解决了作物生长发育与环境条件的某些矛盾。对于早春低温、有效积温少或高寒的干旱半干旱地区，能在一定程度上弥补水、热资源的不足。

（2）生物物质的多层次利用技术

生物物质多层次利用是建立在生态学食物链原理的基础上。生态农业建设中通过巧接食物链，将各营养及生物因食物选择所废弃的或排泄的生物物质作为其他生物的食物加以利用和转化，进而提高生物能的转化率及资源的利用率，这是生物多层次利用的主要方式之一。沼气发酵技术不仅能改善农村生态环境，开发出农村新能源，还能使农林牧副渔有机地连接起来，实现生态农业系统良性循环，成为物质和能量的多层次利用的重要实用技术。

畜禽粪便的综合利用方式，有的畜、禽采食后并不能很好地消化和吸收饲料中的营养物质，有相当部分又以粪便形式排出体外（如鸡粪），因此这些粪便就可以作为其他种类畜禽的饲料来利用。新鲜鸡粪要直接拌入猪饲料内喂猪，也可脱水干燥后加工为饲料；或半干贮存发酵后作饲料。发酵牛粪也可喂猪，兔粪晒干可作肉用仔鸡饲料。此外，蚕沙等也是很好的饲料应加以利用。

秸秆资源的多途径综合利用，玉米秸秆和麦秸氨化后喂牛效果很好，既节省了部分精饲料又有利于牛的生长发育。利用秸秆、棉籽壳可栽培食用菌。促进了秸秆的多层次循环利用。如农作物秸秆及其他农业废物养菇，菇可出口销售，菌糖加入配合饲料喂畜禽，畜禽粪便在沼气池发酵，沼气做农家生活能源，沼水养鱼，沼渣还田，如此循环下去，可使同一产品增值几倍或几十倍。

（3）相互促进物种共生系统在生态农业中的应用

根据生态环境条件，选择多种个体大小和取食习性等方面不相同的畜、禽混养，在与之相配合的多种结构的综合群体中，可使这些生长在混杂群体中的动、植物都能持续地获得最大限度的生物产量。

① 牛、羊混牧。牛吃高草，羊吃低草，可提高草场利用率和载畜量。

② 鱼、鸭混养。鸭在水中活动，能促进空气氧对水体的复氧过程，且将表层饱和溶氧水搅入下层，利于改善鱼塘环境；鸭粪也是鱼的好饵料。

③ 鱼、鳖混养。鳖是用肺呼吸的爬行动物，常由水底到水面交换气体，其上下往返运动，使水体不同深处的溶氧得以交流，利于鱼生长和浮游生物及水生植物繁殖。鳖在池底活动，能促进塘底腐殖质分解还原，加速物质的循环及能量多级利用。鱼鳖混养，投饵量的重点对象是鳖，其次是草鱼，鳖和草鱼排泄的粪可培肥水质，繁殖较多的浮游生物供鲶、莲鱼等食用，饵料的利用比较经济。鳖只能吃掉行动迟缓的病鱼及死鱼，起到防止病原体传播减少鱼病的作用。

④ 藕、鱼、萍共生。藕池养萍，萍富集水体中的氮、磷等营养物质，防止了水体的富营养化，改善了水质，同时还给鱼类提供新鲜饵料。鱼吃幼虫，减轻藕的病虫危害。莲叶拔水亭立，为鱼遮阴，既直接改善了水温状况，又间接增高了水质溶氧量，均利于鱼类生息。

⑤ 稻田养鱼。大体近似藕、鱼、萍共生系统。不同点在于要在田头一隅挖一稍深坑池，为稻晒田时及夜里供鱼栖身。

⑥ 菌、菜共生。把食用菌引入大田和温室与作物或蔬菜共生，以作物或蔬菜行间的生态条件替代食用菌所需的人工设施，显著改善了田间或温室小气候，创建了菌、菜共生系统和新的生态平衡，大幅度提高了系统生产力。菌菜共生增产原理：菌类呼吸放出的二氧化碳促进了蔬菜的光合作用。如香菇、黄瓜共生，使净光合产物增加。在早春夜间低温和夏季高温时灌水可使土温激变，进而影响黄瓜根系及地上部的生长，而菇床能稳定土温，大大缓解温差对黄瓜的伤害。菌丝体分泌物促进黄瓜根系发育，增强了对营养的吸收能力。同时菌菜共生能降低黄瓜发病率 20%左右。

（4）生态优化的病虫害综合防治技术

常规农业生产，由于过分依赖化学农药防治病、虫、草害，给农业生态系统带来一系列严重影响，如：对农药产生抗性的害虫、病菌及杂草日益增加；增施农药造成天敌的大量死亡；土壤、大气、水体的被污染，进而导致有毒物质在农作物中残留量上升，危及动物和人类的健康等。

为减少对农药的依赖，生产出更多更清洁的食品，必须改变常规农业生产方式，采用生态优化的植保技术等。

防治病虫害的生态优化植保技术，包括种植作物的种类和时间变化，增加天敌、耕作方式变化等多方面。

- ❖ 通过作物种植的时间及空间上的变化，来防治或减少病虫的危害；
- ❖ 利用轮作、间作与种植方式的改变来限制病虫危害作物的能力；
- ❖ 利用农田周围的各种野生植被增加天敌的密度及其捕杀害虫的能力；
- ❖ 种植诱集植物；

❖ 利用耕作方式及其他栽培技术改善农业生态系统。

害虫的生物防治，是生物种群间相互制约关系在农业生产上的应用。生物防治可达到少用农药、减少污染、保护好农业生态环境的效果，主要措施为：

❖ 调查了解当地主要害虫的关键天敌；
❖ 准确测报，合理使用农药，协调化学防治和生物防治的矛盾；
❖ 推广综合防治，合理调整防治指标；
❖ 创造适宜天敌生活的生态条件。

课题二　绿色食品生产

一、绿色食品种植业生产

（一）绿色食品种植业生产含义

绿色食品种植业生产是指农业生产遵循可持续发展原则，按绿色食品种植业生产操作规程从事农作物生产的活动。

绿色食品种植业生产操作规程是以农业部颁布的各种绿色食品使用准则为依据，结合农业的不同区域不同产业带的生长特性而分别制定，其主要内容包括品种选择、耕作制度、施肥、植物保护、作物栽培等方面。制定绿色食品种植业生产操作规程目的在于指导绿色食品种植业生产活动，规范绿色食品种植业生产的技术操作。

绿色食品种植业生产基地的环境条件如大气、土壤、水质等，必须符合《绿色食品产地环境质量标准》（NY/T 391—2000）；《肥料使用符合绿色食品肥料使用准则》（NY/T 394—2000）；《农药使用符合绿色食品农药使用准则》（NY/T 393—2000）；《食品添加剂使用符合绿色食品添加剂使用准则》（NY/T 392—2000）。产品标准，A 级绿色食品采用农业部 A 级绿色食品产品行业标准（NY/T 268—95 至 NY/T 292—95）；AA 级绿色食品中各种化学合成农药及合成食品添加剂均不得检出，其他指标应达到农业部 A 级绿色食品产品行业标准（NY/T 268—95 至 NY/T 292—95）。

（二）绿色食品种植业生产技术

1．品种选择

品种是农业生产中重要的生产资料，在绿色食品生产中也发挥着重要作用，目前良种覆盖率已提高到 95%以上，通过良种的推广应用，可以极大地提高作物的单产水平和改善农产品的品质，并丰富农产品的种类，从而满足消费市场的需求，并为绿色食品的开发提供充实的资源。

由于绿色食品产品特定标准及生产规程的要求，限制化肥和化学农药的应用，在这样的栽培条件下，不仅需要高产优质的品种，而且需要抗性强的品种，抗性强的品种在减轻自然灾害方面起很大作用，选用抗病虫或耐病虫的品种，可减少或避免病虫害的发生，也就能减少农药的施用和污染。同时需要注意选用适期成熟、适应性广泛的品种。具备了上述优良特征特性品种的种子还要同时达到纯度高、净度高、芽率高和含水量低等指标才是生产上真正需要的良种。因此，良种应该是优良品种的优良种子。那么，绿色食品种植业生产中应如何做好品种选择工作呢？必须根据当地情况，从以下几方面入手。

（1）品种的特征特性

选择、应用品种时，要兼顾高产、优质优良性状，同时还要注意选用高光效及抗性强的品种。这样，可以增强品种的抗病虫能力和抗逆能力，充分发挥优良品种的作用。

（2）保持遗传多样性

要在不断充实、更新品种的同时，注意保存原有的地方优良品种。

（3）加速良种繁育

县级绿色食品种植业生产基地要抓好种子田和良种繁育体系的建设，应根据本地生产条件、技术力量，采用多种形式，以加速良种的繁育，为扩大绿色食品再生产提供物质基础。

（4）建立种子检验制度

对自繁的种子或外调种子，按规定进行检验，以避免或减少因种子质量问题造成的损失。

2. 耕作制度

绿色食品种植业生产基地为了能生产出无污染的优质产品，逐步形成和建立良性的农业生产体系，提高综合的生产能力并保持持续生产能力，必须建立一套合理的耕作制度。

绿色食品种植业生产基地需要科学合理地配置作物种类，因地制宜地确定轮作、间套作、复种等种植制度，在有限的土地上不仅可提高当地的资源利用率，而且还因增加了生物多样性，形成有利互补的田间生态条件，从而降低自然灾害的影响，控制化学物质的施用，减少基地的农业污染。并且能促进基地养殖、加工业全面发展，加速扩大和建立基地内的良性循环体系。合理的耕作制度不提倡单纯从土地中索取，而强调“种地”和“养地”相结合，以精良的配套技术措施，全面改善农田营养物质循环、耕层构造，减少和避免土地恶化进程，合理调节和保护现有土地资源，不断提高土地生产力，实现作物的全面增产，并为持续增产创造条件。由此可见，合理的耕作制度是绿色食品种植业生产基地稳步、持续发展的保证。同时，绿色食品种植业的发展也决定或影响着耕作制度，并丰富和扩展了耕作学的内容，从而逐步建立起实现经济效益、社会效益、生态效益统一的全新耕作制度。

（1）实行轮作

轮作是指在同一块地上，年度间有顺序轮换种植不同作物的种植方式。合理轮作是一项对土地用养结合，持续增产，促进农业发展的经济而有效的措施。在绿色食品生产中应大力推行和实施。

合理轮作能够减轻农作物的病、虫、草害。危害农作物的许多病虫对寄主有一定的选择性，同时有很大数量是以土壤为媒介，而它们在土壤中生活有一定年限，一般能栖息2～3年，如大豆胞囊线虫病、花生青枯病和根结线虫病。在这期间实行轮作，使病原遇不到它们的寄主而消灭，或数量减少到不能引起发病的程度。还可以利用前茬作物根系分泌物抑制某些危害后作物的病菌，以减轻病害。有些害虫有专食性或寡食性的特性，通过轮作取消其食物源从而使虫害减轻。轮作还能减轻杂草的危害，不少作物有其伴生性杂草，如稻田的稗草，谷田中的莠草，它们对生态条件的要求与伴生作物相似，如选用不同生态作物轮作，使田间生态环境发生改变，管理措施也有所不同，就有抑制和防除的效果；一些寄生性杂草如大豆田中菟丝子，由于失去寄主作物，而被抑制。

调节土壤养分和水分的供应。不同作物所需的养分种类、数量和时期都各不相同，例如稻、麦禾谷类作物对氮、磷和硅的吸收量大，对钙的吸收量少，豆类作物吸收大量氮、磷和钙，吸收硅量少，而被吸收的氮中很大部分是由本身根瘤菌固氮供给的；小麦只能利用土壤中易溶性的磷化物，而豆科、十字花科利用难溶性磷的能力较强，所以通过合理轮作可以协调养分的利用，延缓地力的减退，充分发挥土壤肥力的潜力。

同样，不同作物耐旱力、对水分要求也不同，利用对水分适应性不同的作物轮作，能充分且合理地利用全年自然降雨和土壤中贮积的水分。

改善土壤物理化学性状。由于不同作物根系分布深浅不一，遗留于地中茎秆、残茬、根系和落叶等补充土壤有机质和养分的数量和质量不同，从而影响到土壤理化状况，而水旱轮作对改善稻田的土壤结构状况更有特殊意义。

绿色食品种植业生产在安排种植计划和地块时，就应将轮作计划列入其中，也就是要确定合理的轮作方式。尽量采用轮作，减少连作，以充分利用轮作的优点，克服连作的弊端。轮种作物应选择不同类型、非同科、同属的作物，避免有相同的病虫；养地作物安排在前，为后作创造良好条件；把产地主作物安排在最好茬口位置。

绿色食品种植业生产一些作物在需要连作的情况下，也只能根据不同作物对连作的反应，适当延长在轮换周期中的连作时间。不同作物对连作产生的弊端和程度反应不同，例如甜菜、西瓜等作物忌连作，必须间隔5～6年以上方能再种，豆科中的豌豆、大豆、菜豆等不宜连作的作物一般要间隔3～4年，麦类、水稻、玉米等耐连作的作物，在无障碍性病害情况下，可较长期地连作。

在连作情况下更应加强栽培管理，根据土壤养分状况，增施有机肥和亏缺的营养元素；改善土壤耕作；尽量利用短暂的季节休闲和复种生长期短的绿肥、蔬菜等作物。

一年一熟条件下的轮作方式由单作组成，如，大豆⟶小麦⟶玉米属于三年轮作制，由单作组成；

一年多熟条件下的轮作方式由不同复种方式所组成。如，油菜—水稻⟶绿肥作物—水稻⟶小麦—大豆也属于三年轮作制，只是由复种方式组成。

绿色食品种植业生产在确定轮作制度时主要取决于轮作作物、轮作顺序和轮作周期的确定。

（2）提高复种指数

复种是指在同一块田地上，一年内种植两季或两季以上作物的种植方式。复种有三种类型，一是前、后茬作物单作接茬复种，即上茬作物收获后直接播种下茬作物；二是前、后茬作物套播复种，包括育苗移栽；三是再生作，如再生稻、再生高粱等。

复种指数是指全年收获作物总面积占耕地总面积的百分数。复种指数是表示复种程度的。复种指数＞100%，表明有复种；复种指数＜100%，没有复种、有的地块还有休闲；复种指数＝100%，表明总体上没有复种也没有休闲。

复种程度，还可以采用另一种表示法——熟制。它以年为单位，表示种植的次数。如，一年一熟制、一年二熟制、一年三熟制、二年三熟制等。在自然条件可能的前提下，绿色食品种植业生产应充分利用农田时间和空间，科学合理地提高复种指数，实行种植集约化，不仅可增加绿色食品的产量，而且有利于扩大土壤碳源的循环。一方面通过田间多茬作物根茬遗留的有机物增加，增多土壤的有益微生物群，另一方面通过作物秸秆“沤肥”、“过腹还田”等各种途径，直接、间接归还土壤，增大潜在的有机物输入量。也就是说通过复种可扩大有机肥的肥源，促进农田有机物的分解循环，提高土壤肥力，从而可降低化肥及其他有关化学物的施用量，进而减少环境遭受污染的环节。同时扩大复种面积，增加种植作物种类并综合利用，将有利农牧渔业全面发展，相互促进，加速绿色食品生产基地的自身良性循环。但是，不合理的复种再加上未采取相应的耕作措施，也会造成土壤肥力下降，产生多种不多收，甚至少收的恶果，有时还会由于复种作物选择不当，引起或加剧病虫害的发生。

提高复种指数要权衡利弊，绿色食品种植业生产在确定采用复种方式时必须因地制宜。要根据当地年积温高低、生长期长短、水分条件包括降水量及其季节分布、地下水资源状况、地力和肥源等条件综合平衡而确定复种方式。黑龙江省大田作物仅能一年一作，但可通过种植生长期短的蔬菜、饲料作物实现复种。其次要根据本单位劳动力、畜力（或机械）等条件确定。随着复种指数的提高，所需人力、物力也相应增加，要量力而行。最后还要根据复种高投入及高产出的比率对经济效益作评估，选择以最小投入取得最大效益的方式。只有单产水量高、经济效益又好的复种方式才有生命力，才能够被采纳。

绿色食品种植业生产要重视对复种作物的选择和配置，一是要充分考虑到前茬给后作、复种作物给主作物创造良好的耕层结构及土壤肥力条件。例如前茬、复种作物选择豆科作物，它本身较耐瘠薄，对地力要求不高，并能固定空气中的氮素，其根系及根瘤菌遗留于田地中，使生物固氮的机会增多，有利于后作和主作物的生长。种植绿肥可以利用主作物收获后的季节间隙或土地间隙进行，其遗留较多有机物于土壤中，地上部还可作饲料，且有利于田间害虫天敌的繁衍。二是要考虑复种中同期或先后种植的作物不应具有相同的病虫害，否则会因相互交叉感染而加剧，给病虫害综合防治工作带来困难，将不利于保证绿色食品农产品的质量。

增加复种作物的生产面积，应利用前、后作生长间隙期、田块休闲期，不失时机地通过耕作技术，创造良好的生态环境。

施用有机肥，绿色食品种植业生产要求以有机肥为主，尽量减少或完全不用化学肥料，而有机肥在作物生长期内施用费工且困难，休闲期内施入则简便易行，而且可结合其他操作措施如翻耕进行，即可减少养分的损失。同时在作物种植前施入经过一段分解过程，正好为稍后生长的作物提供养分。

翻耕土地，作物经过一个生长季节的生长，频繁的田间农事操作活动，造成土壤板结、肥力有所下降，须在休闲期结合施肥及时翻耕土地，将肥料翻入土中，加速肥料的分解，提高土壤肥力。通过翻耕这项操作将前作根茬及杂草翻入土中，既增加了土壤有机质，又清洁了田园，减少和清除杂草的危害，有利于减少病虫害的发生。翻耕还疏松了土壤，改善土壤物理结构，有利于有益微生物群的生存和活动。这样就为绿色食品种植业生产创造了一个良好的生态环境。

防除病虫，绿色食品种植业生产中，为了减少化学农药的使用，一定要在作物生长间隙期内采取措施做好对病虫的预防工作，果园内菜地尤显重要。果园冬闲期通过“刮皮”去除隐藏于老树皮下越冬的害虫或虫卵；在树干上涂白，阻止害虫产卵；清洁田园，收集和销毁园内残枝落叶，清除病虫源。

（3）合理间套作

间作是指在一个生长季内，在同一块地上，分行或分带间隔种植两种或种植两种以上作物的种植方式。应用得比较多。如，玉米、马铃薯间作；玉米、大豆间作，以 2∶4 效果最好。

套作是指在前季作物生长后期在其行间播种或移栽后季作物的种植方式。南方比较常见。如，小麦套作玉米。

间套作是我国传统的农业精华主要组成部分，许多研究和实践证明，合理的间套作与单作相比具有一定的优越性，更能充分利用土地和太阳能、土壤中的养分水分等自然资源，使之转变为更多的生物能——作物产品。在人多地少的地区可充分利用多余劳力，扩大有机物质的来源，提高土地的生产能力。果树行间尤其幼年果园实行间作，可充分利用土地资源，提早增加收益，套种还可弥补本地域自然条件的不足。

间套作作物群体之间有互补的一面，同时也存在着竞争的一面，不合理地滥用，非但没利，反而有害。例如，由于作物种类选择不当，可能出现作物争肥、争水现象，或因种植方式采用不当，造成光照不足、通风不良，以至于加重作物病虫害。

绿色食品作物生产应总结经验，既要利用互补作用发挥其长处，又要注意防止其消极有害的因素出现。

有利作物群体之间互补，尤其间作套作要为主作物创造一个良好田间生态环境。以玉米间作马铃薯为例，玉米高秆、根深，需氮多，而马铃薯株矮、叶小、根浅，需磷、钾多，同时马铃薯为喜光、喜温的玉米改善了行间株间通风透光状况，可提高其光合作用，而玉米又为耐阴、喜冷凉的马铃薯遮阴降温，改善了生态环境条件，有利块茎形成和膨大。这二者之间就能较好地发挥温度、光照、养分吸收上的互补作用。

选择间套作作物种类或品种时，应选对大范围环境条件适应性在其共生期间大体相同的作物；选择特征特性相对应的作物，如选择株高一高一低，株型一大一小，叶片一圆一尖，根系一深一浅，生长期一长一短，收获期一早一晚等，以削弱其竞争；还应优先保证主作物的生长。

有利病虫草害的抑制和防除，提高对自然灾害的防御。实行间套作后，群体结构及生态条件都随之改变，对病虫等自然灾害危害及其程度都有不同的影响。因此应选择有利减少和抑制病虫发生的作物和合理的田间配置。例如，玉米和菜豆间作，由于增多的天敌，危害菜豆的叶蝉、黄瓜条叶甲相对减少，从而减轻对菜豆的危害。高矮秆作物带状间套作由于改善田间通风透光状况能减轻玉米叶斑病、小麦白粉病。要避免配置有共同病虫，特别是可供病虫迁移，延长繁殖后代或为中间寄主的作物。例如果树行间间作大白菜，大白菜收获后，青叶蝉（浮尘子）全转移至果树上生活并产卵，既降低了果树枝条越冬能力，又加剧了来年的虫害。农田周边植物如防护林虽非间作作物，但有时作用类似，同样应注意种类的选择，配置不当也会影响病虫的发生。例如，桧柏、龙柏是梨锈病的中间寄主，它们种植于梨园周边将促使其病害蔓延。

绿色食品种植业生产应尽量利用空间和时间的间隙，通过间作套作发展绿肥作物。绿肥种类多，适应性强，生长期可长可短，它可直接作为田间肥料，具有养地、提高土壤肥力的作用；同时又可做饲料，促进畜牧业的发展，促进农业生态系统良性循环，实现农业全面持续增产。

绿色食品种植业生产的所有间套作物种植都必须符合绿色食品生产的操作规程。

（4）土壤耕作

土壤耕作就是通过机械力作用于土壤，改变耕层构造，以调节和控制土壤肥力因素（水分、养分、空气和温度），为作物生长创造适宜土壤环境的农业技术措施。

耕作项目包括耕翻、耙、耢、起垄、镇压、中耕等。其作用有松碎土壤，增强土壤透气性能够促进作物根系生长；翻转耕层将上层残茬、有机肥、杂草埋入土中有利于有机肥保存和分解，消灭或减少病虫草害，使下层土壤熟化；混拌肥料和土壤，使营养环境均匀一致；平整土地有利于保墒，并可提高其他农事操作的质量；压紧土壤以减少水分蒸发；中耕培土能够提高地温并有利于灌水或排水。

绿色食品种植业生产应根据各项耕作措施的作用原理，按照作物生长对土壤环境的要求，灵活地加以运用，发挥其作用最终达到改善作物营养状况，提高作物营养水平。

（5）注意杂草防除

绿色食品种植业生产的农产品质量要求高，生产操作过程中限制化学除草剂的使用，而人工除草很费工，有时由于未能及时安排劳动力除草，草害严重恶化农作物生长环境条件，降低农作物的产量和品质，而且还可能影响下一个生长季节或来年生产，加重杂草的蔓延和危害，增加绿色食品种植业生产的杂草防除难度。因此应在安排本地区或本单位种植制度和养地制度的同时对杂草防治予以足够重视，针对当地主要杂草采取综合防除措施。

根据植保方针“预防为主综合防治”的要求，首先要采取预防措施。如，建立严格的杂草检疫制度；清除田地边、路旁杂草；施用腐熟的有机肥，防止杂草种子入田；清选种子和清除灌溉水中的杂草种子等，尽量杜绝杂草种子进入田间，这些都是积极有效的方法。综合防治优先采用农业技术防除，建立合理的轮作制度及土壤耕作制，根据草情和苗情掌握好灭草时机，适时中耕除草，利用覆盖、遮光、窒息原理除草，如覆盖黑色地膜。绿色食品种植业生产中，应尽量减少和避免使用化学除草剂防除杂草。因为化学除草剂会给环境带来污染，与绿色食品的生产宗旨、质量标准要求不符，因此，在AA级绿色食品种植业生产中在严禁使用，在A级绿色食品生产中也只有在杂草感染度达到临界期，即杂草发生密度足以抑制作物生育，影响收割或造成减产时才使用，并要严格按《生产绿色食品的农药使用准则》中关于除草剂种类、用药量、使用时间和方法等有关规定进行。

病、虫、草害三者之间存在着相互联系、相互影响的关系，要防病虫就要先将杂草清除，不把病虫治住，作物受害、生长不良，也给杂草丛生提供了条件。因此绿色食品种植业生产应根据当地实际情况尽可能地对病虫草害防治做出统一具体的防治计划，以达到经济、方便、有效。

3．肥料使用

我们知道：肥料与农作物生产、饲料与动物饲养、食物与人类生存是紧密相连的三个不同层次的问题，其中肥料是基础，没有足够的肥料，农作物难以提供大量产品，动物也就没有足够的饲料，那么，人类也就不能得到足够的食粮、畜禽产品、水产品等优质食物，从这个意义上讲，肥料是自然生态良性循环中的基础环节。

（1）肥料的作用

通过施肥能提高土壤肥力和改良土壤，壤肥力是土壤的基本特性，是作物生产转化太阳能为化学能的物质基础。它来自自然肥力和人为（人工）肥力，前者是在自然因素下，土壤发生和形成过程中产生的；后者是人为因素下形成的。自然肥力可以无偿地被利用，但随着种植、使用年限的延长将逐渐降低变瘠薄。因此必须经常人工培肥，保持和提高土壤肥力，这样才能满足作物的需要。提高土壤肥力最快捷最有效的办法就是施肥。

施肥，尤其施用有机肥，能增加土壤中有机质含量，改善土壤结构，通过施肥可以调整土壤 pH，保持作物生育和土壤微生物活动的适宜环境，还可以改良土壤，缓解土壤中不良因素如酸壤或盐渍土的影响。

土壤改良及土壤肥力的提高，为绿色食品种植业生产作物生长创造了良好的环境。

施肥是增加产量的基础和保证，增加绿色食品种植业生产农产品单位面积产量，需从多方面综合考虑，通过培肥，提高土壤生产能力，平衡和改造农作物所必需的营养物质的供应状况，使作物生长健壮，获得好收成，是提高单位面积产量极为重要的措施。据大量试验数据估算，世界粮食产量的增加 40%～50%是依赖于肥料的施用。同时，通过施肥可以增强作物抗逆境生理能力，例如，充足的磷钾营养，有利于作物大量贮存矿物质、糖分和可溶性蛋白质等，提高和促进细胞的渗透作用，降低对霜冻的敏感性，减少或避免霜冻造成的损失。又如，增施腐殖酸肥，能通过调节气孔的关闭，减缓作物的水分蒸腾，减少作物生长后期干旱及干热风所造成的损失。合理的施肥，使植株生长健壮 增强作物抗病虫的能力，从而减少农药的使用量，减少对农产品和环境的污染，并有利于绿色食品农产品产量的提高。

合理施肥可促进绿色食品农产品品质的进一步提高，通过施肥可以改善农产品品质已逐渐被人们认识，尤其是发展商品生产和绿色食品生产的今天，已引起了普遍的关注。例如，小麦生长开花期施用氮素肥料不仅提高籽粒产量，还能改善和提高蛋白质含量，并提高其烘烤加工产品的质量。钾肥能增强甜菜等根用作物光合作用产物向根部运输，有利于产品糖分含量的提高，并降低氨基化合物和钠的含量，有利于加工时糖分的提炼。施用磷肥能使大多数粗饲料中磷有所增加，能促进根类作物的块根生长。此外，越来越多的报道表明，许多微量元素与人体健康有密切关系，与作物的抗性有关。例如，通过施肥，提高蔬菜、水果中锌的含量将有利于幼儿智力的发育，并有免疫的作用，钙营养能减少苹果苦痘病，提高品质及储存效果。

施肥有改善土壤环境、提高农产品产量、改善农产品品质等作用，但同时由于施用肥料种类、用量及施用方法不当，也会带来许多不良影响。例如，氮肥是作物生长必需的元素，但是施用量过大，特别是作物生长后期大量施用会使作物地上部营养生长过旺，根系变短，作物贪青、晚熟，抗逆性减弱，赶上早霜冻、大风时可能造成减产。在甜菜上则抑制糖分向根部运输，影响产品品质；又如果树苗期氮过多会抑制根的生长，秋季过量的氮肥会使枝条不成熟，越冬能力下降，造成枝条甚至树体的死亡。

（2）施肥不当的危害

不合理施肥不仅起不到应有的肥效，造成经济上极大浪费，更重要的是污染了环境，进而通过食物、饮水给人和畜禽带来潜在的灾难。此外有机肥由于管理不善或未经无害化处理，也会造成污染。

对土壤的污染，肥料对土壤可能产生化学、生物、物理三方面的污染。化学污染主要来自肥料中含有的重金属及其他有毒离子，如一些煅烧矿质肥料往往含有数量不等的砷、镉、铬、氟等有毒元素。还有垃圾、污泥、污水中混杂的化学成分，如废电池中含有的汞、锌、锰，洗涤剂、塑料中含有的多氯联苯、多元酚有机污染成分。生物污染是各种有机垃圾、粪便或植株残体中，带有对植物和人体有害的病原体，施入土壤，有的还进入了水域，使作物感染病害，还有与作物接触附着在产品之上，例如，附于蔬菜上被食用进入人体。物理污染主要是施入土壤中的有机肥，尤其城市垃圾中带有未经清理的碎玻璃、旧金属、煤渣、破塑料及薄膜袋等会使土壤渣砾化，降低土壤保水、保肥能力，致使作物生长不良。

对水质的污染，土壤包括施肥中的营养物质可随水往下淋溶，进入地下水和农区水域，造成对水质的污染。其中主要是各种形态的氮素肥料大量施用，作物不能全部吸收利用，在土壤中由于微生物等作用形成NO_3-N，它不能为土壤吸附，最易随水进入地下水。而地下水在不少地方是供人、畜饮用的，NO_3-N进入人体、畜体内在一定条件下还原成有害的亚硝酸盐和亚硝胺，影响其健康。

施肥中过量的氮和磷还会加速农区水体富营养化，造成水质变劣，破坏生态平衡。

对大气的污染，与大气污染有关的营养元素是氮。人类由于施肥不当，造成NH_3的挥发、反硝化过程中发生的氮氧化合物、沼气、恶臭等影响大气环境，污染了空气。

此外，施肥不当还可能直接对食品造成生物和化学污染。生物污染是由于有机肥及人、畜粪尿带有致病菌造成的，化学污染则是过量氮素，使产品中硝酸盐含量增加而引起。

由上可见，施肥与绿色食品农产品关系密切，直接影响到绿色食品种植业生产基地的环境质量、绿色食品种植业生产和绿色食品农产品的产量及质量，是绿色食品种植业生产中不容忽视的环节。

（3）施肥原则

根据绿色食品种植业生产操作规程及绿色食品产品质量的要求，绿色食品种植业生产中通过施肥要能促进作物生长，提高绿色食品农产品产量和品质，有利于改良土壤和提高土壤肥力，而不造成对作物和环境的污染。

创造一个农业生态系统的良性养分循环条件，充分地开发和利用本地区域、本单位的有机肥源，合理循环使用有机物质。农业生态系统的养分循环有三个基本组成部分即植物、土壤和动物，应协调统一好三者的关系，创造条件，充分利用田间植物残余物、植株（绿肥、秸秆）、动物的粪尿、厩肥及土壤中有益微生物群进行养分转化，不断增加土壤中有机质含量，提高土壤肥力。

绿色食品种植业生产基地在发展种植业的同时，要有计划按比例地发展畜禽、水产养殖业，综合利用资源，开发肥源，促进养分良性循环。

经济、合理地施用肥料。绿色食品生产合理施肥就是要按绿色食品质量要求，根据气候、土壤条件以及作物生长状态，正确选用肥料种类、品种，确定施肥时间和方法，以求以较低的投入获得上佳的经济效益。

施肥是一项技术性很强的农业措施。为了达到经济合理施肥，绿色食品生产基地不仅应不断总结“看天、看地、看庄稼”的施肥经验，而且有条件的地区和单位应逐步走上通过土壤、植株营养诊断，科学地指导施肥。

以有机肥为主体，尽可能使有机物质和养分还田。有机肥料是全营养肥料，不仅含有作物所需的大量营养元素和有机质，还含有各种微量元素、氨基酸等；有机肥的吸附量大，被吸附的养分易被作物吸收利用，又不易流失；它还具改良土壤，提高土壤肥力，改善土壤保肥、保水和通透性能的作用，因此，绿色食品生产要以有机肥为基础。作物残体如各种秸秆应直接或过腹或与动物粪尿配合制成优质厩肥还田，种植绿肥直接翻压或经堆、沤后施入，尤其豆科绿肥，可增加生物固氮量，利用经高温处理腐熟的动物粪尿，补充土壤中养分。施用有机肥时，要经无害化处理，如高温堆制、沼气发酵、多次翻捣、过筛去杂物等，以减少有机肥可能出现的负面作用。

充分发挥土壤中有益微生物在提高土壤肥力中的作用。土壤的有机物质常常要依靠土壤中有益微生物群的活动，分解成可供作物吸收的养分而被利用，因此要通过耕作、栽培管理如翻耕、灌水、中耕等措施，调节土壤中水分、养分、空气、温度等状态，创造一个适合有益微生物群繁殖、活动的环境，以增加土壤的有效肥力。

近年微生物肥料在我国已悄然兴起，绿色食品种植业生产可有目的地施用不同种类的微生物肥料制品，以增加土壤中有益微生物群，发挥其作用。

尽量控制和减少化学合成肥料。控制各种氮素化肥的施用，必须施用时，也应与有机肥配合使用。绿色食品种植业生产要控制化学合成肥料，特别是氮肥的施用，AA 级绿色食品生产中除可使用微量元素和硫酸钾、煅烧磷酸盐外，不允许使用其他化学合成肥料。A 级绿色食品种植业生产过程中，允许限量使用部分化学合成肥料，但禁止使用硝态氮肥。化肥施用时必须与有机肥按氮含量 1∶1 的比例配合施用，最后施用时间必须在作物收获前 30 天施用。

4．作物灌溉

（1）灌溉原则

灌溉要保证绿色食品种植业生产中作物正常生长的需要。为了满足绿色食品种植业作物生育需要，必须考虑到作物体内和土壤中的水分平衡。作物一生中需要大量水，其中 99% 以上用于补偿蒸腾，不足 1%的水才真正用于生理活动过程及保留在体内成为组成部分。正常情况下，作物对水分的吸收和消耗处于相对平衡，作物生长发育良好，如果吸水量小于消耗量就呈现水分不足。体内水分平衡遭到破坏，轻则形成暂时萎蔫，造成减产并影响品质，重则干枯死亡。作物的需水量因作物种类不同及同种作物不同生育阶段而有所差异。

农田水分除供植物吸收外，还消耗于地表蒸发、渗漏及植物蒸腾。因此，灌溉不仅要考虑作物的需水量，还要根据降水情况、土壤蒸发量及土壤保水能力来确定，这样才能满足绿色食品作物正常生育的需要。

灌溉不得对绿色食品种植业生产作物植株和环境造成污染或其他不良影响。为了保证绿色食品农产品的质量，必须十分注意水质，含有重金属离子、有害的无机及有机化合物的水用于灌溉，会对作物和环境造成二次污染。因此，在选择绿色食品种植业生产基地时，必须对水质进行检测。

此外，灌溉水中的泥沙和过多的含盐量也会给绿色食品种植业生产带来不良影响。大量泥沙随水入田，会改变田间土壤结构状况，还会淤塞渠道，一般水中泥沙含量大于 15%时，就不宜用作灌溉。土壤水中含有过多的可溶性盐类，土壤溶液浓度增加、渗透压增高，造成作物根系吸水困难，体内水分状况和生理机能破坏。盐分进入体内积累到一定程度，就会使细胞原生质受损伤，气孔关闭失调，不仅妨碍光合作用进行，且会大量失水而萎蔫致死。因此，近海或盐碱地的绿色食品种植业生产基地应注意灌溉水及土壤水分中的含盐量，采取必要的措施消除其影响。根据试验资料，灌溉水的矿化度（含有的各种离子及化合物的总量）应小于 1.7 g/L。大于 5 g/L 的水就不宜用于灌溉，当矿化度为 1.7～3.0 g/L 时，要对其中盐类作具体分析，以判断是否适于灌溉，例如，钠盐危害大，而钙盐、镁盐则无妨。

应根据节水的原则，经济合理地利用水资源。水资源对于农业生产乃至人类生存都很重要，在世界范围内，水资源不足具有普遍性。虽然地球表面 70%被水占据，但其中绝大部分为海洋咸水，可供人们利用的淡水还不到全球总水量的 1%，这部分水主要存在于湖泊、江河和土壤中，成为农业生产的水资源，是极其宝贵的，因此绿色食品种植业生产中必须树立起节水的观念，科学用水，充分发挥水资源的作用。

科学用水就是要根据作物生理需水和生态需水，适时适量地对作物进行灌溉。“生理需水”是指作物生命过程中的各项生理活动所需要的水分，“生态需水”则是指为作物正常生长发育创造良好环境所需要的水分。一般把田间持水量作为土壤湿度的上限，多数土壤在田间持水量时水分占土壤容积 25%～35%，固相占 50%～55%，空气容积占 10%～25%，此时作物可正常生长，各类旱田作物适宜土壤湿度的下限均在田间持水量的 70%左右。灌水量可以田间持水量需要作为上限。

要同时抓好灌溉和排水系统的建立。水分是作物生长的必需条件，但土壤中水分过多影响土壤透气性，长期含水过多还会破坏土壤结构，降低土壤肥力，甚至还会导致土壤沼泽化与盐渍化，从而影响绿色食品种植业生产。农田水分过多还影响着农事活动的正常进行及其质量，尤其影响机械作业，所以，在土壤含水量大时，还要进行排水除涝。一般年降雨量 500～1 000 mm 和大于 1 000 mm 的地区都要采取相应的排水措施。此外，为了防洪和围垦也都要求排水。

灌溉和排水是积极改善田间水分状况的重要措施，绿色食品种植业生产基地在建有灌溉设施的同时，必须建有排水系统，能迅速排除田间过量的水，以减少洪涝灾害的影响。

（2）灌溉措施

对灌溉水加强监测，并采取防污保护措施。绿色食品生产地块必须按绿色食品农田灌溉水水质标准进行监测，并注意保护和维护水质。特别是使用河流、湖泊水作为灌溉水源的地区和单位要经常注意监测上流或本地段有可能造成水质污染的污染源排放情况。绿色食品产地要避免使用污水灌溉，有污水过境的地域应划设隔渗地区，并加强对产地水源，包括地下水的水质监控。

总结和运用节水的耕作措施，并吸收先进的灌溉技术。目前世界上开发的水资源中70%～80%用于农业灌溉，但农田灌溉水的利用率较低，发达国家的水利用率一般在 50%左右，许多发展中国家仅为 25%，充分合理地利用有限的水资源，在水资源短缺的干旱、半干旱地区获得高产都是当今世界农业关注的问题，也是绿色食品种植业生产中要认真对待的问题。

我国劳动人民在长期农业生产活动中，积累了丰富的以蓄水、改土、防风蚀、水蚀为中心的节水经验，修建各种梯田、坝田等；采用耕作措施来蓄水保墒，例如，早秋耕、秋深耕、早春顶凌耙地、顶浆打垄，以多接纳降水减少土壤蒸发；还有通过增施有机肥，改良土壤结构，增强土壤贮水保水能力，减少蒸发，同时促进作物根系发育　增强作物吸水和抗旱能力等。这些弥足珍贵的经验，应加以总结和运用。

国际上为了节水，采取渠道防渗措施，采用喷灌和滴灌减少田间用水损失，20 世纪 70 年代喷灌在一些工业发达国家迅速发展，但由于耗能较多，近年地面灌溉技术则进一步受到重视，如采用间歇灌、水平畦灌等供水方法，使水分均匀分布，减少深层渗漏和末端水分的损失。为了节能，采用低压喷灌、风力灌溉技术等。这些通过改进灌溉技术达到节能节水目的的研究成果，都可供绿色食品种植业生产基地借鉴和应用。

5. 植物保护技术

绿色食品无论是初级农产品还是加工品的主要原料在种植生长期间经常受到有害生物或不良环境条件的侵害，常因发生病、虫害而造成损失。据统计，全世界农产品每年因病虫草害减产或变质的占总量的 30%～50%，我国目前每年平均因病虫害损失粮食 1 600 多万 t，油料 140 万 t。农作物病虫害不仅造成产量的减少，也使产品品质变劣，不堪食用和加工，影响贮藏运输和销售。带有某些病害的产品如带有黑斑病的甘薯食用后，还会引起人、畜中毒，甚至死亡。

长期以来，随着现代化工业的发展，农业大量投入人工化学合成物质，其结果，固然劳动生产率、土地利用率不断提高，但同时也打破了自然界中原有的生态平衡，诱发和加剧了某些病虫害，工业“三废”所导致的非侵染性病害削弱了植物抗病性的能力，又加重了病虫害的发生。有机合成化学农药大量而普遍地应用，在防治有害病虫的同时，也杀伤了控制害虫的天敌生物和有益生物。而有害的昆虫和各种病原菌一般个体小、数量大、世代多，与大型生物相比，容易对农药产生抗性，需要人们不断更换农药种类或提高浓度，这就更加重了对环境和农产品的污染，形成了恶性循环，与绿色食品生产的宗旨及要求背道而驰。

因此，植物保护是绿色食品种植业生产过程中避免和减少病虫危害，提高农产品产量和品质的一项极其重要的工作。

（1）绿色食品种植业生产中植保工作的基本原则

为了保证绿色食品种植业生产的农产品质量，就必须在生产各环节排除污染源对农产品的污染，而主要的污染源之一就来自为防治病虫害而施用的化学农药所引起的农业自身的污染。因此绿色食品种植业生产所采取的植保措施出发点必须是避免和减少污染。

要创造和建立有利作物生长、抑制病虫害的良好生态环境。病虫害的发生和发展离不开寄主植物，它们又同时受着周围环境条件及其他生物条件的多方面影响，绿色食品种植业生产中，应考虑三者的关系，采用合理种植制度和措施，促进农作物生长健壮，增强其自身抗病虫的能力，恶化病虫繁殖蔓延的生活条件，改变生物群落，保持生产地周围环境内的遗传多样性，保护和提供天敌的栖息地，有利于它们的繁衍，以创造良好的生态环境，恢复农业生态平衡，增强和发挥生态系统的自然控制能力，并促进其发展。

绿色食品种植业生产的植保工作绝不能采取以消灭病虫等有害生物为中心的植物保护措施，也就是说，不能只考虑杀灭有害生物的效果，不考虑保护对象——栽培作物及为栽培作物提供能源、生长条件和有利因素的影响与效果，必须树立以栽培作物为中心、建立良好农业生态系统的植保工作思想。

预防为主、综合防治。预防为主是在 1975 年全国植保会上就提出的植物保护的方针之一。预防就是通过合理的耕作栽培措施，提高作物的健康水平和抗害、免疫能力，创造不利病虫发生的条件，减少病虫的发生和减轻其危害。绿色食品种植业生产中，必须贯彻以农业防治为基础的预防为主方针，禁止打预防药，包括非有机化学合成农药在内的一切农药。

为了做好预防工作，应通过改善农田生产管理体系，改变农田生物群落来恶化病虫发生、流行的环境条件；控制病虫的来源及其种群数量，调节作物种类、品种及其生育期；保护和创造有益生物繁殖的环境条件。

“综合防治”是以农业生态学为理论依据的。就是从农业生产全局出发，根据病虫与农作物、耕作制度、有益生物与环境等各种因素之间辩证关系，充分发挥自然控制因素的作用，因地制宜，合理应用必要的防治措施，将有害生物控制在经济危害水平以下，经济、安全、有效地消灭和控制病虫害的危害，以获得最佳的经济、生态和社会效益。

在绿色食品种植业生产中，综合防治具有重要意义。开发绿色食品最基本目的是通过生产绿色食品保护自然资源和生态环境；通过消费绿色食品增进人们的身体健康。绿色食品生产追求的是经济效益、生态效益和社会效益的统一。而在绿色食品种植业生产中，必不可少的植保措施直接影响到开发绿色食品目的的实现。综合防治管理体系的实施，才有可能体现出具有经济效益、社会效益，包括环境保护在内的生态效益及综合协调四方面的统一，其宗旨和效果都与绿色食品的生产开发相一致，因此，绿色食品种植业生产中必须特别强调综合防治这一植保方针。

优先使用生物防治技术和生物农药。绿色食品种植生产中，要充分利用有益生物资源即天敌对有害生物的抑制作用，培养或释放天敌，创造有利天敌繁衍的条件。优先进行生物防治，发挥天敌的自然控制作用，可大大降低农药的施用量，减少对产品、环境的污染，这些自然界本身就存在的活体，随着自身死亡而降解，不会大量累积，较安全，对环境无污染，符合绿色食品生产目的要求。

必须使用药剂防治时，也应优先使用生物农药。与化学农药相比，虽然生物农药作用缓慢，但它们都来源于天然存在的动物、植物和微生物，一般来说它们毒性较小，杀虫治病谱较窄，不易伤害标的病虫害以外的天敌、鸟类等，对作物不至于产生药害，有利于生物多样性的发展，增强生态系统的自然控制能力，病虫一般对生物农药较少产生或不产生抗性，因此绿色食品种植业生产中要优先使用生物农药，并且AA级绿色食品的种植业生产中只能使用生物农药。

必须进行化学防治时，要合理使用化学农药。利用各种来源的化学物质及其加工品来进行化学防治相对于其他防治方法，具有速效直观，杀虫治病范围广，使用方法简便的优点，在绿色食品生产基地建设之初，尚未形成良好的农业生态环境状况下，当病虫害大量发生或某些特殊病虫害发生时，鉴于我国目前经济和技术水平，有些还需要使用部分化学农药，作为应急措施来达到保护作物的目的，但必须严格按照《绿色食品农药使用准则》科学合理地使用化学农药。

所谓合理施药，就是要根据绿色食品质量的要求，在与其他防治措施相协调的前提下严格选择农药种类和剂型，限定施药时间、用量及方法，达到既充分发挥化学药剂的作用，又将其消极作用减小到最低限度的目的。

化学农药包括自然的和人工化学合成的，自然的主要是来自矿物，是无机的，一般对物和环境污染较少，可以在绿色食品种植业生产包括AA级绿色食品种植生产中应用，而所有人工化学合的农药则禁止在AA级绿色食品种植业生产中施用；A级绿色食品种植业生产中作为其他防治方法的补充，允许施用部分化学农药。

（2）综合防治措施

综合防治的原则，一是充分发挥自然控制因素的作用，不是孤立地从病虫本身方面去研究对策和措施，不过分强调病虫的作用，而是从农业生态系中绿色作物、动物、微生物和无机环境条件四个组成成分出发，调控其平衡。二是强调对病虫进行控制 将其危害控制在不足以造成作物经济损失的程度，而不是一味地要求彻底消灭。

① 植物检疫。植物检疫是植保工作的第一道防线，也是贯彻“预防为主，综合防治”植保方针的关键措施。通过植物检疫可以防止危险性病、虫、杂草等有害生物，经人为传

播在地区间或国家间蔓延。病虫分布有一定的地区性，但也存在扩大分布的可能性，传播途径主要是随农产品（种子、苗木、栽培材料等）的调运交流而扩大蔓延。一种病虫传入新地区，常常由于原产地或多年发生地的天敌及其他抑制因素没有一同传入，在新地区一旦环境条件适宜，便会大量发生，其危害程度有时比原产地更为严重。

绿色食品种植业生产在引种和调运种苗中，必须依靠植物检疫机构，根据《植物检疫法》的规定，做好植物检疫工作。

② 农业防治法。通过农业栽培技术防治作物病虫害是古老而有效的方法，是综合防治的基础。绿色食品种植业生产中科学的栽培管理技术可以起到调节作物地上地下理化和生物环境的作用，有利作物健壮生长，不利病虫等有害生物的生存和繁衍，从而达到保健和防治病虫的目的。农业防治措施与正常栽培管理措施是一致的，不增加额外的防治成本，一般不会产生病虫抗性，不出现杀伤天敌、污染环境等副作用，这种有效措施易于大面积应用，其防治效果是积累的并且相稳定。它在综合防治中属于一种起到自然控制作用的因素，其缺点是效果不迅速不直观，并且受到地区和季节限制的局限。

农业防治法包括：选用抗病虫的优良品种。同一种作物不同品种之间对病虫的抗性和耐性表现是不一样的，选用抗性强的品种，则是综合防治的一项基本措施。绿色食品种植业生产基地应充分利用国内外优良的品种资源，来增强自然控害的能力，同时在栽培过程中注意田间植株对病虫抗性的差异，选留抗性强的单株作为繁殖材料。在选用抗性强品种的同时，还必须注意品种高产优质等优良性状，这是适应绿色食品种植业生产的需要。

改进和采用合理的耕作制度。合理的作物布局、轮作和间作套作耕作制度，不仅有利于作物增产，而且是抑制病虫害发生的有效方法。轮作对土传病害，对食性专一或比较单一的害虫及地下害虫都具抑制和防治的效果，它通过非寄主作物的种植，直接排斥病虫或病原物处于“饥饿”状态，恶化害虫的营养条件，从而削弱致病力或减少病虫的传播数量。间作套作则是利用不同作物适应能力和抗性不同，危害的病虫种类不同，或因改变了田间小气候、改变了天敌和根际微生物组成数量等生态环境，改变了作物生育进程而减轻作物病虫危害，从而实现高产稳产。

轮作间隔的年限、轮作和间作套作的种类则要根据危害作物主要病虫害种类、当地种植习惯而确定。

加强田间管理，提高寄主作物的抗性。加强田间管理既是防治病虫害的需要，也是获得优质高产的需要，田间管理应做到及时、合理，主要包括秋冬深翻耕土地，清洁田间，合理施肥、灌水和及时排水，加强保护设施内保温和放风管理，及时中耕除草等。

栽培技术措施一方面由于改善绿色作物生长的大气、土壤生态环境条件，提高作物自身的抗性及自然控制因素的作用，抑制病虫危害，同时有些技术措施本身就有直接杀伤和防治病虫的效果。例如秋冬深耕翻土，就直接杀伤消灭一些病虫，同时还可将原来土层下害虫翻至地表，受光、温度、湿度等物理因子作用以及天敌捕食，大量死亡，一些在土下越冬休眠的病原物，暴露于地表失去萌发侵染有利条件，减少侵染来源。又如高温季节，覆膜晒土的措施具杀灭病虫作用，同时可增强土壤中腐生微生物和拮抗微生物活性，有利于作物根系发育并加强对土壤中病原体及害虫的重寄生和消解作用。因此，加强田间管理可以有效地控制某些严重的土传病害及地下害虫的发生。

③ 物理机械防治及其他防治新技术。利用物理因子或机械来防治病虫，包括从人工、简单器械到应用近代生物物理技术。如人工捕捉，诱集诱杀，高低温的利用及高频电、微波、激光等。这类防治措施，通常作为辅助措施防治病虫，一般可达到无不良副作用产生。

随着现代科学技术的发展，人们也在不断开拓新的防治技术途径，力求充实综合防治技术内容，提高综合防治技术水平。例如用生物生理方法使病虫失去繁殖后代能力；利用昆虫性外激素诱杀；利用抑制昆虫正常生长发育的几丁质抑制剂；拒食剂等。

④ 生物防治法。生物防治一般是指以有益生物控制有害生物数量的方法，也就是利用天敌来防治病虫的方法。例如，利用赤眼蜂防治玉米螟，瓢虫治蚜。自然界中天敌依赖于有害的生物（病虫）而生活原本就是一种自然现象，现在人类利用天敌，发挥天敌的自然控制作用为主要内容的生物防治，也就符合自然规律性。

生物防治主要是以虫治虫（包括捕食性和寄生性天敌）、以微生物治虫（致病微生物包括病原细菌、病原真菌和病原病毒）以及少量脊椎动物治虫（如鸟、蛙等）。病害的生物防治主要是利用重寄生生物包括重寄生真菌、寄生真菌的病毒，寄生于植物病原菌，使病原菌丧失侵染致病能力，甚至将其置于死地。

生物防治是利用农业生态系统的有益生物资源，不对农作物和环境造成污染，是综合防治中重要组成部分，绿色食品种植业生产中应优先使用。

保护天敌，使其自然繁殖或根据天敌特性，制定和采用特定的措施。如创造天敌的栖息条件，以促进其繁殖。一般好的耕作措施往往能起到很好的保护利用天敌的效果。

人工大量繁殖，释放天敌。通常是在经保护自然界中的天敌后，仍不足以控制某些害虫数量处于经济受害水平以下时才使用。

从外地引进天敌，目的在于改善、加强本地的天敌组成，提高自然控制效能。这往往是用来对付新流入的病虫。

⑤ 药剂防治。采用药剂控制病虫等有害生物的数量，这实际也是综合防治的一个组成部分。药剂的选择，要优先选用生物源和矿物源的农药，因为它们对作物的污染相对较小。由于绿色食品农产品质量的特殊要求，绿色食品种植业生产中使用药剂防治，尤其人工化学合成的农药的应用都有相应的特殊限制，总体上要遵循《绿色食品农药使用准则》使用化学农药。

技能训练

【训练项目】作物绿色食品生产技术

【训练目标】通过参与生产实践，进一步熟悉生产技术规程，掌握绿色食品生产对产地环境条件的要求和生产过程管理技能

【训练场所】绿色食品生产基地

【训练要求】结合当地生产，全程参加某一作物的绿色食品生产

1. 结合生产实际，按照作物绿色食品生产技术要点和本作物的绿色食品生产技术规程严格进行生产管理。

2. 根据已掌握的资料，一边参加生产实践，一边总结经验，写出实际生产技术规程。

3. 实际生产技术规程要按正规格式写作，要求用词简练，各项措施要具体、实用、可操作性强。在多项措施中只选用当地最适用的一种。

4. 分别介绍自己制定的操作规程，其他学生提出修改意见。指导教师点评、总结，提出共性的问题。然后学生再次分别修改自己制定的操作规程。

【训练考核】结合实际，每人制定一份作物绿色食品生产技术操作规程

二、绿色食品养殖业生产

（一）绿色食品畜禽养殖业生产

1. 绿色食品畜禽养殖业生产的含义

绿色食品畜禽养殖业生产是指农业生产遵循可持续发展原则，按照绿色食品畜禽养殖业生产操作规程来从事畜禽动物养殖的生产活动。

绿色食品畜禽养殖业生产操作规程是以农业部颁布的各种绿色食品使用准则为依据，结合不同农业区域的特点而分别制定，其主要内容有品种选择、饲料原料来源、饲料添加剂的使用、疾病防治、动物舍环境卫生等。绿色食品畜禽生产操作规程用于指导绿色食品畜禽养殖业生产活动，规范绿色食品畜禽养殖业生产的技术操作。

绿色食品畜禽养殖业生产必须经绿色食品管理部门指定的环境监测部门监测，符合《绿色食品产地环境质量标准》（NY/T 391—2000）；《绿色食品饲料及饲料添加剂使用准则》（NY/T 471—2001）；《绿色食品兽药使用准则》（NY/T 472—2001）；《绿色食品动物卫生准则》（NY/T 473—2001）。

2. 绿色食品畜禽养殖业生产技术

为了保证畜禽产品的高质量、安全、环保，做到没有化学农药、激素、抗生素等对人体健康有害物质的残留，在畜禽养殖过程中，必须严格按照畜禽生理学和动物生态学的原

理及执行绿色食品生产操作规定的技术指标和操作规程进行管理和生产。

（1）畜禽品种选育

在绿色食品畜禽品种选择上，要尽量选择适合当地条件的优良畜禽品种，除了有较快的生长速度外，还应考虑对疾病的抗御能力。畜禽品种的购入要经过检疫和消毒。禁止使用基因工程品种。

（2）畜禽舍环境卫生

畜禽舍的环境卫生，不仅直接影响畜禽的健康生长，而且还间接地影响到畜禽产品的品质。

① 畜禽舍场地要求。地势、地形，要求地势干燥、向阳背风，地面平坦而稍有坡度，牧场场地应高出当地历史上最高的洪水线，地下水位则要在 2 m 以下。对于较大型的城郊畜禽场，应特别注意远离污染源，如化工厂、造纸厂、制革厂和屠宰场等。

水源，水质必须符合《生活饮用水质标准》（GB 5749—85），水量充足、水质良好、便于防护、取用方便。

此外，畜舍场地还要求地形开阔整齐，交通便利，并与主要公路干线保持 200 m 的卫生间距。在设计建造畜舍时，既要考虑排除不良气候对家畜健康品质及生长性能的影响，又要使饲养效率充分发挥，取得最大的经济效益。

② 畜禽舍的环境要求。畜禽舍的适宜环境包括温度、湿度、气流速度、光照以及新鲜清洁的空气。

温度，畜禽为恒温动物，在生产中要求舍温保持在适宜温度范围内，冬暖夏凉。

湿度，畜禽舍空气中的湿度，不仅直接影响家畜健康和生产性能，而且严重影响畜禽舍保温效果。舍内相对湿度以 50%～70%为宜，最高不超过 75%。

通风换气，舍内空气要保持一定的流动速度，夏季要排除舍内的热量，帮助畜体散热，增加家畜舒适感。在冬季低温、畜舍密闭的条件下，要引进新鲜空气，使舍内温度、湿度、化学成分保持均匀一致，并要使水汽及污浊气体排出舍外，以改善畜舍空气环境质量。因此，夏季要求畜体周围气流速度保持在 0.2～0.5 m/s，冬季则以 0.1～0.2 m/s 为宜。

光照，不同的家畜、不同的生长阶段，所要求的光照时间、光照强度不同。禽类对光敏感，直接影响其生长发育、生产性能和性活动，光照在环境因素中起决定性作用，在生产中通常用“采光系数”衡量与设计畜舍的采光。采光系数指窗户的有效采光面积与畜舍地面面积之比。各种畜舍的采光系数一般用 1∶x 表示，见表 3-6。

空气，由于呼吸和有机物分解等，畜禽舍经常产生大量有害气体，必须及时排除。这些有害气体主要有氨气、硫化氢和二氧化碳。氨及硫化氢的浓度过高时，不仅影响畜禽健康及生产性能，而且直接影响畜禽产品的品质。畜舍氨浓度不得超过 20 mg/L，鸡舍中不得超过 15 mg/L。硫化氢毒性较大，舍内浓度不得超过 5 mg/L。二氧化碳一般不引起家畜中毒，但它表明空气的污浊程度，舍内二氧化碳浓度以低于 0.10%为宜。

表 3-6　各种畜禽舍的采光系数

畜舍	采光系数	畜舍	采光系数
种猪舍	1∶10～12	母马及幼驹厩	1∶10
肥猪舍	1∶12～15	役马厩	1∶15
奶牛舍	1∶12	成年绵羊舍	1∶15～25
肉牛舍	1∶16	羔羊舍	1∶15～20
犊牛舍	1∶10～14	成禽舍	1∶10～12
种公马厩	1∶10～12	雏鸡舍	1∶7～9

（3）畜禽的饮食

绿色食品畜禽饮食供应要与畜禽的生理需要相一致，饮水和饲料必须来自绿色食品产地或经检测符合绿色食品标准的产区。

绿色畜禽产品的生产首先以改善饲养环境、加强饲养管理为主，按照饲养标准配置日粮，饲料选择以新鲜、优质、无污染为原则，饲料配制做到营养全面，各种营养元素相互平衡。所使用的饲料和饲料添加剂必须符合国家的有关管理规定，《饲料卫生标准》《饲料标签标准》和各种饲料原料标准、饲料产品的有关规定。

绿色畜禽所用的饲料添加剂和添加剂预混料必须具有生产批准文号，其生产企业必须有生产许可证。进口饲料和饲料添加剂必须具有进口许可证。同时符合《绿色食品饲料添加剂使用准则》。

① 必须符合《饲料卫生标准》《饲料标签标准》和各种饲料原料标准、饲料产品标准等有关规定。

② 优先使用绿色食品推荐的生产资料饲料类产品。

③ 至少有 90%饲料成分来源于已认定的绿色食品产品及其副产品，其他成分可以是达到绿色食品标准产品：

- ❖ 绿色食品标志产品，如玉米、豆粕。
- ❖ 绿色食品生产企业副产品，如麦麸。
- ❖ 有固定生产基地，并通过绿色食品环境监控、绿色食品种植规程监控原料。
- ❖ 禁止使用转基因方法生产的饲料原料（如进口豆粕）。
- ❖ 禁止使用工业合成油脂。
- ❖ 禁止使用畜禽粪便。
- ❖ 禁止使用以哺乳类动物为原料的动物性饲料产品（不包括乳及乳制品）饲喂反刍动物。

绿色畜禽所用兽药符合《绿色食品兽药使用准则》。

① 以预防为主，建立严格的生物安全体系。

② 优先使用绿色食品推荐兽药产品。

③ 允许使用消毒防腐剂对饲养环境等消毒，但不准对动物直接使用；不能使用酚类消毒剂。

④ 允许使用疫苗预防动物疾病，但是活疫苗应无外源病源污染，灭活苗的佐剂未被动物吸收前，该动物产品不能作为绿色食品。

⑤ 允许使用《绿色食品兽药使用准则》规定的抗寄生虫药和抗菌药，使用中应注意以下几点：

- ❖ 严格遵守规定的作用与用途、使用对象、使用途径、使用剂量、疗程和注意事项。
- ❖ 停药期必须遵守《绿色食品兽药使用准则》规定的时间。
- ❖ 产品中的兽药残留量应符合《动物性食品中兽药最高残留限量》规定。认证机构负责监督生产单位执行标准并抽检产品中的兽药残留量。

⑥ 允许使用钙、磷、硒、钾等补充药，酸碱平衡药，体液补充药，电解质补充药，营养药，血容量补充药，抗贫血药，维生素类药，吸附药，泻药，润滑剂，酸化剂，局部止血药，收敛药和助消化药。

⑦ 建立并保持治疗记录（畜号、时间、症状、药物等）。

⑧ 禁止使用有致癌、致畸、致突变作用兽药，禁止在饲料中添加兽药。

⑨ 禁止使用基因工程兽药。

⑩ 禁止使用作用于神经系统机能的兽药，如安眠镇静药、镇痛药、麻醉药等。

（4）其他技术条件

① 运输。车辆要彻底清洗干净；运输时不得使用化学合成的镇静剂和兴奋剂。

② 屠宰。屠宰前要进行检验，并实行定点屠宰，屠宰后要进行寄生虫检查等。

③ 管理。管理上要统一，做到统一饲料、统一防疫、统一兽药、统一指导、统一收购等。

（二）绿色食品水产养殖业生产

1. 绿色食品水产养殖业生产的含义

绿色食品水产养殖业生产是指农业生产遵循可持续发展原则，按照绿色食品水产养殖业生产操作规程来从事水产动物养殖的生产活动。

绿色食品水产养殖业生产操作规程是以农业部颁布的各种绿色食品使用准则为依据，结合不同农业区域特点而分别制定，其主要内容包括品种选择、养殖用水要求、鲜活饵料和人工配合饲料的原料要求、人工配合饲料的添加剂使用、疾病防治等。

绿色食品水产养殖业生产操作规程用于指导绿色食品水产养殖业生产活动，规范绿色食品水产养殖业生产的技术操作。绿色食品水产养殖业生产必须经绿色食品管理部门指定的环境监测部门监测，符合《绿色食品产地环境质量标准》（NY/T 391—2000）。同时还要符合《绿色食品肥料使用准则》（NY/T 394—2000）、《绿色食品农药使用准则》（NY/T 393—

2000）、《绿色食品饲料及饲料添加剂使用准则》（NY/T 471—2001）、《绿色食品渔用药使用准则》（NY/T 755—2003）、《绿色食品动物卫生准则》（NY/T 473—2001）。

2. 绿色食品水产养殖业生产技术

（1）绿色食品水产品养殖场区的选择

在水产养殖区域，由于受工业、居民生活等环境因素的影响，有许多区域易受到不同程度的污染，兑水产品养殖造成严重威胁。因此，绿色食品水产品产地环境的优化选择技术是绿色食品水产品生产的前提。绿色食品水产品产地质量环境要求包括绿色食品水产品渔业用水质量、大气环境质量及渔业水域土壤环境质量等要求。

① 水质和水量。绿色水产品对于养殖用水处理提出了更高要求。选择养殖场区的首要条件是水质和水量。水质理化指标必须符合国家《渔业水质标准》（GB 11607—1989），同时水源要充足，常年要有充沛的流量，保证渔业养殖用水需要（见模块四的课题一 绿色食品标准体系 表4-3）。

② 养殖用水中的有毒物质。养殖用水中若含有一些有毒物质，会对鱼类造成严重危害。在选址上应避开工矿、电厂、废弃油井等工业污染和生活污染区。环境中，大气、水质和土壤等要求要达到《绿色食品产地环境质量标准》。对于水温、水深和面积，应遵循因地制宜、因时制宜和因物制宜的原则，并视饲养种类而定。

③ 养殖水体的底泥。养殖水体的底泥是指与水接触的土壤和淤泥，因淤泥中含有大量有机物和氮、磷、钾等营养物质而成为鱼类的饵料，所以具有保肥、供肥和调节水质的作用。但不能过多、过厚，否则由于有机物耗氧量大，将对鱼类生长发育造成危害。

④ 场址应选择日晒良好、通风良好、进排水良好的区域。鱼是冷血动物，体温的升降随其生活的水体温度的变化而变化。水温的急剧升降，鱼不易适应而致病乃至死亡。一般鱼苗下塘时，要鱼池水温与原生活水体水温相差不超过2℃。

⑤ 海水养殖区选址。海水养殖区应建造在潮流畅通、潮差大、盐度相对稳定的区域，注意不得靠近河口，以防洪水期淡水冲击，盐度大幅度下降，导致鱼虾淡死，以及污染物直接进入养殖区，造成污染。

⑥ 养殖区的交通。养殖区要交通方便，将有利于水产品、种苗、饲料、成品的运输，也可使大量的水产品保质、保鲜和保活，就地上市，有利于提高商品的价格，增加经济收入。

（2）绿色食品水产品品种的选择与选育

水产养殖要选择高产、高效、抗病以及适应当地生态条件的优良品种，同时，为了避免近亲繁殖，品种退化，应尽可能选用大江、大湖、大海的天然鱼苗作为养殖对象。若选择绿色食品水产养殖的人工育苗，应注意以下几个问题：

① 亲本培育。亲本培育时，亲本池应建在水源良好，排灌方便，无旱涝之忧，阳光充足，环境安静，不受人为干扰的地方。亲本放养密度，雌雄比例适宜，投喂符合绿色食

品生产要求的适口的饵料和营养全面的配合饲料，尽可能使其自行产卵、孵化。

② 人工催产授精。是指给成熟鱼的亲本注射催产药物，人为控制亲本发情、产卵、受精的一种生产方式。常用的催产药物有促黄体生成素释放激素类似物、脑垂体提取液和绒毛膜促性腺激素。这些激素是AA级绿色食品生产中禁止使用的，在A级绿色食品生产中仅限于繁殖苗种，但注射过催产药物的亲本不能作为绿色食品的食用水产品出售。

③ 杂交制种。利用不同品种或地方种群之间的差异进行杂交，其子一代生长性能通常好于亲本。但必须养殖于人工能完全控制的水体中，其成体只供食用，不可留种，也不可放养或流失于江、河、湖、沼中，以免污染自然种群的基因库。

（3）渔药使用准则

绿色水生动物增养殖过程中对病、虫、敌害生物的防治，坚持“全面预防，积极治疗”的方针，强调“防重于治，防治结合”的原则，提倡生态综合防治和使用生物制剂、中草药对病虫害进行防治；推广健康养殖技术，改善养殖水体生态环境，科学合理混养和密养，使用高效、低毒、低残留渔药；渔药的使用必须严格按照国务院、农业部的有关规定，严禁使用未经取得生产许可证、批准文号、产品执行标准的渔药；禁止使用硝酸亚汞、孔雀石绿、五氯酚钠和氯霉素。外用泼洒药及内服药具体用法及用量应符合水产行业标准规定。

（4）饲料使用准则

饲料中使用的促生长剂、维生素、氨基酸、脱壳素、矿物质、抗氧化剂或防腐剂等添加剂种类及用量应符合有关国家法规和标准规定；饲料中不得添加国家禁止的药物（如己烯雌酚、奎乙醇）作为防治疾病或促进生长的目的。不得在饲料中添加未经农业部批准的用于饲料添加剂的兽药。

（5）农药使用准则

稻田养殖绿色水产品过程中，对病、虫、草、鼠等有害生物的防治，坚寺“预防为主、综合防治”的原则，严格控制使用化学农药。应选用高效、低毒、低残留农药，主要有扑虱灵、甲胺磷、稻瘟灵、叶枯灵、多菌灵、井冈霉素，禁止使用除草剂及高毒、高残留、“三致”农药。稻田养殖使用农药前应提高稻田水位，采取分片、隔日喷雾的施药方法，尽量减少药液（粉）落入水中，如出现养殖对象中毒征兆，应及时换水抢救。

（6）肥料使用准则

养殖水体施用肥料是补充水体无机营养盐类，提高水体生产力的重要技术手段，但施用过量，又可造成养殖水体的水质恶化并污染环境，造成天然水体的富营养化。肥料的种类包括有机肥和无机肥。允许使用的有机肥料有堆肥、沤肥、厩肥、绿肥、沼气、发酵粪等；允许使用的无机肥料有尿素、硫酸铵、碳酸氢铵、氯化铵、重过磷酸钙、过磷酸钙、磷酸二铵、磷酸一铵、石灰、碳酸钙和一些复合无机肥料。

（7）绿色水产养殖中的病害防治

① 创造良好的水体环境，避免与减少病原体的侵入与环境污染。合理选择养殖场地，

必须考虑水源、水质、环境以及防病等条件，养殖池应建在无污染源及没有严重污染的地区，养殖规模应考虑养殖区的生态平衡。

彻底清淤消毒。养殖池有机物和腐殖质要进行消毒、曝晒。

控制海区及养殖池富营养化水平。首先是控制陆地污染源，禁止向海区排放“三废”，排污企业做到先治理后排放，沿海流域城乡逐步推行生活污水先治理后排放，使沿海环境污染的状况得到有效的控制；其次调整产业结构，控制养殖规模和多品种的综合生态养殖，改善养殖区的生态环境，有效控制疾病传播途径。

重视养殖自身污染。养殖生产应因地制宜做好统一规划，尽量做到统一清淤消毒，对污染排放物做好消毒处理，提倡投喂新鲜及优质配饵，提高养殖者的养殖技术，实现鱼、虾、贝轮混养等综合养殖方式，避免养殖自身污染与净化养殖环境。

良好的水质有稳定和维持养殖池生态平衡的作用。水体中保持一定数量浮游植物，能够有效地向水中提供氧气，吸收有机物转化的营养盐类，并能够提供养殖苗种基础饵料，有利于稳定水温、水质，促进养殖品种生长，同时可以减少养殖品种的互相吞食和生物的应激反应。目前改善水质的主要方法是施肥和添、换水。

光合细菌具有明显的净化水质和改良底质的作用。光合细菌能够吸收利用腐败细菌，分解沉积残饵和排泄物等有机物分解所产生的硫化氢等有害物质，并能与水中致病菌竞争营养盐、抑制病原生物生长，甚至彻底消灭致病细菌，从而达到防止养殖鱼、虾病害发生的目的。光合细菌还有丰富的营养物质，能够作为鱼虾饵料的添加剂。光合细菌用量为 49.5～57.0 L/hm^2（菌液含量为 40 亿个/L），用 10～20 倍水稀释后泼洒，每天投喂 2～3 次，直到养殖产品起捕。

② 应用科学的养殖技术，综合防治病害。放养健康苗种，保持合理放养密度：第一，放早苗，培养健康苗种，以延长养殖时间，有利于改善水质、避开发病时机；第二，苗种中间培育鱼、虾苗，提倡尼龙大棚暂养早苗，经过 20～30 d 的暂养，培育大规格鱼、虾苗种，准确计数放养到养殖池，提高养殖成活率并降低成本，有利于多茬养殖；第三，合理的放养密度，维护养殖池的生态平衡，以达到最佳经济效益。

科学投喂优质饵料，首先是选择优质饵料，以防病从口入；其次是合理、科学的投饵方法。

加强养殖管理，“三分苗种，七分养”，养殖管理是提高经济效益、防止污染与疾病发生的关键所在，日常管理要做到“三勤”，即勤巡塘、勤检查、勤除害。对于疾病要及时监测。在养殖期间，适当使用消毒剂等药物改善养殖环境，预防疾病的发生。

（三）绿色特种养殖

绿色食品特种养殖是指没有被绿色食品种植业、养殖业涵盖的，近些年新兴的养殖业生产是常规养殖的有益补充。下面以蜂、林蛙、鹌鹑为例，介绍特种动物绿色食品生产技术。

1. 蜜蜂饲养及蜂产品加工

蜂产品有些是食品，有些是介于食品和药品之间的保健品，具有明显的保健功能，深受广大消费者青睐。随着人们生活水平的不断提高，对蜂产品的质量要求越来越高，生产无污染的安全、优质、营养的绿色蜂产品显得越来越重要。绿色蜂产品的生产是改变传统的生产方式，按照特定的标准进行生产，对产品实施全程质量控制。在绿色蜂产品的生产过程中，要严格控制农药残留、放射性物质、重金属、有害细菌等对产品的污染，将污染控制在危害人体健康的安全限度之内。

（1）采蜜区的选择

① 采蜜区（放蜂点半径 5 km 范围内）环境条件必须符合中华人民共和国农业行业标准《绿色食品产地环境质量标准》（NY/T 391—2000）。

② 选择在无污染和生态条件良好的地方放蜂，如远离工矿区、公路和铁路干线，避开工业和城市污染源。

③ 蜜粉源充足，且蜜粉源植物花期不使用有害农药或农药残效期已过。

④ 水源无污染，养殖用水中各项污染物质浓度不超过标准要求。

⑤ 生产蜂产品的场所要经常打扫，保持干净卫生，并按要求定期消毒。

⑥ 采蜜区存在有毒蜜粉植物的地区，不应放蜂。主要有毒植物为雷公藤、博落回、藜芦、紫金藤、苦皮藤、钩吻、乌头等。

（2）喂食

① 蜂场工作人员至少每年进行一次健康检查。传染病患者不应从事蜜蜂饲养和蜂产品生产工作。

② 在蜜蜂的采蜜期结束时，蜂巢内必须存留足够的糖蜜和花粉，以备蜜蜂过冬。

③ 在蜜蜂面临饥饿困境的情况下，允许人工饲喂经绿色食品认证的糖浆或糖蜜。

④ 适时补饲或奖饲，设置喂水器并定期清洗消毒，特别是低温阴雨天气要给蜂群巢门喂水。

⑤ 饲喂蜂群的蜂蜜、糖浆、花粉或花粉代用品应经灭菌处理。

⑥ 重金属污染、发酵的蜂蜜、生虫、霉变的花粉或花粉代用品不应用做蜂群饲料。

⑦ 花粉代用品不应添加未经国家有关部门批准使用的抗氧化剂、防霉剂、激素等。

（3）生产器具的选择

① 生产蜂产品的器具必须用无公害材料制作，避免污染蜂产品。例如，摇蜜机应采用不锈钢等材料制作；蜂蜜桶、贮浆瓶、台基条、脱粉器等采用无毒害的塑料、竹、木等材料制作；贮存蜂产品的器具要符合食品卫生要求，贮存的库室要贮备无公害条件和良好的保鲜条件。

② 蜂群的巢脾要无公害。采用无污染的蜂蜡制作巢础；贮存过含禁用药物的蜂蜜巢

脾，应及时淘汰，不再用于生产蜂蜜等产品和化蜡制作巢础，缺脾要暂用的，应在残效期过后。

（4）疾病的预防

① 饲养强群，无病先防，避免蜂群生产期生病。要有充足、优质的饲料，做好保温和降温防暑工作；早春密集群势、喂酸饲料，加强蜜蜂营养，补饲时 50 群饲料中可加 250 g 蜂王浆；适度生产，大流蜜期，隔一天取一次蜜，避免蜜蜂过度疲劳；保持蜂脾相称，实施饮水器喂水；定期更换老劣蜂王；经常淘汰老脾，一般巢脾使用 2 年就要更换。

② 饲养抗病力较强的蜂种。一般生产场可饲养抗病抗螨能力较强的杂种。

③ 消毒蜂具和场所。蜂群生产过程中使用过的蜂具，特别是来自病群的蜂具均应进行彻底消毒后再次使用。可利用日光、灼烧、煮沸、洗涤、铲除等机械或物理方法消毒，也可采用升华硫、高锰酸钾、双氧水、新洁尔灭、生石灰等定期熏蒸、喷洒消毒蜂具、巢脾、仓库，环境用 5%～10%的漂白粉水溶液消毒。

④ 饲料处理。要留有足够越冬的蜂蜜和花粉；不用不明来历的蜂蜜和花粉喂蜜蜂，购买的饲料应确认无污染或进行消毒处理后饲喂蜜蜂。

⑤ 隔离病原。个别蜂群发生病害时，应立即隔离，防止病害传播蔓延。对病蜂群换箱换脾、迁往蜂群活动区范围以外隔离治疗，重病蜂群或重病脾考虑烧毁处理，并对与病群接触过的蜂具、巢脾、环境进行消毒。

（5）疾病的防治

采取上述的预防方法以后，如蜂群仍然染病或大量感染，应立即采取药物治疗的方法，

用药提倡用中草药防治蜂病，如果一定要用兽药防治蜂病的，要做到：

① 应按照农业部 2002 年 9 月发布的《蜜蜂饲养兽药使用准则》（NY/T 5138—2002）中对蜂病防治用药所作的规定，执行使用的药物、剂量和休药期；但其中有关用于防治孢子虫病的甲硝唑，应改用柠檬酸和醋酸。不准使用农业部 2002 年公布的《食品动物禁用的兽药及其他化合物清单》的禁用药物防治蜂病。

② 蜂病要在生产期前 45 d 或生产期后进行药物治疗，蜂螨要在越冬期前、后尽量治疗彻底。

③ 给药提倡干喂，药物拌于花粉或白糖粉中饲喂蜜蜂，预防和治疗用药剂量要有差别，应按照药物使用说明，不超剂量，减少残留。

④ 对欧洲、美洲幼虫病等细菌性疾病可用土霉素等治疗；白垩病等真菌病，可用山梨酸和丙酸钠等治疗；囊状幼虫病等病毒病，可用盐酸金刚烷胺粉、酞丁胺粉等治疗；孢子虫等原虫病，可采取在饲料中添加柠檬酸（预防可用 5 kg 水加 30～50 mL 米醋喂蜜蜂）、饲喂优质花粉、做好保温、通风等防治。蜂螨可用 3%～5%甲酸水溶液喷雾杀除或大蜂螨用挂氟胺氰菊酯条和氟氯苯氰菊酯条交替使用杀除；小蜂螨用升华硫熏蒸或沾脾方法杀除。

（6）蜂蜜收获处理

① 可以利用吹风赶走蜂或烟雾发生器把蜜蜂从蜂箱中赶出去，尽量不使用化学驱逐剂。

② 蜂箱管理和采集蜂蜜的方法，应当以保护蜂群和维持蜂群为目标，采集完蜂蜜以后不得毁掉蜂群。

③ 蜂蜜提取设施必须杜绝蜜蜂进入，从而防止蜜蜂偷食蜂蜜以及疾病的传播。

④ 接触蜂蜜的所有材料表面，应当是不锈钢、玻璃、陶瓷、搪瓷等耐腐蚀材料，或用蜂蜡覆盖，或用食品和饮料包装中许可的涂料刷，并用蜂蜡覆盖。

⑤ 提取设施应当光亮如新并配有清洗设施。这些清洗设施每天提供大量新鲜、干净的热水，供设备清洗。

⑥ 蜂蜜处理房间的墙和地面必须密封好，以防止害虫和鼠类的入侵。提取设施应避免受到苍蝇等害虫的影响。

⑦ 摇蜜室和包装室应全部密封，不受害虫侵扰。

总之，绿色蜂产品原料生产应符合《绿色食品农药使用准则》（NY/T 393—2000）、《绿色食品饲料及饲料添加剂使用准则》（NY/T 471—2001），《绿色食品兽药使用准则》（NY/T 472—2001）等的有关要求。实施从产前的环境监测开始，到蜂产品原料生产全过程的质量控制，使生产的蜂产品原料质量指标符合《绿色食品蜂产品》的质量要求，满足国内外用户要求，使绿色食品蜂产品成为信用度越来越高的安全保健食品。

2. 绿色食品林蛙的养殖

林蛙即所说的哈士蟆，我国主要有中国林蛙和黑龙江林蛙，在我国东北三省广泛分布。由于林蛙所独有的营养价值和药用价值，尤其是蛙油在国内外市场更是走俏，目前处于供需严重失衡状况。为保证适时提供数量充足、规格整齐、体质健壮、生长迅速的优良品种，必须采取人工繁殖的方法进行林蛙苗种的生产。

所谓林蛙的人工繁殖是指采用人工的方法，促进雌雄亲蛙达到性成熟并交配，使受精卵在一定的人为条件下发育，孵化出蛙苗。因此，林蛙人工繁殖，包括亲蛙选择、运输、强化培育、催情、交配、产卵、受精卵孵化等一系列过程。

（1）亲蛙选择标准

① 年龄：选择 3～4 龄的蛙做亲蛙。

② 规格：雌蛙体长 7.5 cm 以上，体重 50 g 以上；雄蛙体长 6 cm 以上，体重 40 g 以上。

③ 体质：体表光滑湿润，分泌物多；无病、无伤、无畸形，外形完整，活力旺盛；品质优良，具有典型林蛙特征的个体。

（2）选择亲蛙时间

亲蛙的选择工作，最好在每年初春，林蛙抱对产卵之前一个月左右，也可在晚秋，林蛙即将进入冬眠之前。

（3）亲蛙的强化培育

春天气温升至10℃左右时林蛙即从冬眠中复苏，开始鸣叫。这时要将林蛙从越冬池中取出，按雌雄比例 1∶1 放置于产卵池中抱对产卵。亲蛙的培育池面积不宜过小，每个池的面积以20～30 m^2 为宜，视生产规模可建一个或若干个。池水的深度不必一致，以10～40 cm 为宜。其中10 cm 左右的浅水和40 cm 左右的深水面积各占一半为好。亲蛙的放养密度为3对/m^2，产卵池中要设置隐蔽物，池底要求平坦、无污泥。产卵高峰期为凌晨4～5点，白天一般不产卵。

（4）人工孵化

人工孵化是在专用的孵化池中进行，避免了各种不利条件的危害和影响，大大提高了孵化率。

蛙卵产出后，卵团吸水膨胀，隔2～3 h 后，可以捞出放于孵化池中进行孵化，不是同一天产的卵不可放于同一池中孵化。应注意卵团不能捞出太早，否则会影响受精率。孵化池要求水质清新、无污染、溶氧充足，池底要干净无污泥，若卵团沾有污泥后会影响孵化率。孵化池水深在20 cm 左右，白天可适当降低水位，有利于水温上升，缩短孵化时间。卵团孵化后期，蝌蚪已基本成形，这时不能进行移动或运输。如果移动或运输会造成蝌蚪提前出膜，产出畸形蝌蚪，影响蝌蚪成活率。每平方米可投放受精卵团10～15团，8 000～15 000粒卵；送卵操作要轻而快；池水保持微流动和交换，水温保持在18～24℃，如果是静水孵化，应每隔6 h 更换1/4老水，新注入的水与原池中水的温差，不要超过2℃。及时做好孵化记录。

（5）蝌蚪培育

卵团经过5天左右时间的孵化，蝌蚪就会陆续从卵胶膜中出来，这时的蝌蚪以自身的卵黄为营养，不需要喂食。蝌蚪出膜一周后即开始投喂人工饵料，开始以泼洒豆浆、蛋黄浆为好，以后逐渐投喂煮熟的玉米粉、麸皮、青菜、鱼粉、猪肺等饲料。前期以植物性饲料为主，动物性饲料为辅，后期以动物性饲料为主植物性饲料为辅。植物性饲料有利于蝌蚪个体的生长，动物性饲料有利于蝌蚪的发育变态。蝌蚪的饲养密度前期以 1 000 只/m^2 为宜，以后随着蝌蚪的长大要根据蝌蚪的大小进行分池，降低密度。分池时同样大小的蝌蚪在同一池中饲养。前期投喂饵料每天一次，投入量以池中略有剩余为宜，不能过多或过少，过多则在水中腐败变质影响水质，过少则蝌蚪不能吃足影响生长发育。后期每天投喂两次，投入量也以池中略有剩余为好。饲料中蛋白质的含量要逐渐增加。从开始投喂饵料以后要经常换水，并要定期消毒。蝌蚪经过 30 天左右的养殖，就开始长出后肢进入变态期，以后再逐渐长出前肢。鳃开始萎缩，逐渐改用肺呼吸，尾巴逐渐变短直至消失，此时变态成幼蛙，在陆地生活。

蝌蚪生活环境应符合《绿色食品产地环境质量标准》（T 391—2000），蝌蚪饲料生产应符合《绿色食品农药使用准则》（NY/T 393—2000）、《绿色食品饲料及饲料添加剂使用准则》（NY/T 471—2001），《绿色食品兽药使用准则》（NY/T 472—2001）等有关要求。

（6）幼蛙培育

所谓幼蛙的培育是指完全变态后的当年培育过程。林蛙的幼蛙和成蛙可在池塘进行常规密度人工投饵养殖，也可用其他形式，例如，封沟养殖、湖泊沼地养殖、稻田养殖和温室大棚养殖等。在此，仅介绍池塘常规密度人工投饵养殖技术。

① 幼蛙。幼蛙培育池与亲蛙和成蛙池一样，需设防逃障碍，防逃障碍距池岸 5～6 m 或更远一些，以便幼蛙有陆地上的觅食和活动场所。水池深 10～50 cm 即可，水可有深、有浅，水温以 20～30℃为宜。防逃障内的陆地植被越浓密越好。

② 清塘消毒。放养前，要用生石灰或漂白粉等彻底清塘消毒，清除水体中各种敌害和病菌。如果是新建的水泥池，应进行脱碱处理。待清塘 7～10 天后，药物毒性消失或脱碱处理完毕，方可放养。

③ 幼蛙放养密度。幼蛙放养密度，根据环境条件、人工饵料保证程度、天然丰富程度，以及越冬前预期长成规格等灵活掌握。一般刚登陆的幼蛙，放养 200 只/m^2；登陆 2 个月左右，每平方米放养 80～100 只。

④ 饲养管理。刚变态的幼蛙，靠吸收尾巴的营养来生活，不需要投喂饵料，幼蛙的尾巴完全吸收以后，要开始投喂 2～3 月龄的小黄粉虫或 1～2 日龄的蝇蛆，并且用灯光引诱天然昆虫为辅助饵料。投喂时间为早晨和傍晚各一次，投喂量以场地中略有剩余为宜。并注意不要投进水坑中。幼蛙进池后，每天要根据场地中土壤的情况及时洒水，场地中既要保持潮湿但又不能有太多的积水，同时洒水的时间也要与投喂饵料的时间相隔 2 h 左右。阴天、雨天可少洒水或不洒水，晴天多洒水，炎热的夏季每天要洒 2～3 次水。投喂的饵料要保持清洁，同时饵料也要多样化，不能单一。每天要进行巡池，观察蛙的生长情况，以及是否有敌害、逃逸等情况，发现问题及时补救。林蛙的主要敌害有鸟、鼠、蛇等，以鼠害最为严重。

（7）成蛙饲养

近年来，人工养殖林蛙的养殖户迅速增多，高效的林蛙家养技术，使林蛙由野生捕获生产变为人工养殖生产。越冬后的幼蛙亦称蛙种，无论从形态上还是从生理上，都已与成蛙无太大的差异。将解除冬眠的幼蛙放养到成蛙养殖池中，经过从解除冬眠，至当年年底，基本上达到商品蛙规格。

池塘成蛙养殖，在池塘条件、水温、水位、水质、投饵次数、时间、方法、日常管理等方面，与幼蛙的池塘养殖相同。

（8）病害及防治

蛙病和鱼、禽、畜疾病一样，既要治疗，又要预防，两者兼备。可按《绿色食品动物卫生准则》（NY/T 473—2001）标准要求进行，做到防治结合，减少蛙病发生和提高蛙成活率，是保证安全快长的重要措施。

在预防措施上，既要注意消灭传染病的来源，尽可能切断传染和侵袭途径，又要提高蛙体自身的抗病力，采取综合性的预防措施，才能达到预防效果。

在治疗措施上，要能够正确诊断，对症下药，可参照《绿色食品兽药使用准则》（NY/T 472—2001）标准，使用治疗药品，能达到治疗除病的目的。

（9）林蛙养殖中应注意的问题

❖ 加强放养场地的巡视和看护。

❖ 加强蝌蚪期的饲养管理。

❖ 增加放养地的昆虫密度。

❖ 控制非放养蛙类的数量。

❖ 做好越冬保护。

3．绿色食品特禽养殖

特禽是我国养禽业中的重要组成部分，是特种经济禽类的简称。它泛指具有较高的特殊的经济价值和用途的禽类。主要包括鹌鹑、肉鸽、观赏鸽、鹧鸪、乌骨鸡、雉鸡、贵妇鸡、斗鸡、榛鸡、鸵鸟、鸸鹋、野鸡、孔雀、八哥等。根据不同的经济用途，特禽一般可分为蛋用型、野味型、肉用型、药用型、玩赏型、鸣叫型、军体型、狩猎型、羽毛型、标本型、肥肝型、实验型等。特禽的生物学特点决定了其对生态环境与动物营养需求等的特殊性。因此，在生产过程中尽管原则相同，但还要因特禽种类而进行生产与饲养。由于篇幅有限，在此仅介绍绿色食品鹌鹑养殖技术。

鹌鹑肉是高蛋白、低脂肪食品，适宜肥胖型高血压患者食用，味鲜美，芳香可口。同时，其肉质细嫩，营养全面，据分析测定，鹌鹑肉的能量、蛋白质、铁、钙、磷都比鸡肉高，胆固醇也较低，鹌鹑蛋具有较高的营养价值和药用价值，据研究，鹌鹑蛋的组成物质比鸡蛋丰富而且纯度高，其中蛋白质比鸡蛋高 3%，铁比鸡蛋高 46.9%，维生素 B_1 和维生素 B_2 分别比鸡蛋高 20%和 188.3%，核黄素等比鸡蛋高 2～3 倍，是一种很好的营养补品，对于幼儿发育和病人补养极为适宜。

随着人们生活水平的不断提高，对鹌鹑肉、蛋产品的需求越来越多，生产无污染的安全、优质、营养的绿色鹌鹑肉、蛋产品显得越来越重要。绿色鹌鹑产品的生产是改变传统的生产方式，按照特定的标准进行生产，对产品实施全程质量控制。

（1）鹌鹑舍的基本要求

① 鹌鹑舍应尽可能接近住宅，以便于饲养管理，但环境要幽静。

② 选择阳光充足的地方，最好建南向或东南向的鹌鹑舍。

③ 鹌鹑舍周围的墙以砖墙为好。

④ 窗户镶玻璃，外罩铁丝网（1.5 cm 网眼）。如鹌鹑舍进深在 4.5 m 以下，屋顶可用单坡式；如进深大，则可选取双坡式等。屋顶最好铺瓦，并设吊顶。顶棚高度以 2～2.7 m

为宜。顶棚上设置通风窗，窗的上部装上孔眼为 1.5 cm 的铁丝网，下部安装木板拉门，以调节室内空气、温度和湿度。

⑤ 地面以水泥地为好，做好防鼠工作。

⑥ 注意排水沟和排水道的合理设置。

（2）雏鹑的饲养

① 雏鹑个体小，出壳时仅 7～8.5 g 重，加之体温偏低，所以，必须重视科学的饲养，才能确保其生长迅速，发育良好。

② 要勤于检查与调整室内温度、湿度、通风、光照：初生雏在孵化器中的温度为 37～38℃，因而，在育雏器中，应保持在 35℃，鹑舍温度保持在 25℃左右。随着日龄的增加，育雏器温度逐渐下降，最低不应低于 30℃，舍温控制在 20～25℃。舍内应保持 60%～65% 的相对湿度。

③ 饲养密度：饲养密度适宜才会提高成活率，降低饲养成本。饲养密度过大，成活率较低，生长缓慢，长势不齐；密度过小，成本加大。一般来说，1～6 日龄 180～240 只/m^2，7～13 日龄 140～170 只/m^2，14～20 日龄 100～130 只/m^2 较为适宜。单层可密些，种用雏鹑可稀些；冬天可密些，夏天可稀些。

④ 饮水。是雏鹑饲养技术中最重要的一环。需预先在笼中放好饮水器，1～3 日龄时用温水。雏鹑开始饮水后，水箱不能断水，否则招致抢水暴饮而拉稀。饮水应充足供应，畜禽饮用水及加工用水应符合《生活饮水卫生标准》（GB 5749—85）。

⑤ 开食。雏鹑出壳后 24～36 h 即可开食。一般在饲槽内放饲料，雏鹑自己会寻觅食物，一般每天喂食 6～8 次。

⑥ 做好防鼠害、兽害和防煤气中毒工作。

⑦ 定期称测体重与检查羽毛生长情况，做好各项记录和统计报表。

（3）鹌鹑育成期的饲养

鹌鹑育成期的饲养是指 15～35 日龄（蛋用鹑）或 40 日龄（肉用鹑）仔鹑的饲养管理。种用仔鹑均实行限制饲喂。肉用仔鹑（含淘汰的种用仔鹑）至育成期结束时上市。公鹑性成熟早于母鹑 10～14 天，但体重低于母鹑，至 40 日龄左右便有交配行为，其标志还表现在泄殖腔腺已发达并分泌泡沫状物。种用仔鹑多在 5～6 周龄进行选种，编号登记后转入种鹑舍。肉用鹑基本上采用蛋用鹑的管理原则，即前期平养，20 日龄后笼育，也有的于 25 日龄后再转入育肥笼育肥。其笼高 12 cm，80 只/m^2，暗光照，笼顶采用纱布或塑料网。饲粮中可适当掺加能量与油脂饲料。在管理上应注意保暖和保持安静，严防各种应激而致惊鹑群，公母鹑应分笼饲养，定期饲喂，喂后遮暗，为此可采用间歇光照制，即 1 h 照明、3 h 黑暗，可获得较高活重、成活率，降低料肉比。整个饲养期要严格按《绿色食品动物卫生准则》（NY/T 473—2001）标准进行，要使用绿色食品原料或严格按《绿色食品饲料及饲料添加剂使用准则》（NY/T 471—2001）标准进行喂食。

（4）产蛋母鹑的管理

① 转群。育成母鹑至35～40日龄，约有2%已开产蛋时应予转群，以熟悉新环境。最好在夜间进行转群，及时供应饮水和种鹑饲料，保持安静。在转群的同时，按种鹑要求再进行一次严格选择。

② 产蛋规律与利用年限。产蛋鹑每天产蛋的时间主要集中于午后至晚上8点前，而以下午3点、4点为最多。在笼养情况下，种母鹑利用年限为1～2年，但一般多采取"年年清"，育种场可利用2～3年，但实践中采种时间仅利用8～10个月，以确保种蛋质量。商品蛋鹑仅利用10～12个月。生产中应主要考虑产蛋量、种蛋合格率、受精率及其经济效益和育种价值。

③ 强制换羽。如利用第2个产蛋周期，需实行人工强制换羽。一般自然换羽时间长，换羽慢，产蛋少且不集中。可采用停料4～7天、黑暗，迫使产蛋鹑迅速停产，接着脱落羽毛，然后，逐步加料使之迅速恢复产蛋。从停饲到恢复生产仅需20天。饮水不可中断。必须淘汰病、弱个体。

④ 日常管理要点。要保持饲料与饮水的正常供应，并据产蛋率、气温调整饲粮；防止子宫外翻，注意控制体重与膘度；在夜间与早晨各集蛋1次，应采用蛋托分装，防止堆压破损；防止各种应激，严防兽害；做好日常记录和统计报表工作；饲养要求可按《绿色食品动物卫生准则》（NY/T 473—2001）执行。

（5）疾病防治

鹌鹑本身对多种传染病具有一定的免疫性，所以，患病情况不多。平时鹌鹑饲养管理要清洁卫生，饲养密度适宜，饲料配方各种营养成分要注意营养平衡，避免疾病的发生，尤其是传染病流行快、难以治疗，死亡率高。因此，平时应做好预防疾病的工作。一旦有病害、疫情发生，要按照《绿色食品兽药使用准则》标准进行用药治疗。

技能训练

【训练项目】畜禽绿色食品生产技术

【训练目标】通过参与生产实践，进一步熟悉生产技术规程，掌握畜禽类绿色食品生产对环境条件的要求、对饲料及饲料添加剂的要求、绿色食品生产疾病控制方法等技能

【训练场所】校内或校外绿色食品生产基地

【训练要求】结合当地生产，全程参加某一畜禽的绿色食品生产管理

1. 结合生产实际，按照畜禽类绿色食品生产技术要点和本动物的绿色食品生产技术规程严格进行生产管理。

2. 根据已掌握的资料，一边参加生产实践，一边总结经验，写出实际生产操作规程。

3. 生产操作规程要按正规格式书写，要求用词简练，各项措施要具体、实用、可操作性强。在多种措施中只选用当地最适用的一种。

4. 分别介绍自己制定的操作规程，其他学生提出修改意见。指导教师点评、总结，提出共性的问题。然后学生再次分别修改自己制定的操作规程。

【训练考核】结合实际，每人制定一份畜禽绿色食品生产技术操作规程

三、绿色食品加工业生产

农产品加工业作为连接初级农产品与最终消费的中间环节，它的进一步发展不仅关系到直接满足最终消费的需要，而且关系到农业发展的中间需求，使种、养、加构成一个有机的整体，这对农业产业结构调整具有重要作用。另一方面，农产品加工业的发展，可以有效地提高初级产品的附加值，有助于增加农民收入，可以有效地提高农业整体效益和竞争力。从未来的发展趋势看，今后各国农业竞争，不仅是初级农产品和单一产品的竞争，更重要的是农产品加工在内的完整的产业体系的竞争。因此，发展绿色食品加工业势在必行。

（一）绿色食品加工的原则

1. 绿色食品加工开发的基本原则

（1）绿色食品加工开发的安全性原则

饮食是人类社会生存发展的第一需要。俗话说“病从口入”，食品中如含有可能损害或威胁人体健康的有毒、有害物质或因素，将导致消费者急性或慢性毒害或感染疾病，或产生危及消费者及其后代健康的隐患。安全是绿色食品的一个显著特点，它要求在绿色食品生产、加工、储运等全过程中确保绿色食品的安全可靠。绿色食品的安全性是对消费者在食物链的所有阶段的一种担保。因此，在绿色食品加工开发中应把食品安全性放在首位。

（2）绿色食品加工开发的“三绿”原则

加工制造业是制造人类财富的支柱产业，同时又是环境污染的主要源头之一。“绿色浪潮”的兴起，源于人们渴望无污染或污染最小的放心消费，因而逐渐引申出绿色食品加工开发的绿色技术、绿色设计、绿色制造的概念。

① 绿色技术。从环境上来讲，它与环境保护技术相结合，是预防和治理环境污染的环保技术，包括清洁生产技术、治污技术、无公害化或少公害化技术；从生态学来讲，它是生态技术、生态农业、生态企业、生态工艺等协调发展的生物与环境结合的技术。从生态经济来讲，它是环保价值与经济价值的统一，并利用现代科技的全部潜力实现生态上安全与经济上繁荣两个项目，利用绿色技术生产出来的产品有利于人类公共的福利，有利于人类文明进步。

要保证绿色食品的质量，就必须在绿色食品加工开发中使用绿色技术，并不断地对绿色技术进行技术创新。绿色技术创新主要体现在以下三个层面上：一是末端治理技术的创新。它不改变现有工艺而直接附加于现有生产过程，但其绿色程度不高。二是绿色工艺创

新。生产过程中采用新的绿色工艺，降低对环境及产品的污染，降低污染程度越高，这种工艺的绿色程度越高，应用价值就越大。三是绿色产品创新。在产品生命周期（设计、制造、销售、消费、报废处理）全过程都能预防和减少环境污染，包括产品更新、生产低废、少废，可回收的产品等内容。

② 绿色设计。绿色设计与传统设计不同，它包括概念设计、生产工艺设计、使用乃至废弃后的回收、重用及处理等内容。其指导思想是从根本上防止污染、节约资源和能源，首先决定于设计。要在设计上就考虑不对环境、产品产生负面作用，或将其控制在最小范围之内或最终消除。

要保证绿色食品的质量，就必须在产品加工开发中采用绿色设计理念并加以实施。绿色设计分四个层次：第一层次为目标层；第二层次为内容层，包括绿色产品的结构设计、环境性能设计、材料选择和资源性能设计；第三层次为绿色设计的主要阶段层，包括生产过程、使用过程、回收处理过程等产品生命周期各阶段；第四层次为设计因素层，即设计应考虑的主要因素包括：时间、成本、材料、能量和环境影响等。

③ 绿色制造。绿色制造的主要原则是强调采用能减轻对环境产生有害影响的制造过程。包括减少有害废弃物和排放物，降低能量消耗，提高材料利用率，增加操作安全性等。简而言之，绿色制造中在不牺牲质量、成本、可靠性、功能或能量利用率的前提下，减少加工活动对生态环境造成的影响。要实现绿色制造的目标，要使用绿色能源，采用绿色制造流程，最终生产出绿色产品。在这个过程中必须考虑能源利用率，绿色材料、绿色制造工艺、设备、生产成本、环境影响等因素。

绿色食品生产必须遵守绿色技术、绿色设计和绿色制造“三绿”策略，才能产出无污染、高质量、安全、高效的产品。

2. 绿色食品加工生产的基本原则

（1）节约能源，循环利用原料，尽可能实现废物资源化原则

绿色食品加工生产应本着节约能源，物质再利用的原则，多层次综合利用，反复循环再利用，既符合环境保护，又符合经济再生产原则。以苹果为例，用苹果制果汁，制汁后剩余皮渣，采用固体发酵生产乙醇，余渣还通过微生物发酵生产柠檬酸，再从剩下的发酵物中提取纤维素，生产粉状苹果纤维食品，作为固态食品的非营养性有机填充物。剩下的废物经厌气性细菌分解产生沼气。按照此原则生产，既提高了经济效益，又减少了废物，从而提高了社会价值和经济价值。

（2）绿色食品加工生产中要保持食品的天然营养特性原则

绿色食品加工中，要采取一系列加工工艺，防止产品的营养流失、氧化、溶解，最大限度地保留其营养价值及食品天然的色、香、味。例如，加工果汁时，将其香味物质回收，并回归果汁中以保持原风味，对加工过程中，如维生素，易于破坏、失效，失去保健价值的原料，应取特殊工艺，如贮藏保鲜、低温加工工艺、冷冻、冻干等，进行保质、保价，

从而达到绿色食品具有“自然、优质、营养”的特点。

(3) 绿色食品加工生产过程中严控可能的污染源的原则

绿色食品加工过程中，原料的污染，不良的卫生状况，有害洗涤液，劣质添加剂，机械设备、材料及生产人员操作失误等，都可造成最终的产品污染。因此，对每一个加工环节、步骤都必须严格控制。

① 原料：绿色食品加工用的主要原料必须经过中国绿色食品发展中心的认证的绿色食品或有机食品生产原料，辅料也尽量使用已认证的产品。

② 企业：绿色食品加工企业须经过认证机构和人员的考察，地理位置适宜，建筑布局合理，具有完善的供排系统，良好的卫生条件，严格的管理制度，以保证生产过程中免受外界污染。

③ 设备：加工设备选用对人体无害的材料制成，特别是与食品接触部位，必须对人体无害。

④ 工艺：必须科学合理，不能发生交叉污染。选用天然添加剂及无害的洗涤液，尽量采用先进技术、工艺、物理加工方法，杜绝添加剂、洗涤液污染食品的机会。还可用物理、生物办法进行保鲜、冻干、冷冻、防腐，改善食品风味。

⑤ 储运：使用安全的贮藏方法和容器，防止使用对人体有害的贮藏方法和容器，保持贮运后的品质。

⑥ 生产人员：绿色食品生产人员必须具备生产绿色食品的知识，并且素质好、责任心强，避免人为污染，以保证食品安全。

(4) 绿色食品加工生产中不对环境造成污染与危害的原则

绿色食品加工企业实施清洁生产是基本原则，它不仅避免使自己生产的产品受到污染，而且还包括加工过程中不对环境造成污染与危害，这是可持续发展的最基本要求。

如畜禽加工厂要求远离居民区，并有“三废”净化处理设备，加工后的废气、废水、废渣尽可能再循环，多元、多级利用，对废物进行二次开发，使废物资源化，采用无废物生产先进工艺。同时对绿色食品加工生产中不可避免产生的废气、废水和废渣必须经过无害化处理，才能排放，不能对环境造成污染。

总之，绿色食品加工生产一定要贯彻可持续发展、清洁生产和“三绿”原则。绿色食品要求无污染而且生产过程中也不能对环境产生污染。

(二) 绿色食品加工过程的质量控制

绿色食品的加工必须按可持续发展、清洁生产和“三绿”原则，严密筹划、设计、加工、管理、贮运，力求做到保质、保量、保安全、无公害、无污染。这就要求必须对绿色食品加工过程进行全程质量控制，这种质量控制要从以下几方面抓起。

1. 绿色食品加工的环境条件

加工企业的外部环境和厂内的卫生环境是直接影响产品质量的关键所在。绿色食品加工企业一定要选好厂址，还要严格按食品加工卫生规范，改善自身卫生等条件，保证产出全优产品。

（1）绿色食品加工企业的厂址、车间和仓库的要求

① 厂（场）址的选择。食品中某些生物性或化学性污染物质常来自空气或虫媒传播。无论是新建、扩建或改建的食品加工企业，在选择厂址时，除符合整个规范区域规划外，首要任务是防止环境对企业的污染。要选水源充足，交通方便、无有害气体、烟雾、灰尘、放射性物质及其他扩散性污染源的地区。要远离重工业区，必须在重工业区选址时，要根据污染范围设 500～1 000 m 防护带；要距畜牧场、医院、粪场及露天厕所等污染源 500 m 以外；在居民区选址，25 m 内不得有排放尘、毒作业场院所及暴露垃圾堆、坑；企业应位于其他工厂或污染区全年主导风向的上风头，至少远离该污染源烟囱高度 50 倍以上。同时也要防止企业加工生产对环境和居民区的污染。一些食品企业排放的污水、污物可能带有致病菌或化学污染，污染居民区。因此屠宰厂、禽类加工厂等单位一般远离居民区。其间可根据企业性质、规模大小，按《工业企业设计卫生标准》的规定执行，最好在 1 km 以上。其位置应位于居民区主导风向的下风和饮用水源的下游，同时应具备“三废”净化处理装置。

为了满足企业生产需要的地理条件。还应考虑以下几点：

第一，地势高燥。为防止地下水对建筑物墙基的浸泡和便于废水排放，厂址应处于地势较高，并具有一定坡度的地区。

第二，水资源丰富、水质良好。食品加工企业需要大量生产用水，建厂必须考虑水源水质及供水量。用于绿色生产，容器设备洗涤的水必须符合国家饮用水标准。使用自备水源的企业，需对地下水丰水期和枯水期的水质、水量经过全面的检验分析，证明能满足生产需要后才能定址。

第三，土壤清洁，绿化环境。清洁的土壤在受到有机物污染时，可借助细菌和空气中氧的作用，使其无害化和无机化。

企业通过绿化改善气候，美化环境，减少灰尘，减弱噪声，完整的绿化是防止污染的天然屏障，所以企业厂址应选择在土壤清洁适于绿化的地方。

第四，交通方便。为了方便食品原、辅料和食品产品的运输，加工企业应建在交通方便但与公路又有一定距离的地方，以免尘土飞扬造成污染。

② 车间和仓库环境。食品企业应有与产品种类、产量、质量要求相适应的原料及原料处理、加工、包装、贮存场所及配套的辅助用房、锅炉房、化验室、容器洗消室、办公室和生活用房（食堂、更衣室、厕所等），锅炉房建在车间的下风口，厂内各车间，应根据加工工序要求，按原料、半成品、制成品，保持连续性，避免原料和成品、清洁食品与

污染物交叉污染，合理布设，并达到相应的卫生标准；厂内不得设置职工家属区，不得饲养家畜，不得有室外厕所。

（2）绿色食品加工企业的清洁生产与工厂的卫生管理要求

清洁生产是在产品生产过程和产品预期消费中，要合理利用自然资源，把对人类和环境的危害减至最小，充分满足人们的需要，是社会、经济效益最大的一种生产方式；是将污染整体预防战略持续地应用于生产全过程，通过不断改善管理和技术进步，提高资源综合利用率，增加生态效率，减少污染物排放以降低对环境和人类的危害；对生产过程而言，清洁生产的要求包括节约原材料和能源，淘汰有毒原材料并在全部排放物和废物离开生产过程以前减少它的数量和毒性；对产品而言，清洁生产策略旨在减少产品在整个生产周期（包括从原料提炼到产品的最终处置）中对人类和环境的影响；对服务而言，清洁生产要求将环境因素纳入设计和所提供的服务中。清洁生产也就是指将综合预防的环境策略持续地应用于生产过程和产品中，以便减少对人类和环境的风险性。是表现从原料、生产工艺到产品使用全过程的广义的污染防治途径。清洁生产不包括末端治理技术，如空气污染控制、废水处理、固体废弃物焚烧或填埋，它可通过应用专门技术、改进工艺技术和改变管理态度来实现。

我国在“中国 21 世纪议程”中指出：清洁生产是指既可满足人们的需要，又可合理使用自然资源和能源并保护环境的实用生产方法和措施。其实质是一种物料和能耗最少的人类生产活动的规划和管理，将废物减量化、资源化和无害化，或消灭于生产过程中。总之，清洁生产是时代发展的需要，是世界工业发展的一种大趋势，是相对于粗放的传统工业生产模式的一种方式。概括地说就是低消耗、低污染、高产出，是实现经济效益、社会效益与环境效益相统一的 21 世纪食品工业生产的基本模式。

由此可见，绿色食品生产企业首先要达到清洁生产的要求，保证在获得最大经济效益的同时，使产品工艺，产品生产达到清洁化的无废工艺，以保证产品质量。为此应采取以下措施：

① 建立卫生规范。工厂应根据本厂的实际情况及国家有关标准，制定卫生规范和实施细则，以便按规章严格管理。要求在工厂和车间配备经培训合格的专职卫生管理人员，按规定的权限和职责，监督全体工作人员对卫生规范的执行情况。

② 地面、墙壁的处理。为了便于卫生管理，清扫、消毒，房屋建筑在结构上，天花板应使用沙石灰或水泥预制件材料构成，要求防漏、防腐蚀、防霉、无毒并便于维修保养。车间内地面需用耐水、耐热、耐腐蚀的水磨石等硬质材料铺设，要求有一定的倾斜度，以便于冲刷、消毒，地面要有排水沟。车间墙壁要被覆一层光滑、浅色、不渗水、不吸水的材料，离地面 1.5～2 m 的部分要铺设瓷砖或其他材料的墙裙，上部用石灰水、无毒涂料或油漆涂刷，必须平整完好；并设有防止鼠、蝇及其他害虫侵入、隐匿的设施。

③ 车间、仓库内卫生。天花板、墙壁、地面无尘埃、无蚊蝇、无蜘蛛滋生，干燥、

通风。仓库内物品堆放整齐，原料与成品，绿色食品与非绿色食品，在生产与贮存过程中必须严格区分开来。加工绿色食品的库房、运输车必须专用。

④ 卫生设备。产品车间必须有以下设备：

第一，通风换气设备，分自然通风与设备通风两种，必须保证足够的换气量，以驱除生产性废气、油烟及人体呼出的二氧化碳，保证空气新鲜。

第二，照明设备。分为自然照明与人工照明两种。自然照明要求采光门窗与地面的比例为1∶5；人工照明要有足够的照度，一般为50 lx（勒克斯），检验操作台应达到300 lx（勒克斯）。

第三，防尘、防蝇、防鼠设备。食品必须在车间内制作，原料、成品必须加苫盖，生产车间需装有纱门、纱窗。在货物频繁出入口可安排风幕或防蝇道，车间外可设捕蝇笼或诱蝇剂等设备，车间门窗要严密。

第四，卫生通过设备。工业企业应设置生产卫生室，工人上班前在生产卫生室内完成个人卫生处理后再进入生产车间。生产卫生室内按每人0.3～0.4 m^2设置，内部设有更衣柜和厕所，工人穿戴工作服、帽、口罩和工作鞋后先进入洗手消毒室，在双排多个、脚踏式水龙头洗手槽中用肥皂水洗手，并在槽端消毒池盆中浸泡消毒。冷饮、罐头、乳制品车间还应在车间入口处设置低于地面10 cm、宽1 m、长2 m的鞋消毒池。

第五，工具、容器洗刷、消毒设备。绿色食品企业必须有与产品数量、品种相应的工具、容器洗刷消毒车间，这是保证食品卫生质量的主要环节。消毒间内要有浸泡、刷洗、冲洗、消毒的设备，消毒后的工具、容器要有足够的贮存室，严禁露天存放。

第六，污水、垃圾和废弃物排放处理设备。食品企业生产、生活用水量很大，各种有机废弃物也很多，在建筑设计时，要考虑安装污水与废弃物处理设备，使排出的废气、废水符合国家有关环境保护规定的排放标准。为防止污水反溢，下水管道直径应大于10 cm，辅管要有坡度。油脂含量高的沸水，管径应更粗一些，并要安装除油装置。

2．绿色食品生产企业加工设备的要求

用于绿色食品加工的设备材质应优先选择不锈钢、尼龙、玻璃、食品加工专用塑料等制造。食品工业中利用金属制造食品加工用具的品种日益增多，国家允许使用铁、不锈钢、铜等金属制造食品加工工具。铜、铁制品毒性小，但易被酸、碱、盐等食品腐蚀，且易生锈。不锈钢食具也存在铅、铬、镍向食品溶出的问题。所以要注意合理使用铜铁制品，并要严格执行不锈钢食具食品卫生标准和管理办法。

食品加工过程中，使用表面镀锡的铁管、挂釉陶瓷器皿、搪瓷器皿、镀锡铜锅及焊接的薄铁皮盘等，都可能导致食品含铅量大大提高。特别是在接触pH较低的原料或添加剂时，铅更容易溶出，会对人体健康造成危害。镉和砷的危害主要来自电镀制品，砷在陶瓷制品中有一定含量，在酸性条件下易溶出。因此，在选择设备时，首先应考虑选用不锈钢材质的。在一些常温常压、pH 中性条件下使用的器皿、管道、阀门等，可采用玻璃、铝制品、聚乙烯或其他无毒的塑料制品代替。食盐对铝制品有强烈的腐蚀作用，使用时应特别注意。

加工设备的轴承、枢纽部分所用润滑油部位应全封闭，并尽可能用食用油润滑。机械设备上的润滑剂严禁使用多氯联苯。

食品机械设备布局要合理，符合工艺流程，便于操作，防止交叉污染。食品加工设备要设有观察口，并便于拆卸修理，管道转弯处呈弧形以利冲洗消毒。

生产绿色食品的设备应尽量专用，不能专用的应在批量加工绿色食品后再加工常规食品，加工后要对设备进行必要的清洗。

3. 绿色食品的生产加工要求

（1）绿色食品加工对原料的要求

① 绿色食品加工原料的选择。

原料是发展食品工业的基础。现代先进的食品工业对原料的质量与来源提出了严格的要求。绿色食品加工的原料应有明确的原产地及生产企业或经销商的情况。相对固定和良好的原料基地能够保证加工企业所需原料的质量和数量。有条件的绿色食品加工企业应逐步建立自己的原料基地，这种集团或生产经营方式，十分适合绿色食品加工业的发展。

绿色食品主要原料的来源必须来自绿色食品的生产基地，主要原料成分都应是已被认定的绿色食品。各绿色食品加工企业与原料生产基地之间，要有供销合同及每批原料都要有供售单据；生产绿色食品的辅料也必须符合有关卫生标准。如辅料的盐，应有固定来源，并应出具按绿色食品标准检验的权威的检验报告；水作为加工中常见的原料，因其特殊性，不必经过认证，但也必须符合我国饮用水卫生标准，也需要进行检测，出具合格的检验报告。非主要原料若尚无被认证的产品，则可以使用经专门认证管理机构批准的有固定来源并经检验合格的原料。

只有品质优良的原料，才能加工出质量上乘的食品。获准供应原料的企业作为加工环节的第一车间，要求供应的原料新鲜、清洁，才具有更高的营养价值，特别是水果、蔬菜，只有新鲜，维生素含量才会更高，原料的损失才会最少，商品转化率才会更高；绿色食品加工原料必须具备适合人们食用的品质质量，无霉变、无有毒物质、质量上乘的要求，绝不能用任何危害人类健康的原料，要用专用性较强的原料，如加工番茄酱的专用西红柿，要求其可溶性固形物含量高，红色素应达到 2 mg/kg，糖酸比适度等，果汁的加工质量决定性的因素是决定于原料品种成熟度、新鲜度；在绿色食品加工过程中因工艺和最终产品的不同，其原料的具体质量、技术指标要求也不同，但都应以生产出的食品具有最好的品质为原则。只有选择适合加工工艺的品质的原料，才能保证绿色食品加工产品的质量。

绿色食品禁用辐射、微波和石油提炼物和不使用改变原料分子结构或会发生化学变化的处理方法，不能将不适合食用的原料作为可供食用的食物的加工原料。

如果加工过程需要加入添加剂时，其种类、数量、加入方法等必须符合《食品添加剂使用卫生标准》，必须符合《生产绿色食品的食品添加剂使用准则》的要求。不能使用国家明令禁止的色素、防腐剂、品质改良剂等添加剂。允许使用的一定要严格控制用量。禁止使用糖精及人工合成添加剂。

② 绿色食品加工原料成分的标注。

食品标签中必须明确标注原料各成分确切的含量（用%表示），并按成分不同而采取以下方式标注：

◆ 加工品中最高级的成分占 50%以上时，可以由不同标准认证的混合物成分命名。

例如：命名含 A、B 级成分的混合物，A 为最高级成分，必须含 50%以上的 A 级成分；命名含 A、B、C 级成分的混合物，A 为最高级成分，必须含 50%以上的 A 级成分；命名含 B、C 级成分的混合物，B 为最高级成分，必须含 50%以上的 B 级成分。

◆ 如果该混合物中最高级成分不足 50%，则要按含量高的低级成分命名。

例如：含 B、C 级成分的混合物，B 级占 40%，C 级成分占 60%，则该混合物被称为 C 级成分。

绿色食品对此目前尚无规定，但以上的标注方法比较科学，我们可以借鉴。

（2）绿色食品加工工艺要求

① 绿色食品加工原料的预处理。

为了保证加工品的风味和综合品质，必须认真对待加工前原料的预处理。下面以果蔬为例介绍加工原料的预处理方法：

原料的选别与分级。首先是剔除不合乎加工要求的果蔬，包括未熟或过熟的，已腐烂或长霉的果蔬。还有混入果蔬原料内的砂石、虫卵和其他杂质；其次，将进厂的原料进行预先的选择和分级，有利于以后各项工艺过程的顺利进行。选择时，将进厂的原料进行粗选，剔除虫蛀、霉变和伤口大的果实，对残、次果和损伤不严重的则先进行修整后再应用。果蔬的分级包括按大小分级、按成熟度分级和按色泽分级等。

原料的清洗。洗去果蔬表面附着的灰尘、泥沙和大量的微生物以及部分残留的化学农药，保证产品的清洁卫生，从而保证制品的质量。洗涤时常在水中加入盐酸、氢氧化钠等，既可除去表面污物，还可除去虫卵、降低耐热芽孢数量。果蔬的清洗方法可分为手工清洗和机械清洗两大类。

果蔬的去皮。除叶菜类外，大部分果蔬外皮较粗糙、坚硬，虽有一定的营养成分，但口感不良，对加工制品有一定的不良影响。去皮时，只要求去掉不可食用或影响制品品质的部分，不可过度，否则会增加原料的消耗，且产品质量低下。果蔬去皮的方法主要有手工、机械、碱液、热力、酶法、冷冻、真空去皮方法等。

原料的切分、破碎、去心、修整。体积较大的果蔬原料需要适当地切分。生产果酒、果蔬汁等制品，加工前需破碎，使之便于压榨或打浆，提高取汁效率。核果类加工前需去核、仁果类则需去心。有核的柑橘类果实制罐时需去种子。罐藏或果脯、蜜饯加工时，为了保持良好的外观形状，需对果块在装罐前进行修整。

烫漂。将已切分的或经其他预处理的新鲜果蔬原料放入沸水或热蒸汽中进行短时间的热处理，钝化活性酶，防止酶褐变，软化或改进组织结构，稳定或改进色泽，除去部分辛辣味和其他不良风味，降低果蔬中的污染物和微生物数量。但是，烫漂同时要损失一部分营养成分，热水烫漂时，果蔬视不同的状态要损失相当的可溶性固形物。据报道，切片的胡萝卜用热水烫漂 1 min 即损失矿物质 15%，整条的也要损失 7%。另外，维生素 C 及其他维生素同样也受到一定损失。果蔬烫漂常用的方法有热水和蒸汽两种。

工序间的护色。果蔬去皮和切分之后，与空气接触会迅速变成褐色，从而影响外观，也破坏了产品的风味和营养品质。在果蔬加工预处理中所用的方法主要有烫漂护色、食盐溶液护色、有机酸溶液护色、抽空护色等。

半成品保藏。果蔬加工大多以新鲜果蔬为原料，由于同类果蔬的成熟期短，产量集中，一时加工不完，为了延长加工期限，满足周年生产，生产上除采用果蔬贮藏方法对原料进行短期贮藏外，常需对原料进行一定程度的加工处理，以半成品的形式保藏起来，以待后续加工制成成品。目前常用的保藏方法有盐腌保藏、浆状半成品的大罐无菌保藏等。

② 绿色食品加工工艺的特殊要求。

根据绿色食品加工的原则，绿色食品加工工艺应采用先进的工艺，最大程度地保持食品的营养成分，加工过程不能造成再次污染，并且不能对环境造成污染。

绿色食品加工，要最大程度地保持食品原料的营养价值和色、香、味等品质。例如，牛奶的杀菌方法有巴氏杀菌（低温长时间）、高温瞬时杀菌，后者可较好地满足绿色食品加工原则的要求，是适宜采用的加工方式。

绿色食品加工，严禁使用辐射技术和石油馏出物。目的是为了消除人们对射线残留的担心。有机物质的萃取，要采用超临界萃取技术，不能使用石油馏出物作为溶剂，以防有机溶剂的残留。

绿色食品加工，不允许使用人工合成的食品添加剂，但可以使用天然的香料、防腐剂、抗氧化剂、发色剂等。不允许使用化学方法杀菌。

③ 食品加工新技术和工艺。

食品往往含有大量的水分，极容易被微生物侵染而引起腐烂变质，同时由于某些食品本身的生理变化很容易衰老而失去食用价值，因此，食品加工的目的就是采取一系列措施抑制或破坏微生物的活动，抑制食品中酶的活性，减少制品中各种生物化学变化，以最大限度地保存食品的风味和营养价值，延长供应期。

传统的食品加工有以下几种技术和工艺：

a. 干制、糖制：利用蒸发水分、加糖或加盐等方法，增加制品细胞的渗透压，使微生物难以存活，同时由于热处理杀死了食品原料细胞，从而防止了食品的腐败变质。最简单的干制方法是利用太阳的热量晒干或晾干果蔬，如干红枣、葡萄干、柿饼、萝卜干等，但此法得到制品的质量难以保证。现代干燥方法如电热干燥、红外线加热干燥、鼓风干燥、冷冻升华干燥等方法，可进一步提高加工品的质量，保存新鲜原料的风味。食品的糖制产品有果脯、果冻、果酱等。果脯是将原料经糖液熬制到一定浓度，使浓糖液充填到果蔬组织细胞中，烘干后即为成品。果酱是经过去皮、切块等整理的果蔬原料加糖熬制浓缩而成，使制品的可溶性固形物达65%～70%。有些果蔬含有丰富的果胶物质，在其浸出液中加入适量的糖，熬制、浓缩、冷却后可凝结成为光亮透明的果冻。

b．腌制：利用食盐创造一个相对高的渗透溶液，抑制有害微生物的活动，利用有益微生物活动的生成物，以及各种配料来加强制品的保藏性。如酸菜、榨菜、咸菜等。

c．罐藏：将食品封闭在一种容器中，通过加热杀菌后，维持密闭状态而得以长期保存的食品保藏方法。目前，许多水果、蔬菜、肉类、鱼类等都可以制成罐头的形式保藏。

d．速冻：采用各种办法加快热交换，使食品中的水分迅速结晶，食品在短时间内冻结。如速冻水饺、速冻蔬菜、速冻果品等。

e．制汁：果蔬原汁是指未添加任何外来物质，直接从新鲜水果或蔬菜中用压榨或其他方法取得的汁液。以果汁或蔬菜汁为基料，加水、糖、酸或香料等调配而成的汁液。

f．制酒：酒是以谷物、果实等为原料酿制而成的色、香、味俱佳的含醇饮料。

现代食品加工新方法和工艺如下：

a．生物技术：主要包括酶工程和发酵工程。酶工程是利用生物手段合成、降解或转化某些物质，从而使廉价原料转化成高附加值的食品，如酶法生产糊精、麦芽糖，酶法修饰植物蛋白，改良其营养价值和风味。此法还适用于果汁生产中分解果胶，提高出汁率等。发酵工程是利用微生物进行工业生产的生物技术，除传统食品外，在现代食品工业中还取得了许多新成就，例如，美国Kelco公司用微生物发酵法生产黄原胶等。因此，生物技术应用于绿色食品加工中，必将提高绿色食品的品质与产量。

b．工程食品：就是用现代科学技术，从农副产品中提取有效成分，然后以此为原料，根据人体营养需要，重新组合，加工配制成新的食品，其特点是扩大食物资源，提高营养价值。

c．膜分离技术：利用高分子材料制成的半透性膜对溶剂和溶质进行分离的先进技术。包括反渗透、超滤和电渗析。反渗透是借助于渗透膜在压力的作用下，进行水和溶于水中物质的分离，可用于牛奶、豆浆、酱油、果蔬汁的冷浓缩。超滤是利用人工合成膜，在一定压力下，对物质进行分离的一种技术，如植物蛋白的分离提取。电渗透是在外电场作用下，利用一种特殊的离子交换膜，对离子具有不同选择透过性而使溶液中阴阳离子与溶液分离。可用于海水淡化、水的纯化处理。

d．超高压技术：将食品原料填充到塑料等柔软的容器中密封，然后放入到装有净水的高压容器中，给容器内部施加100～1 000 MPa的压力，杀死微生物。高压作用可以避免因加热引起的食品变色、变味，营养成分损失以及因冷冻而引起的组织破坏等缺陷。

e．超临界萃取技术：就是利用在某些溶剂的临界温度和临界压力条件下去分离多组成的混合物。例如，二氧化碳超临界萃取沙棘油，其工艺过程无任何有害物质加入，完全符合绿色食品加工原则。

f. 冷杀菌技术：用非热的方法杀死微生物并可保持食品的营养和原有风味的技术。目前，主要应用的有电离场辐射杀菌、臭氧杀菌、超高压杀菌和酶制剂杀菌等方法。

g．冷冻干燥：就是湿物料先冻结至冰点以下，使水分变成固态水，然后在较高的真空度上，将冰直接转化为蒸汽，使物料得到干燥。如加工得当，多数可长期保存，且原有物理、化学、生物及感官性质不变，食用时加水即可恢复到原有形状和结构。

h. 挤压膨化技术：食品在挤压机内达到高温高压后，突然降压而使食品经受压、剪、磨、热等作用，食品的品质和结构发生改变，如多孔、蓬松等。

总之，只有采取先进、科学、合理的绿色食品加工工艺才能最大限度地保留食品的自然属性、营养和原汁原味的口味，并避免受到二次污染。但先进的工艺必须符合绿色食品的加工原则及《绿色食品加工技术操作规程》，采取先进工艺的加工食品一般有较好的品质，产品标准达到或优于国家标准。例如，果汁饮料杀菌，国内多采用巴氏高温杀菌、添加防腐剂的方法，而国际食品法典委员会规定，果汁饮料应采用物理杀菌方法，禁用高温、化学及放射性杀菌，以达到高营养、好品味、无污染的高标准绿色食品。再如，利用二氧化碳超临界萃取技术生产植物油，即可解决有机溶剂残留问题。为了保留绿色食品的色、香、味，尽量避免破坏固有的营养、风味，在果汁浓缩时，对其香气成分采取回收，能够做到不必加香精就可以恢复原味。而粮谷加工工艺的最佳标准，应为能保持最好的感官性状，高消化吸收率，同时又能最大限度地保留各种营养成分。果蔬加工的产品，既要有很强的适应性、营养丰富，还要最大限度地保留维生素、矿物质营养，为此，可以制成各种制品，如速冻品、干制品、罐制品、制汁、酿造、腌制品、粉制品等。绿色食品加工必须针对产品自身特点，采用适合的新技术、新工艺，提高绿色食品品质及加工率。同时，绿色食品加工中对各项工艺参数指标、加工操作规程必须严格执行，以保证产品质量的稳定性。

（三）绿色食品产品包装、贮运

1. 绿色食品产品包装

绿色食品产品包装是为了在食品流通过程中保护产品、方便贮运、促进销售，依据不同情况而采用的容器、材料、辅助物及所进行的操作的总称。

（1）绿色食品包装的功能

① 保护食品：食品从离开生产厂家到消费者手中，短的要数日，长的达数月，甚至一年以上的时间，要使食品能完好地到达消费者手中，必须进行食品包装。食品包装有防机械损伤、防潮、防污染及微生物、防曝光、防冷、防热等作用。

② 提供方便：绿色食品包装为食品装卸、运输、贮藏、识别、零售和消费者提供方便。

③ 商业功能：通过食品包装装潢艺术，吸引、刺激消费者的消费心理，从而达到宣传、介绍和推销食品的目的。

（2）绿色食品包装的要求

绿色食品包装，要按农业部颁布的《绿色食品包装与标签标准》要求执行。

① 绿色食品包装的基本要求：

一是根据不同的绿色食品选择适当的包装材料、容器、形式和方法。

二是包装的体积和质量应限制在最低水平，包装实行减量化。

三是在技术条件许可与商品有关规定一致的情况下，应该选择可重复使用的包装；若不能重复使用，包装材料应可回收利用；若不能回收利用，则包装废弃物可降解。

四是对纸类包装要求，可重复使用或回收利用或可降解；表面不允许涂蜡、上油；不允许涂塑料等防潮材料；纸箱连接应采取黏合方式，不允许用扁丝钉钉合；纸箱上所作标记必须用水溶性油墨，不允许用油溶性油墨。

五是金属类包装应可重复使用或回收利用，不应使用对人体和环境造成危害的密封材料和内涂料。

六是玻璃制品应可重复使用或回收利用。

七是对塑料制品要求，使用的包装材料应可重复作用、回收利用或可降解；在保护内装物完好无损的前提下，尽量采用单一材质的材料；使用的聚氯乙烯制品，其单体含量应符合 GB 9681 标准要求；使用的聚乙烯树脂或成型品，应符合相应的国家标准要求；允许使用氟氯烃（CFS）的发泡聚苯乙烯（EPS）、聚氨酯（PUR）等产品。

八是外包装上印刷标志的油墨或贴标签的黏合剂应无毒，且不应直接接触食品。

九是可重复使用或回收利用的包装，其废弃物的处理和利用按 GB/T 16716 的规定执行。

十是包装环境条件良好，卫生安全；包装设备性能良好，不会对产品质量有影响；包装过程不对人员身体健康有害，不对环境造成污染。

② 绿色食品包装的尺寸要求：一是绿色食品包装件尺寸应符合 GB/T 4892，GB/T 13201，GB/T 13757 的规定。二是绿色食品包装单元应符合 GB/T 15233 的规定。三是绿色食品包装用托盘应符合 GB/T 16470 的规定。

③ 绿色食品包装的标志与标签：绿色食品外包装上应印有绿色食品标志，并应有明确的使用说明、重复使用、回收利用说明。标志的设计和标注方法按《中国绿色食品商标标志设计使用规范手册》的有关规定执行。

随着市场经济和商品的激烈竞争，标签已成为进行公平交易、商品竞争的内容。它具有引导或指导消费者选购商品、保护消费者的利益和健康、维护食品制造商的合法权益、促进销售的作用。绿色食品标签除应符合 GB/T 7718—1994 的规定外，若是特殊性营养食品，还应符合 GB/T 13432 的规定。

食品标签上必须注明以下基本内容：食品名称；配料表；净含量及固形物含量；制造者或经销者的名称和地址；日期标志（生产日期、保质期或保存期）和贮藏指南；产品类型；质量（品质）等级；产品标准号；特殊标注内容等。详见《食品标签通用标准》（GB/T 7718—1994）。

绿色食品标签必须使用防伪技术，它对绿色食品具有保护和监控作用；具有技术上的先进性、使用的专用性、价格的合理性、标签类型多样性的特点，可以满足不同的绿色食品产品的包装需要。在使用绿色食品标志防伪标签时应做到：

一是许可使用绿色食品标志的产品必须加贴绿色食品标志防伪标签。

二是绿色食品标志防伪标签只能使用在同一编号的绿色食品产品上，非绿色食品或与绿色食品防伪标签不一致的绿色食品不得使用该标签。

三是绿色食品标志防伪标签应贴在食品标签或其包装正面的显著位置，不得掩盖原有绿色食品标志、编号等。

四是企业同一种产品贴用防伪标签的位置及外包装箱用的大型标签的位置应固定，不得随意变化。

④ 绿色食品包装的技术要求：糕点类的包装必须防潮、遮光和阻氧。常用包装材料为热封型高防潮的聚丙烯复合薄膜、高阻氧并能遮光的铝基复合薄膜或涂层玻璃纸。

饮料的包装，一是用金属罐，采用涂层马口铁板，内用环氧酚醛内涂料；对酸性较大的饮料，在环氧涂层上还涂敷乙烯基涂料；啤酒、矿泉水，多用铁罐和铝易拉罐。二是用玻璃瓶，目前用涂层法和化学法制造，用来装矿泉水、清酒等。三是用塑料容器，多采用延伸 PET，PVD 瓶等，可用于多种饮料的包装。四是用纸容器，适合于多种饮料的包装。

茶叶的包装，茶叶含水量超过 5%，则维生素 C 含量急剧下降，色、香、味都会改变，高温下变质更快；含氧量高于 1%，则茶叶易变色、变味；茶叶中叶绿素见光分解，产生异味；茶叶极易吸收异味。因此，茶叶的包装要求防潮、阻氧、避光密封，保持茶叶的色香品质。

糖果的包装，水果糖用玻璃瓶、PVC 半硬片容器；乳脂糖，用彩色印刷薄膜、透明的聚丙烯薄膜。

食品罐头的包装分为瓶装、罐装两种。金属罐材料，可用马口铁、无锡铁、黑铁皮和铝，由于各种食品对金属腐蚀性不同，可采用不同的内涂料来防护。

调味品的包装，固体调味品要求高度防潮、阻氧、避光、保香，一般以瓶装较多；软包装用 PET/PE 或铝复合薄膜。液体调味品的包装，历来使用玻璃容器包装，聚酯瓶和聚氯乙烯瓶，也已广泛使用。

腌渍菜的包装，主要是抑制酵母菌生长，可采用多种容器包装。

乳品的包装，采用高度阻氧、避光的材料，同时采用无菌包装 UHT 法超高温消毒、浓缩液－25℃冻结贮存及直空充氧等方法。

食用油的包装服务，除用玻璃容器外，现常用的有 PVC 聚氯乙烯容器。

酒类的包装，仍以玻璃、陶瓷容器为主；小型复合纸容器也有一定的发展。

2．绿色食品产品的贮运

食品的贮运是市场经济的客观需要，也是食品流通的重要环节。在绿色食品生产中，只有极少数的产品从生产领域到达消费者手中，绝大多数的绿色食品者要经过贮运这个阶段，因此，在食品贮运过程中，必须保证食品安全、无损害、无污染，完好地到达消费者手中。

（1）绿色食品产品贮藏

绿色食品产品的贮藏是依据食品贮藏原理和食品特性，选择适当的贮藏方法和较好的贮藏技术的过程。在贮藏期内，要通过科学的管理，最大限度地保持食品的原有品质，不带来二次污染，降低损耗，节省费用，促进食品流通，更好地满足人们对绿色食品的需求。

① 绿色食品产品贮藏原则：

一是贮藏环境必须洁净卫生，不能对绿色食品产品产生污染。

二是选择的贮藏方法不能使绿色食品品质发生变化、产生污染。如化学贮藏方法中，选用化学制剂需符合《绿色食品添加剂使用准则》。

三是在贮藏中，绿色食品产品不能与非绿色食品混堆贮存。

四是 A 级与 AA 级绿色食品必须分开贮藏。

② 绿色食品产品贮藏技术规范：

一是食品仓库在存放绿色食品前要进行严格的清扫和灭菌，周围环境必须清洁卫生，并远离污染源。禁止使用会对绿色食品产生污染或潜在污染的建筑材料与物品。严禁食品与化学合成物质接触。

二是食品入库前应进行必要的检查，严禁与受到污染、变质以及标签、账号与货物不一致的食品混存。食品按照入库先后、生产日期、批号分别存放，禁止不同生产日期的产品混放。绿色食品与普通食品应分开贮藏。

三是定期对贮藏室用物理或机械的方法消毒。不使用对绿色食品可能带来污染的物质消毒。管理和工作人员必须遵守卫生操作规定。所有的设备在工作和使用前均要进行灭菌。

四是食品贮藏期限不能超过保质期，包装上应有明确的生产、贮藏日期。

五是贮藏仓库必须与相应的装卸、搬运等设施相配套，防止产品在装卸、搬运等过程中受到损坏与污染。

六是绿色食品在入仓堆放时，必须留出一定的墙距、柱距、货距与顶距，不允许直接放在地面上，保证贮藏的货物之间有足够的通风。禁止不同种类产品混放。

七是建立严格的仓库管理情况记录档案，详细记载进入、搬出食品的种类、数量和时间。

八是根据不同食品的贮藏要求，做好仓库管理，采取通风、密封、吸潮、降温等措施，并经常检测食品温度、湿度、水分以及虫害发生情况。

九是仓库管理必须采用物理与机械的方法和措施，绿色食品的保质贮藏必须采用干燥、低温、密封与通风、低氧（充二氧化碳或氮气）、紫外光消毒等物理或机械方法，禁止使用人工合成化学物品以及有潜在危害的物品。

十是保持绿色食品贮藏室的环境清洁，具有防鼠、防虫、防霉的措施，严禁使用人工合成的杀虫剂。

（2）绿色食品产品的运输

① 绿色食品的运输原则：

一是绿色食品的运输，必须根据产品的类别、特点、包装要求、贮藏要求、运输距离及季节不同等，采用不同的运输手段。

二是绿色食品在装运过程中，所用工具（容器及运输设备）必须洁净卫生，不能对绿色食品产生污染。

三是绿色食品禁止和农药、化肥及其他化学制品等一起运输。

四是在运输过程中，绿色食品不能与非绿色食品混堆，一起运输。

五是绿色食品的A级和AA级产品，不得混堆一起运输。

② 绿色食品的运输规范：

一是必须根据绿色食品的类型、特性、运输季节、距离以及产品保质贮藏的要求选择运输工具。

二是用来运输食品的工具，包括车辆、轮船、飞机等，在装入绿色食品之前必须清洗干净，必要时进行灭菌消毒，必须用无污染的材料装运绿色食品。

三是装运前必须进行食品质量检验，在食品、标签与账单三者相符合的情况下才能装运。

四是装运过程中所用的工具应清洁卫生，不允许含有化学物品。禁止带入有污染或潜在污染的化学物品。

五是运输包装必须符合绿色食品的包装规定，在运输包装的两端，应有明显的运输标志。内容包括始发站、到达站名称、品名、数量、重量、收货单位名称、发货单位名称以及绿色食品的标志。

六是不同种类的绿色食品运输时必须严格分开，不允许性质相反和互相串味的食品混装。

七是填写绿色食品运输单据时，要做到字迹清楚、内容准确、项目齐全。

八是绿色食品装车（船、箱）前，应认真检查车（船、箱）体状况。对不清洁、不安全，装过化学品、危险品或者未按规定提供的车（船、箱），应及时提交有关部门处理，直到符合要求后才能使用。

九是绿色食品的运输车辆应该做到专车专用。尤其是长途运输的粮食、蔬菜和鱼类必须有严格的管理措施。在无专车的情况下，必须采用密闭的包装容器。容易腐败的食品，如肉、鱼必须用专用密封冷藏车装运。运输活的有机禽畜和肉制品的车辆，应与其他车辆分开。

十是绿色乳制品应在低温下或冷藏条件下运输，严禁与任何化学品或其他有害、有毒、有气味的物品混装运输。

技能训练

【训练项目】果蔬绿色食品加工技术

【训练目标】通过参与生产加工，进一步熟悉生产技术规程，掌握绿色食品加工过程中原料的选择和生产加工工艺

【训练场所】校内或校外绿色食品生产基地

【训练要求】结合当地生产，全程参加某一果蔬产品的绿色食品加工

1. 结合生产实际，按照绿色食品加工技术要点和本产品绿色食品加工技术操作规程严格选料和执行加工工艺。

2. 根据已掌握的资料，一边参加生产加工，一边总结经验，写出实际绿色食品加工技术操作规程。

3. 绿色食品加工技术操作规程要按正规格式书写，要求用词简练，各项措施要具体、实用、可操作性强。在多种措施中只选用当地最适用的一种。

4. 分别介绍自己制定的操作规程，其他学生提出修改意见。指导教师点评、总结，提出共性的问题。然后学生再次分别修改自己制定的操作规程。

【训练考核】

结合实际，每人制定一份果蔬绿色食品生产技术操作规程

思考与练习

1. 简述绿色食品产地环境调查与选择的目的意义。
2. 简述绿色食品产地环境监测的评价项目。
3. 简述良种的含义及选择良种需要注意的问题。
4. 简述轮作的含义和作用。
5. 如何确定轮作方式？
6. 简述复种的含义及类型。
7. 简述复种指数的含义、提高复种指数的意义及确定复种方式应注意的问题。
8. 简述间作的含义及间作的技术要点。

9. 简述套作的含义及套作的技术要点。

10. 简述土壤耕作的含义、土壤耕作的作用及目前土壤耕作采用的方法。

11. 简述绿色食品生产杂草防除原则。

12. 简述绿色食品生产施肥原则。

13. 简述绿色食品种植业灌溉措施。

14. 简述绿色食品种植业生产植保工作的基本原则。

15. 简述绿色食品种植业生产综合防治技术措施。

16. 简述生产A级绿色食品生猪对饲料的要求。

17. 简述绿色食品鱼类饲养管理技术要点。

18. 简述绿色食品特种养殖含义。

19. 简述绿色蜂产品生产的技术要点。

20. 简述绿色林蛙养殖的技术要点。

21. 简述绿色鹌鹑养殖的技术要点。

22. 结合当地生产实际，谈谈绿色食品加工的技术要点。

23. 简述绿色食品加工生产的基本原则。

24. 简述绿色食品加工过程进行质量控制。

25. 简述绿色食品加工设备的要求。

26. 简述绿色食品加工原料的选择要点。

附一　绿色食品种植业生产操作规程

一、A 级绿色食品水稻生产操作技术规程

（一）范围

本标准规定了 A 级绿色食品水稻生产的生态环境条件、种子及其处理方法、育苗、插秧、本田管理、收获、加工、储藏要求。

本标准适用于黑龙江省 A 级绿色食品水稻生产的产地环境条件、育苗技术、壮苗标准、育苗前的准备、种子及其处理、播种、秧田管理、收获、脱谷、储藏。

（二）规范性引用文件

下列文件中的条款通过本标准的引用而成为本标准的条款。凡是注日期的引用文件，随后所有的修改单（不包括勘误的内容）或修订版均不适用于本标准，然而，鼓励根据本标准达成协议的各方研究是否可使用这些文件的，凡是不注日期的引用文件，其最新版本适用于本标准。

NY/T 391　绿色食品产地环境质量标准

NY/T 393　绿色食品农药使用准则

NY/T 394　绿色食品肥料使用准则

（三）产地环境条件

产地环境条件应符合 NY/T 391 要求。

1. 大气

生产地周围不得有大气污染源，特别是上风口不得有污染源；不得有有害气体排放，生产生活用的燃煤锅炉需要有除尘除硫装置。

2. 土壤

生产地土壤元素位于背景值正常区域，周围没有金属或非金属矿山，无农药残留污染，具有较高土壤肥力。

3. 灌溉水源

地表水、地下水水质清洁无污染；水域或水域上游没有对该产地构成污染威胁的污染源。

（四）育苗技术

1. 壮苗标准

（1）大苗壮苗标准。秧龄 35～40 d，叶龄 4.0～4.5 叶，苗高 17 cm 左右，根数 16～18 条，百株干重 5 g 以上。

（2）中苗壮苗标准。秧龄 30～35 d，叶龄 3.5～4.0 片，苗高 12～14 cm，根数 9～10 条，百株干重 3 g 以上。

2. 育苗前准备

（1）秧田地选择。选择无污染的地势平坦、背风向阳、排水良好、水源方便、土质疏松肥沃的地块做育苗田。秧田长期固定，连年培肥。纯水田地区，可采用高于田面 50 cm 的高台育苗。

（2）秧本田比例。大苗按照 1∶100～1∶120 秧本田比例，秧田 100～80 m^2/hm^2 本田；中苗 1∶80～1∶100，秧田 120～100 m^2/hm^2 本田。

（3）苗床规格。采用大中棚育苗。中棚育苗床宽 5～6 m，床长 30～40 m，高 1.5 m；大棚育苗，床宽 6～7 m，床长 40～60 m，高 2.2 m，步行道宽 30～40 cm。

（4）整地做床。提倡秋施农肥，秋整地做床；春做床的早春浅耕 10～15 cm，清除根茬，打碎坷垃，整平床面。

（5）床土配制。施过筛并经无害化处理农家肥 10～15 kg/m^2，壮秧营养剂 0.125 kg/m^2，与备好的过筛床土混拌均匀，床土厚度 10 cm 左右，床土 pH 4.5～5.5。

（6）浇足苗床底水。床土消毒前先浇足底水，施药消毒后使床土达到饱和状态。

（7）床土消毒。用清枯灵、立枯净、克枯星、病枯净等符合 NY/T.393 要求的农药进行床土消毒。

3. 种子及种子处理

（1）品种选择。根据当地积温等生态条件和绿色食品水稻对品种的要求，选用熟期适宜的优质、高产、抗逆性强的品种。第一、第二积温带选用主茎 13～14 叶的品种；第三、第四积温带选用 10～12 叶的品种，保证霜前安全成熟。严防越区种植。

（2）种子质量。种子达二级以上标准，纯度不低于 98%，净度不低于 97%，发芽率不低于 90%（幼苗），含水量不高于 15%。每两年更新一次品种。

（3）晒种。浸种前选晴天晒种 1～2 d，每天翻动 3～4 次。

（4）筛选。筛出草籽和杂质，提高种子净度。

（5）选种。用密度为 1.08 ～1.1 t/m^3 的黄泥水或盐水、硫酸铵水选种，用鲜鸡蛋测定密度，鸡蛋在溶液中露出一圆硬币大小即可。捞出秕谷，再用清水冲洗种子。

（6）浸种消毒。把选好的种子用 10%施保克（使百克）或 10%浸种灵 5 000 倍液于室温下浸种。种子与药液比为 1∶1.25，浸种 5～7 d，每天搅拌 1～2 次，浸种积温为 70～100℃。

（7）催芽。将浸泡好的种子，在温度 30～32℃条件下破胸。当种子有 80%左右破胸时，将温度降到 25° C 催长芽，要经常翻动。当芽长 1 cm 时，降温到 15～20℃，晾芽 6 h 左右，方可播种。

4. 播种

（1）播期。当平均日气温稳定通过 5～6℃时开始播种。第一、二积温带，4 月 10～25 日播种；第三、四积温带，4 月 15～28 日播种。

（2）播量。大苗播芽种 150～175 g/m^2，中苗播芽种 200～275 g/m^2，或按计划密度计算芽种量。

（3）覆土。播后压种，使种子 3 面入土，然后用过筛细土盖严种子，覆土厚度 0.5～1 cm。

（4）封闭除草。以人工除草为主，化学除草应使用高效、低毒、低残留除草剂，可用丁扑合剂毒土法封闭灭草，然后在床面平铺地膜，出苗后立即撤掉地膜。

5. 秧田管理

（1）温度管理。播种至出苗期，密封保温；出苗至 1 叶 1 心期，注意开始通风炼苗。棚内温度控制不超过 28℃；秧苗 1.5～2.5 叶期，逐步增加通风量，棚温控制到 25℃，严防高温烧苗和秧苗徒长；秧苗 2.5～3.0 叶期，做到昼揭夜盖，棚温控制到 20℃；移栽前全揭膜，炼苗 3 d 以上，遇到低温时，增加覆盖物，及时保温。

（2）水分管理。秧苗 2 叶期前原则上不浇水，保持土壤湿润。当早晨叶尖无水珠时补水，床面有积水要及时晾床；秧苗 2 叶期后，床土干旱时要早、晚浇水，每次浇足浇透；揭膜后可适当增加浇水次数，但不能灌水上床。

（3）苗床灭草。稗草出土后，可在水稻 1 叶 1 心期用敌稗进行茎叶处理，用 20%敌稗乳油 10～15 L/hm^2，兑水 250 kg 均匀喷雾，喷药后立即盖膜。

（4）预防立枯病。秧苗 1 叶 1 心期时，应使用符合 NY/T 393 要求的农药。如用 35%清枯灵 10 g 兑水，喷雾 30 m^2 苗床或 50%清枯灵 30 g 兑水后，喷雾 20 m^2 苗床。病枯净 300 倍液，喷洒 2～3 kg/m^2 药液。

（5）苗床追肥。秧苗 2.5 叶龄期发现脱肥，应使用符合 NY/T 394 要求的肥料。如用硫酸铵 1.5～2.0 g /m^2，硫酸锌 0.25 g，稀释 100 倍液叶面喷肥。喷后及时用清水冲洗叶面。秧田可采用苗床施磷，起秧前 6 h，撒施磷酸二铵 150 g/m^2，或重过磷酸钙 250 g/m^2，追肥后喷清水洗苗。

（6）起秧。无隔离层旱育苗提倡用平板锹起秧，秧苗带土厚度 2 cm。

（五）本田耕整地及插秧技术

1. 本田耕整地

（1）准备。整地前要清理和维修好灌排水渠，保证畅通。

（2）修建方条田。实行单排单灌，单池面积以 700～1 000 m^2 为宜，减少池埂占地。

（3）耕翻地。实行秋翻地，土壤适宜含水量为 25%～30%，耕深 15～18 cm。采用耕翻、旋耕、深松及耙耕相结合的方法。以翻一年、松旋二年的周期为宜。

（4）泡田。5 月上旬放水泡田，用好“桃花水”，节约用水；井灌稻区要灌、停结合，苏达盐碱土稻区要大水泡田洗碱。

（5）整地。旱整地与水整地相结合，旋耕田只进行水整地。旱整地要旱耙、旱平、整平堑沟，结合泡田打好池埂；水整地要在插秧前 3～5 d 进行，整平耙细，做到池内高低不过寸，肥水不溢出。

2. 本田施肥

增施农家肥，少施化肥。N∶P∶K=1∶0.5∶0.3～0.5，应使用符合 NY/T 394 要求的肥料。如可施非硝态氮肥，施腐熟有机肥 30 000 kg/hm^2，结合旱耙施入；结合水整地，施磷酸二铵 75 kg/hm^2，要求做到全层施肥。

3. 插秧

（1）插秧时期。日平均气温稳定通过 12～13℃时开始插秧，高产插秧期为 5 月 15～25 日，不插 6 月秧。

（2）插秧规格。中等肥力土壤，行穴距为 30 cm×13.3 cm（9 寸×4 寸）；高肥力土壤，行穴距为 30 cm

×16.5 cm（9 寸×5 寸），每穴 2～3 棵基本苗。

（3）插秧质量。拉线插秧，做到行直、穴匀、棵准，不漂苗，插秧深度不超过 2 cm，插后查田补苗。

（六）本田管理

1. 追肥

插秧后到分蘖前，应使用符合 NY/T 394 要求的肥料。如施返青分蘖肥尿素 75 kg/hm^2，7 月 15 日前后施穗肥尿素 15～22.5 kg/hm^2。

2. 灌水与晒田

（1）护苗水。插秧后返青前灌苗高 2/3 的水，扶苗护苗。

（2）分蘖水。有效分蘖期灌 3 cm 浅稳水，增温促蘖。苏达盐碱土区每 7～10 d 换 1 次水。并实行整个生育期浅水管理，9 月初撤水。

（3）晒田。有效分蘖中期前 3～5 d 排水晒田。晒田达到池面有裂缝，地面见白根，叶挺色淡，晒 5～7 d，晒后恢复正常水层。苏达盐碱土区和长势差的地块不宜晒田。

（4）护胎水。孕穗至抽穗前，灌 4～6 cm 活水。井灌稻区应实行间歇灌溉，遇到低温灌 10～15 cm 深水护胎。

（5）扬花灌浆水。抽穗扬花期，灌 5～7 cm 活水，灌浆到蜡熟期间歇灌水，干干湿湿，以湿为主。

（6）排水。黄熟初期开始排水，洼地可适当提早排水，漏水地可适当晚排。

3. 除草

以人工除草为主，6 月末前中耕两遍，7 月 10 日前人工除草 1～2 遍。化学除草为辅，水稻插秧后 5～7 d（返青后），用 60%丁草胺 1 000～1 200 mL/hm^2，加 10%草克星 100～150 g 或农得时 200～250 g，毒土法施入。

4. 防治负泥虫

用人工扫除。

5. 防治稻瘟病

用春雷霉素或井冈霉素 30～50 g/hm^2，兑水 1 000 倍液叶喷；或用 40%富士一号可湿性粉剂（收获前 30 d，仅限用一次），用 900～1 125 g/hm^2，兑水 500～700 倍液喷施。

6. 农药喷洒器械

符合国家标准要求的器械，保证农药施用效果和使用安全。

（七）收获、脱谷、储藏

1. 收获

（1）收获时期。当 90%稻株达到完熟即可收获。

（2）收获质量。做到单品种单种、单收、单管，割茬不高于 2 cm，边收边捆小捆，码小码，搞好晾晒，降低水分。稻捆直径 25～30 cm。立即晾晒，基本晒干后再在池埂上堆大码，封好码尖，防止漏雨、雪，收获损失率不大于 2%。

2. 脱谷

稻谷水分达到15%时脱谷，脱谷机转速550～600 r/min，脱谷损失率控制在3%以内，糙米率不大于0.1%，破碎率不大于0.5%，清洁率大于97%。

3. 贮藏

温度控制在16℃以下；稻谷水分14%～15%；空气湿度70%左右。

二、绿色食品小麦生产技术操作规程

（一）范围

本标准规定了小麦每亩450～550 kg产地环境技术条件，肥料、农药使用原则和要求，生产管理等一系列措施。

本标准适用于河南省延津县绿色食品专用小麦生产。

（二）引用标准

下列文件中的条款通过本标准的引用而成为本标准的条款。凡是注明日期的引用文件，其随后所有的修改版（不包括勘误的内容）或修订版均不适用于本部分，然而，鼓励根据本部分达成协议的各方研究是否可使用这些文件的最新版本。凡是不注日期的引用文件，其最新版本适用于本部分。

GB 3095—1996　环境空气质量标准

GB 5084—1992　农田灌水质量标准

GB 15618—1995　土壤环境质量标准

GB 4285　农药安全使用标准

NY/T 393—2000　农药使用准则

NY/T 394—2000　肥料使用准则

GB 4404.1—1996　粮食作物种子、禾谷类

DB 4107/T 143—2009 绿色食品强筋小麦生产技术规程

GB 1351—1999　主要粮食质量标准小麦

GB/T 17892—1999 主要粮食质量标准优质小麦强筋麦

（三）生产环境条件

一是空气清新。生产基地四周无工矿企业污染，距医院和主要铁路、公路干线等有明显污染源地域1 km以上，空气质量达GB 3095—1996标准。

二是灌水清洁，排灌方便。基地用水严格控制污染，农田灌水质量符合GB 5084—1992标准要求。

三是基地土壤肥沃，不含残毒和有害物质，pH 6.0～7.5，有机质含量1.0%以上，具有较好的保水保肥供肥能力，土壤环境质量符合GB 15618—1995标准要求。

（四）产品质量

小麦产品质量符合GB 1351—1999要求，强筋麦质量达到GB/T 17892—1999二等指标。

（五）轮作制度

小麦—玉米⟶小麦—花生⟶小麦—棉花。

（六）良种选用

1. 品种选用

选用通过国家或河南省品种审定委员会审定或认定的优质、稳产、抗逆性强的小麦品种。强筋小麦选用“郑麦366”、“西农979”等品种；优质专用小麦可选用“豫农202”、“矮抗58”、“周麦18”、“周麦20”、“周麦22”等品种。

2. 种子质量

商品种子应进行精选、加工、规范包装，种子标签符合中华人民共和国农业部《农作物种子标签通则》GB 20464规定；种子质量符合GB 20464小麦大田用种标准。

（七）土壤耕作

1. 整地质量

上无坷垃、下无卧垡、上虚下实、土细田平、疏松保墒，耕层逐年加深到25 cm以上。

2. 耕作方法

前茬收后及时抢墒耕翻或灭茬保墒，干旱年份应先灌溉，遇连续降雨时，及时开沟排水，抢时整地。稻茬采取“犁旋耙”或“旋犁耙”的方法精细整地。

（八）播种技术

1. 播种期

（1）冬前壮苗指标。叶片宽厚，大小适中，叶、蘖和次生根的生长符合同伸关系。越冬时，群体茎蘖总数60万左右，半冬性品种6叶一心至7叶一心，单株分蘖4～6个，次生根8～12条；春性品种6叶至6叶一心，单株分蘖3～4个，次生根6～8条。

（2）播期确定原则。冬前形成壮苗而不拔节，冬性品种日平均气温16～18℃、半冬性品种日平均气温14～16℃、春性品种日平均气温12～14℃播种，冬前0℃以上积温660～760℃。

（3）播期。半冬性品种10月5～15日；弱春性品种10月16～25日。在适播期内，力求抢墒早播，以争取生产上主动。

2. 播种量

（1）精（少）量播种的条件。耕层深厚，土壤肥沃；土碎田平，足墒播种；选用优质种子，适期播种；机械条播；浅播、匀播，播后镇压。

（2）播种量。10月5～20日播种的，播量8～10 kg/亩，基本苗不低于8万～12万株/亩；10月16～25日播种，播量11～13 kg/亩，基本苗不低于18万～20万株/亩。

3. 播种方式

机播，行距20 cm，播深3～5 cm。播种后镇压。

（九）施肥

肥料的施用原则和要求，肥料使用等按NY/T 394—2000执行。

施肥应以有机肥为主，稳氮增磷补钾添微，平衡施用。施氮量要达到 15 kg/亩左右，氮肥后移，基追肥比为 6∶4。基肥施有机肥 3 000 kg/亩以上，尿素 12.5 kg/亩，过磷酸钙 60 kg/亩，氯化钾 10 kg/亩。3 月下旬重施拔节肥，追尿素 8～12 kg/亩。孕穗至灌浆初期，用磷酸二氢钾 150 g/亩，兑水 50 kg，叶面喷施 1～2 次。

（十）田间管理

1. 病虫草防治

（1）原则和要求。农药使用按 NY/T 393—2000 标准执行。坚持“预防为主，综合防治”，以农业防治、物理防治和生物防治为主，配合化学防治，不用高毒、高残留农药，遵守农药使用安全间隔期。

（2）化学除草。以冬前防除为主，春季防除为辅。

冬前除草用 75%苯磺隆水分散粒剂 1.2 g/亩，兑水 40 kg 均匀喷雾，土壤墒情不足时，用水量应加大到 60 kg 以上。

（3）病害防治。纹枯病防治：3 月上中旬起身拔节期病株率达到 10%时，用 12.5%烯唑醇可湿性粉剂 20 g/亩，兑水 50 kg 喷雾。白粉病防治：病叶率达 30%时，用 25%三唑酮乳油 30mL/亩，兑水 50 kg 喷雾。最后一次施药距小麦收获至少 30 d 以上。

（4）虫害防治。地下害虫（蛴螬、蝼蛄、金针虫）播种前用 50%辛硫磷乳油 50 g 兑水适量拌种 50 kg。蚜虫苗期蚜株率达 5%、百株蚜量 10 头，孕穗期蚜株率达 30%、百株蚜量 500 头时，用 10%吡虫啉可湿性粉剂 15 g/亩，兑水 40 kg 喷雾。

2. 合理灌溉

（1）冬灌。冬前干旱应进行冬灌。冬灌指标：日平均气温稳定在 3～4℃，夜冻日消，土壤含水量 18%以下，小麦分蘖盘墩后进行。防止田内积水。

（2）春灌。拔节初期（3 月底或 4 月初）结合浇水，及时追施攻穗肥，施尿素 10 kg/亩。

3. 合理促控

（1）促弱转壮。

① 底肥不足形成的弱苗：在叶色褪淡、叶蘖同伸关系紊乱时，应早追苗肥，干旱时应结合浇水追尿素 4～5 kg/亩或氮、磷、钾各 15%的三元复合肥 5～7.5 kg/亩；返青期叶色发黄、群体不足时，应结合浇返青水追返青肥 3～4 kg/亩。

② 晚播弱苗：浅锄松土、保墒增温、除草，追施腊肥，追优质有机肥 500～1 000 kg/亩。

（2）控制旺长。

① 镇压：对有旺长趋势的麦田，冬前就应镇压。镇压用镇压器顺小麦行向进行，一般进行 1～2 次。土壤潮湿黏重时不宜镇压，以免造成土壤板结。

② 深中耕：群体过大，生长偏旺时进行，深度 7～10 cm。

③ 疏苗：采取用耙耙或横锄等方法剔除部分麦苗，以控制旺长。

4. 防止倒伏

（1）提高整地质量、播种质量，选用高产、耐肥、抗倒品种；

（2）控施氮肥，平衡施肥，严格掌握追肥时间；

（3）实行精少量播种，建立合理群体结构；

（4）起身至拔节初期，用磷酸二氢钾 150～200 g/亩，兑水 40 kg 叶面喷施。

5. 穗期保健

孕穗至灌浆初期，用尿素 500 g/亩、磷酸二氢钾 150～200 g/亩，兑水 50 kg 叶面喷雾 1～2 次。

（十一）收获与贮藏

（1）收获完熟期收割。为加快收获进度，减少籽粒破损率，提高小麦商品等级，提倡用联合收割机收获。收获后及时晾晒，以防霉变降低品质。

（2）贮藏。籽粒含水量 12.5%以下时入仓储藏。储藏的仓库要先消毒、除虫、灭鼠，不允许与其他物质混存。专用麦单收单储。

三、A 级绿色食品玉米生产技术操作规程

（一）范围

本规程规定了 A 级绿色食品玉米生产的产地条件、栽培技术要求。

本规程适用于吉林省 A 级绿色食品玉米生产。

（二）规范性引用文件

下列文件中的条款通过本标准的引用而成为本标准的条款。凡是注日期的引用文件，其随后所有的修改单（不包括勘误的内容）或修订版均不适用于本标准。然而，鼓励根据本标准达成协议的各方研究是否可使用这些文件的最新版本。凡是不注日期的引用文件，其最新版本适用于本标准。

NY/T 391 绿色食品产地环境质量标准

NY/T 393 绿色食品农药使用准则

NY/T 394 绿色食品肥料使用准则

（三）定义

本标准采用下列定义

1. 绿色食品

绿色食品是遵循可持续发展原则，按照特定生产方式，经专门机构认定，许可使用绿色食品标志的无污染的安全、优质、营养类食品。

2. A 级绿色食品

A 级绿色食品系指在生态环境质量符合规定标准的产地、生产过程中允许限量使用限定的化学合成物质，按特定的生产技术操作规程生产、加工、产品质量及包装经检测、检验符合特定标准，并经专门机构认定，许可使用 A 级绿色食品标志的产品。

（四）要求

1. 产地条件

产地环境质量符合绿色食品产地环境质量标准 NY/T 391 的要求。

2. 种子及其处理

（1）品种选择。根据生态条件，选用经审定推广的优质、安全成熟、抗逆性强、高产的优良玉米品种。种子纯度不低于97%；净度不低于98%；发芽率不低于90%；含水量不高于14%。

（2）种子处理。发芽试验：播前10 d，进行1～2次。

3. 选地与整地

（1）选地。选择耕层深厚、肥力较高、保水保肥、排水良好的大豆、小麦或玉米茬的地块。

（2）整地。秋翻秋起垄，翻耙、起垄、镇压连续作业。顶浆打垄，当土壤化冻10～15 cm时，在已清除根茬的地块上实行三犁成垄，并将底肥施入垄底，随打垄，随镇压，注意保墒。

4. 施肥

（1）施肥原则。施肥应以有机肥为主，化肥为辅。如施用化肥，化肥必须与有机肥配合施用，有机氮与无机氮之比不超过1∶1。禁止施用硝态氮肥。

（2）农肥。施用优质农家肥30～40 m^3/hm^2，结合整地一起施入。

（3）化肥。施用磷酸二铵150 kg/hm^2和硫酸钾75 kg/hm^2，或用硫基三元素复合肥350 kg/hm^2。

（4）秸秆还田。有条件的地方推广秸秆还田，提高土壤肥力。

5. 播种

（1）播期。当耕层5 cm地温稳定通过6～8℃，开始播种。吉林省一般在4月10～25日进行播种。

（2）播种方法。机械垄上精量或半精量播种。人工垄上等距埯种。

（3）播深。深浅一致，覆土均匀，镇压后播深达到3～4 cm。

（4）密度。耐密型品种，公顷保苗5万～6万株/hm^2；平展型品种，保苗4.2万～4.5万株/hm^2；半紧凑型品种，保苗5万株/hm^2左右。

（5）播量。机械播种，播量为23～30 kg/hm^2。人工播种，播量为40 kg/hm^2左右。

（6）镇压。埯种地块播后及时镇压；坐水埯种地块播后隔天镇压；机械播种随播随压。镇压不漏压、不拖堆。

6. 田间管理

（1）前期管理。

查田补种：及时检查发芽情况，如发现缺苗，及时催芽坐水补种或用备补苗补栽。

铲趟：出苗后进行铲前趟一犁。疏松土壤，提高地温。

间苗、定苗：3～4片叶时，间掉小苗，弱苗，每穴留一株壮苗，做到一次等距定苗。

（2）中期管理。

铲趟：生育期间铲三遍，趟四遍。

病虫草害防治：防治原则，以农业防治、物理防治、生态防治、生物防治为主，化学防治为辅。通过选用抗病虫品种，轮作倒茬，培育壮苗，精耕细作等农业措施；利用灯光、颜色诱杀、机械人工捕捉害虫等物理措施；利用间、混、套种等生物多样性生态措施；选用低毒生物农药，释放天敌等生物措施；有限度地施用部分化学合成农药，每种农药在作物生长的一季当中只允许使用一次，使用要求、用量、方法等按 GB 4285、GB 8321（1-6）执行，把病虫草危害降低到最低允许阈值以下。

防治地下害虫和玉米丝黑穗病，采用福美双、三唑酮为主要成分的药剂防治地下害虫和玉米丝黑穗病的低毒的种子包衣剂进行种子包衣。

防治玉米螟，采用赤眼蜂防治，放蜂量 1.5 万头/hm^2（第一次 7 000 头，第二次 8 000 头）；采用高压汞灯防治，在越冬代玉米螟羽化初期开始设灯防治，一般在村屯附近设灯，按每盏灯控制玉米田面积 15 hm^2 设灯数；采用白僵菌封垛或用颗粒剂白僵菌防治。三种防治方法同时进行。

防治黏虫，采用生物农药威敌（10 PIB/mg 黏病毒 1 600 IU/mg 苏云金杆菌可湿性粉剂），用量 750～1 125 个/hm^2，兑水常规喷雾。可选用除虫脲、灭幼脲、敌百虫、溴氰菊酯、氰戊菊酯等杀虫剂防治，其剂型、用量和使用方法：除虫脲 25%可湿性粉剂 150 个/hm^2 喷雾；灭幼脲 25%悬浮剂 525mL/hm^2 喷雾；敌百虫 90%固体 750g/hm^2 喷雾；溴氰菊酯 2.5%乳油 150～225mL/hm^2 喷雾；氰戊菊酯 20%乳油 150mL/hm^2 喷雾。

人工除草：生育期间通过铲趟进行；化学除草，选用二甲戊乐灵、异丙甲草胺、氟乐灵等除草剂防除杂草，其剂型、用量和使用方法：二甲戊乐灵 33%乳油 2 250～3 000 mL/hm^2，土壤处理；异丙甲草胺 72%乳油 1 350～2 700 mL/hm^2，土壤处理；氟乐灵 48%乳油 1 125～1 500 mL/hm^2，土壤处理。

追肥，拔节前 6～7 片叶时，结合铲趟，追尿素 100 kg/hm^2。大垄双行玉米可适量增加施肥量，每公顷不超过 150 kg，追肥部位距植株 6～8 cm，深度 10～15 cm。

（3）后期田间管理。放秋垄，8 月上中旬放秋垄拿大草 1～2 次，做到不砍株，不伤根。

7. 收获

（1）收获时间。玉米果穗完熟后期收获。

（2）采收。站杆掰棒，掰净运净，及时上架，杜绝地面堆放，籽粒含水量达到 20%以下脱粒，脱粒后及时晾晒。

（3）存放。做到绿色食品玉米单收、单运、单堆放、单脱粒、单贮藏，确保绿色食品与普通玉米不混杂。

（4）定点管理。实行 A 级绿色食品玉米定点种植，定点交售，确保 A 级绿色食品玉米的质量。

四、A 级绿色食品高粱生产技术操作规程

（一）范围

本规程规定了 A 级绿色食品高粱产地环境条件，品种选择、田间管理、施肥、病虫防治、收获等技术措施。

本规程适用于黑龙江省大庆市 A 级绿色食品高粱生产。

（二）引用标准

NY/T 391　绿色食品产地环境质量标准

NY/T 393　绿色食品农药使用准则

NY/T 394　绿色食品肥料使用准则

（三）定义

按 NY/T 391、NY/T 393、NY/T 394 执行。

（四）技术要求

1. 产地环境条件

符合 NY/T 391—2000 绿色食品产地环境质量标准。

2. 种子及其处理

（1）品种选择。根据生态条件，选用经审定推广的优质、安全成熟、抗逆性强、高产、生育期活动积温比常年活动积温少 100℃左右的优良高粱品种。

种子质量要达到：纯度不低于 95%；净度不低于 98%；发芽率不低于 90%；含水量不高于 16%。

① 第二积温区主栽品种推荐使用“同杂 2 号”和“兰杂一号”高粱品种。

② 第三积温区主栽品种推荐使用“兰杂一号”，搭配使用“同杂 2 号”。

（2）种子处理。

① 晒种。播前 15 d，将种子晾晒 2 d。

② 试芽。播前 10 d，进行 1～2 次发芽试验。

3. 选地、选茬与整地

（1）选地。选择耕层深厚、肥力较高、保水保肥及排水良好的地块。

（2）选茬。前茬应选择未使用剧毒、高残留农药的大豆茬、小麦茬、玉米茬。

（3）整地

① 秋翻秋起垄。耕层 20～22 cm，做到无漏耕，无坷垃，及时起垄。垄距 60～65 cm，起垄后及时镇压，做到翻、耙、起垄、镇压连续作业。

② 秋翻春起垄。早春耕层化冻 14 cm 时，及时进行耙耢、起垄、镇压、严防跑墒。

③ 耙茬起垄。大豆茬，先灭茬，深松垄台，后扶原垄，再镇压。

④ 平播垄管的，翻地后进行耙耢，整平耙细，直径大于 3 cm 的土块不过 3 个/m^2。及时镇压，保住墒情。

4. 施肥

（1）农肥。施用优质农肥 30 000～40 000 kg/hm^2，结合整地一次性施入。

（2）化肥。施用磷酸二铵 225kg/hm^2，做底肥或种肥一次放入。

5. 播种

（1）翻期。地温稳定通过 5℃时，抢墒播种。

① 第二积温区 5 月 1～5 日播种。

② 第三积温区 5 月 5～10 日播种。要选晴天播种。

（2）播法与密度。

① 垄距 60～65 cm 垄上机械精量点播。保苗 10 万株/hm^2。

② 30 cm 平播，保苗 18 万株/hm^2 左右。

（3）播深。做到深浅一致，覆土均匀，镇压后播深达到3cm左右即可，切忌太深，以免粉种。

6. 田间管理

（1）前期管理。

① 查田补种：出苗前及时检查发芽情况，如发现粉种，要用催好的大芽及时坐水补种。

② 查田补栽：出苗后，发现缺苗，要利用备补苗及时补栽。

③ 铲前深松、趟地：出苗后要进行深松或铲前趟一犁。

④ 间苗：3～4片叶时，进行间苗，间苗时要注意去掉病、小、弱苗，做到一次等距定苗。

（2）中期管理。

① 铲趟：头遍铲趟之后，每隔10～12 d铲趟一次，做到高粱生育期铲趟三遍。

② 虫害防治：高粱蚜虫防治，7月中下旬发现高粱蚜虫危害时，用40%乐果乳油100 g/亩，兑水50 kg叶喷。高粱螟虫，在高粱喇叭口期，施放赤眼蜂卵卡30片/hm^2。

③ 追肥：拔节前6～7片叶期，追尿素100 kg/hm^2。

（3）后期田间管理。

① 8月上中旬，放秋垄拿大草1～2次，做到不砍株，不伤根。

② 结合拿大草，可进行高粱打底叶，即去掉底部干叶和黄叶，使其通风透光，促进早熟，提高绿色食品高粱籽粒成熟度。

7. 收获

（1）收获时间。9月末10月初，腊熟后期收获。

（2）收获质量。捆小捆，码小码，立码晾晒。及时拉运。注意勿使高粱霉垛。

（3）做到单运、单放、单脱粒、单贮藏、单品种交售，确保其与普通高粱不混杂。

五、A级绿色食品谷子生产操作规程

（一）范围

本规程规定了A级绿色食品谷子生产的产地条件选择、种子及其处理、选茬与整地、播种、田间管理和收获等技术要求。

本规程适用于黑龙江省大庆市A级绿色食品谷子生产区。在气候正常年份，按本规定实施，产量可达3 000 kg/hm^2以上。

（二）引用标准

NY/T 391　绿色食品产地环境质量标准

NY/T 393　绿色食品农药使用准则

NY/T 394　绿色食品肥料使用准则

（三）定义

按NY/T 391、NY/T 393、NY/T 394执行。

（四）技术要求

1. 产地条件

（1）气候条件。无霜期在 120 d 以上，年活动积温在 2 500℃以上，年降雨在 550～650 mm。

（2）土壤条件。要求土层深厚，排水良好的黑钙土，有机质含在 2%以上，土壤 pH 在 7 左右。

（3）环境条件。经省级绿色食品管理部门指定的环境监测部门监测，产地环境质量符合 NY/T 391 的要求。

2. 种子及种子处理

（1）选用良种　按照肇源县西北部乡镇、杜蒙县腰新乡的自然条件和生态特点，选用粒大、质优、熟期适中的品种——赤谷 8 号或赤谷 4 号。种子的纯度和净度都要达到 98%以上。

（2）处理方法。

① 处理时间：在 4 月 16～26 日进行。

② 处理方法：晒种选种：在播种前一周，选晴朗天气将种子摊放约 2～3 cm 厚，翻晒 2～3 d，然后采用盐水选种，即在播种前 3～5 d，将种子放在浓度为 10%的盐水中，捞出秕谷、草籽和杂质，然后将下沉籽粒捞出，用清水洗 3 遍，捞出晾干备播种。

药剂拌种：盐水精选后的种子晾干后，用 50%的多菌灵 500 g 拌种 100 kg，或用种重量 0.2%的瑞毒霉拌种，防治谷子黑穗病。拌后即可播种。

3. 选茬与整地

（1）选地。要选择土壤耕层深厚、肥力较高，排水良好的岗地。

（2）选茬。谷子的前茬以豆类最好，其次是耕作条件好的玉米和高粱茬。

（3）整地时间。当耕层土壤化冻 12 cm 时，一般即可在 4 月 5～20 日进行整地。

（4）整地方式。采取补墒夹肥的三犁川整地方法。即在拿净根茬或秋季机械灭茬的基础上，当土壤化冻 12 cm 时，在原垄沟内趟一犁后，滤入 90～120 m^3/hm^2 水，以补底墒。随滤水进行施肥，施优质农家肥 30 000 kg/hm^2，有机生物菌复合肥 375 kg/hm^2。然后破原垄合成新垄。及时镇压达到待播种状态。

4. 适时播种，一次保全苗

（1）种肥配方。

配方 1：高温发酵后的农肥 6 000 kg+磷酸二铵 150 kg+硫酸钾 75 kg/hm^2。

配方 2：高温发酵后的鸡粪 3 000 kg+磷酸二铵 150 kg+硫酸钾 75 kg/hm^2。

配方 3：饼肥（豆粕或碎黄豆）75 kg+磷酸二铵 150 kg+硫酸钾 75 kg/hm^2。

以上三种施肥配方均能做种肥随播种施入，其中硫酸钾是指含氧化钾 50%的硫酸钾，禁止施用氯化钾。

（2）播种时间。当耕层 10 cm 处稳定通过 8～10℃时即可播种，播期一般在 4 月 20 日～5 月 5 日。

（3）播量。精选后的种子 7.5 kg/hm^2。

（4）播种方法。

① 机械簇播：采用机械精量簇播机播种，即在 67 cm 的小垄上机械播种，行间距 12 cm，簇间距 15 cm，

利用施肥箱施入混配好的种肥，覆土厚度 2～3 cm，播后及时镇压，达到开沟、播种、施肥、镇压一次完成。

② 宽幅点播：在已起好的垄上，利用 12 cm 宽的小铧开沟深 8～10 cm，施入混好的种肥，然后用拉棒将沟拖平，宽 12～14 cm。用点葫芦加宽后点播，播后踩好底格子，覆 2～3 cm 厚的细土。隔一天再镇压，如墒情稍差，用石磙子及时重镇压；如墒情稍好，用木磙子及时镇压。

5. 加强田间管理

（1）播后趟一犁。以利防风，达到增温、防寒、灭草的目的。

（2）镇压蹲苗。

（3）适时间苗。一般以幼苗 3～6 叶期为谷子间苗适宜时期。要做到 2 次间苗：第一次在 3～4 叶期先疏苗，即拨开死撮、拔掉杂草、病株；第二次间苗在谷苗 5～6 叶期定苗，机械簇播的每簇留 3～5 株，宽幅点播的米留苗 30～36 株，保苗 52.5 万～60.0 万株/hm^2。

（4）及时铲趟。要求三铲三趟，其技术要点："头遍浅，二遍深，三遍不伤根"。第一遍铲趟结合间苗进行。第二遍铲趟在谷子拔节期清垄后进行深锄，锄深 7～8 cm，然后趟一犁培土。第三遍在谷子抽穗前封完垄，要封成张口四方垄。拔除田间杂草，特别是 9 月 1 日后要保证田间无异株、杂草。

（5）及时灌水。在拔节期、抽穗期如发生胎里旱、卡脖旱，应及时灌水；在灌浆期如发生夹秋旱要采取隔垄轻灌。

（6）及时防治虫害。

① 防治地下害虫：在播种时用毒饵（将辛硫磷或乐斯本 50 g 兑水 2 kg，拌 20 g 豆粕或炒熟的黄豆闷 4 h）防治地下害虫，用毒饵 150 kg/hm^2 随种下地。

② 防治谷子舐虫：在谷子三叶期（一般在 6 月 1～5 日），用 1 000 倍乐斯本药液（用 50 mL 乐斯本对 50 kg 水配制的药液）喷雾，用量 750 kg/hm^2。

③ 防治谷子钻心虫：在谷子拔节前期（一般在 6 月 15～20 日），按照虫情测报，采用高效低毒无公害农药乐斯本 1 000～1 500 倍液喷施，用量 750 kg/hm^2。

（7）促熟增产。在谷子孕穗期和灌浆期，各喷施 400 倍磷酸二氢钾溶液 750 kg/hm^2（125 g 磷酸二氢钾兑水 50 kg），具有促进谷子生长发育，增强抗倒伏能力，改善品质，促熟增产的作用。

6. 及时收获，确保丰产丰收

（1）适时收获。当谷子籽粒变硬、谷穗挂灰、秸秆变黄时即应及时收割，防止风撸。

（2）降水净化脱粒。捆成小捆，码起晒穗，不上垛，防止谷子霉变、预防鼠害。在压好的干净场院脱粒，避免混入草籽、沙石、鼠粪、细土等，以提高谷子的纯净度和等级。

（3）质量要求。要保证质量，做到单割、单拉、单打、单放、单运输、单贮藏，防止同非绿色食品谷子混杂。

（五）其他

对绿色食品谷子生产过程，要建立田间技术档案，搞好整个生产过程的全面记载，并妥善保存，以备查阅。

六、A 级绿色食品大豆生产技术操作规程

（一）范围

本标准规定 A 级绿色食品大豆生产的产地条件选择、种子及其处理、轮作、整地、施肥、播种、田间管理、收获及产品质量等技术。

本标准适用于黑龙江省 A 级绿色食品大豆生产。在气候正常年份，按本标准实施，产量可达到 2 250 kg/hm^2 以上。

（二）规范性引用文件

下列文件中的条款通过本标准的引用而成为本标准的条款。凡是注日期的引用文件，其随后所有的修改单（不包括勘误的内容）或修订版均不适用于本标准，然而，鼓励根据本标准达成协议的各方研究是否可使用这些文件的，凡是不注日期的引用文件，其最新版本适用于本标准。

NY/T 391　绿色食品产地环境质量标准

NY/T 393　绿色食品农药使用准则

NY/T 394　绿色食品肥料使用准则

（三）产地环境条件

产地环境条件应符合 NY/T 391 的要求。

1. 气候

无霜期 110 d 以上，年活动积温 2 100℃以上，年降雨量在 550～600 mm。

2. 土壤

土壤肥沃、耕性良好的土壤，pH 为 6.5～7.5。

（四）种子及其处理

1. 品种选择

选择适应当地生态条件且经审定推广的优质、抗逆性强的高产品种，品种脂肪含量 22.5%以上或蛋白质含量 45%以上，并进行专品种生产。

2. 种子精选

种子播前要进行精选，净度达到 98%，纯度达到 98%，发芽率达到 85%，质量达到种子分级标准二级以上。

3. 种子处理

种子选定后用人工精选剔除病杂粒和虫食粒，拌种后晒种 2 d 待用。

（五）选茬、整地

1. 选茬

实行科学轮作，前茬以玉米、马铃薯、小麦为主。

2. 整地

实行伏、秋翻起垄或秋深松起垄。有深松基础的玉米茬可作原垄种；整地质量，耕层土壤细碎、疏

松、地面平整，10 m 宽幅内高低不超过 3 cm，耕层内直径 5 cm 的土块不超过 5 个/m^2，达到适宜播种状态。

（六）施肥

1. 底肥

根据土壤肥力确定施肥量，结合整地一次施入。

2. 种肥

化肥做种肥，根据土壤诊断结果确定化肥用量、限量最高值。应施用符合 NY/T 394 要求的肥料，如施磷酸二铵 75 kg/hm^2，深施于种下 4～5 cm 处，切忌种肥同位，以免烧种。

3. 叶面追肥

大豆前期长势较差时，在大豆初花期，叶面追肥。应施用符合 NY/T 394 要求的肥料，如用尿素 10 kg + 磷酸二氢钾 1.5kg/hm^2，溶于 500 kg 水中喷施。

（七）播种

1. 播期

在保证播种质量前提下，适期早播。

2. 播法

采用 66.7 cm 大垄，垄上双条精量播种。

3. 播种量

根据地势土壤肥水条件和品种特性确定密度，计算播种量，播量误差不得超过 3%。

4. 播种质量

（1）总播量误差不超过 2%，单口排量误差不超过 3%。播种均匀（20 m 内无籽为断条）。

（2）行距开沟器间误差小于 1 cm，往复综合垄误差小于 5 cm。播深 3～5 cm，覆土一致，播后及时镇压。

（八）田间管理

1. 铲趟管理

播后铲前垄沟深松或趟一犁；铲趟进行 3 次，人工拿一次大草。第一次趟深 15 cm；第二次不晚于分枝期，趟深 10～12 m；第三次在封垄前进行，培土达到第一复叶节。

2. 防治病虫害

农药的使用应符合 NY/T 393 要求。如 8 月 10 日前后，防治大豆食心虫，用 30 cm 长的秸秆在 80% 敌敌畏乳油中浸泡 3 min 制成毒棒，每公顷插 450～750 个防治食心虫。6 月中旬，用 50%抗蚜威粉剂 150～240 g/hm^2，兑水 450～750 kg 喷雾，防治蚜虫。

3. 灌溉

在大豆开花、鼓粒期要适时浇灌，采取喷灌，每次灌水定额以 20～30 mm 为宜。

4. 农药喷洒器具

可采用符合国家标准要求的器械，保证农药施用效果和使用安全。

（九）收获

1. 收获时期

茎叶及豆荚变黄，豆粒归圆及落叶达 80%以上时收获。

2. 收获质量

割茬高度以不留底荚为准，不丢枝、不炸荚，割后晒 5～7 d，拉净拣净，做到单收割、单拉运、单脱粒、单贮藏。

（十）其他

对绿色食品大豆生产的全过程，要建立田间技术生产档案，全面记载，以备查阅。

七、A 级绿色食品马铃薯生产技术操作规程

（一）范围

本标准规定了 A 级绿色食品马铃薯生产的产地条件选择、种子及其处理、选茬与整地、施肥、播种、田间管理、收获及产品质量等技术要求。

本标准适用于黑龙江省 A 级绿色食品马铃薯生产。在气候正常年份，按本标准实施公顷产量可达 22 500 kg 以上。

（二）规范性引用文件

下列文件中的条款通过本标准的引用而成为本标准的条款。凡是注日期的引用文件，其随后所有的修改单（不包括勘误的内容）或修订版均不适用于本标准，然而，鼓励根据本标准达成协议的各方研究是否可使用这些文件的，凡是不注日期的引用文件，其最新版本适用于本标准。

NY/T 391　绿色食品产地环境质量标准

NY/T 393　绿色食品农药使用准则

NY/T 394　绿色食品肥料使用准则

（三）产地环境条件

产地环境条件应符合 NY/Y 391 的要求。

1. 气候

无霜期 100 d 以上，年活动积温 2 000℃以上，年降雨量 450 mm 以上。

2. 土壤

土层深厚、结构疏松、耕性良好的土壤，地势平川漫岗，忌避低洼地块。

（四）种子及其处理

1. 品种选择

要选择三代以内的脱毒种薯并根据市场要求，选择适应当地生态条件且经审定推广的符合生产加工及市场需要的专用、优质、抗逆性强的优良马铃薯品种。

2. 种薯处理

选有代表性、无病的优良种薯，并在播前困种一周，淘汰病薯、烂薯，播前芽长到 1 cm 以上，切薯

块时的切刀要用来苏儿消毒，切成三角形，重量 40～45 g，保留 1～2 个芽眼，有条件地块采用小薯整播。

（五）轮作与整地

1. 轮作

实行三年以上的轮作方式，前茬以玉米、杂粮为主，其次是大豆茬。

2. 整地

栽培马铃薯地块全部秋季深翻深度达 23～25 cm，并全部起好垄，以利提温补墒。

（六）施肥

1. 农家肥

施用腐熟无害化的农家肥 30 000 kg/hm^2 以上。

2. 允许使用的农家肥种类

堆肥、沤肥、厩肥、沼气肥、绿肥、作物秸秆、饼肥。

3. 脱肥时可追施化肥

肥料的使用应符合 NY/T 394 的要求。

4. 允许使用的商品肥料

商品有机肥、腐殖酸肥料、微生物肥料、无机（矿质）肥料、叶面肥（不含化学合成生长调节剂）有机无机复合肥。

（1）禁止使用硝态氮肥。

（2）化肥必须与有机肥配合施用，有机氮与无机氮比例以 1∶1 为宜，最后一次追肥必须在收获前 30 d 进行。

（3）城市垃圾要经过无害化处理，质量达到国家标准后才能使用。

（七）播种

1. 播期

当地气温稳定通过 6～7℃时即可播种。

2. 播法

要开沟、施肥、播种、合垄、镇压连续作业，即播前深松或深趟引墒，随滤农肥，覆土 2～3cm，随后按要求将种薯块按入土中。随即合垄，正常覆土 8～10 cm，随即镇压。

3. 密度

马铃薯栽种行距 65～70 cm，株距 25～30 cm，一般保苗 5 万～7 万株/hm^2 为宜，但要根据土质情况确定，肥地稍稀，瘦地稍密。

（八）田间管理

1. 中耕除草

苗出全时查田补苗和拔除病株补种同品种小种薯。全生育期趟三遍，第一遍在出苗后苗高 2 cm 时深趟，即趟蒙头土；第二遍在苗高 10 cm 时，加厚培土，趟碰头土；最后一遍再现蕾封垄前深趟，结合整地人工拿一次大草。

2. 追肥

苗高 10 cm 时，结合趟二遍地追尿素 120 kg/hm^2 及符合 NY/T 394 规定的肥料使用要求。

3. 防治病虫害

所施农药应符合 NY/T 393 的要求。如防治晚疫病，在出花期用 66.5%霜霉威叶面喷洒，用量 1.29～2.16 kg/hm^2，600～1 000 倍液。防治蚜虫，7 月下旬发现蚜虫危害，可用 40%乐果 500 倍液，用量为 600 mL/hm^2。

4. 农药喷洒器具

要采用符合国家标准要求的器械，保证农药施用效果和使用安全。

5. 摘蕾

出花期将花蕾摘去，减少养分消耗，提高产量和品质。

（九）收获

1. 收获时期

在生理成熟时开始收获，要选择晴天，避免在雨天收获，以免拖泥带水。

2. 收获方法

机械收获或人工收获。做到单收、单提运、单贮藏。

（十）贮藏品种

1. 贮藏冻土层以下的地窖，深于冻层。

2. 窖温控制在 2～4℃，湿度控制在 85%～90%。

（十一）其他

对全部生产过程，要建立田间技术档案，全面记载，以备查阅。

八、A 级绿色食品甜菜生产技术操作规程

（一）范围

本标准规定了 A 级绿色食品甜菜生产的气候（产地条件）。土壤（选地、选茬、整地），作物（品种类型、质量标准及种子处理），种植制度（施肥、播种、田间管理、收获、贮藏等），新技术应用（农药、化肥限量技术）等全程技术要求。

本标准适用于黑龙江省 A 级绿色食品甜菜生产，在气候正常年份按本标准实施，A 级绿色食品甜菜块根 37.5 t/hm^2 以上。

（二）规范性引用标准

下列文件中的条款通过本标准的引用而成为本标准的条款。凡是注日期的引用文件，其随后所有的修改单（不包括勘误的内容）或修订版均不适用于本标准，然而，鼓励根据本标准达成协议的各方研究是否可使用这些文件的，凡是不注日期的引用文件，其最新版本适用于本标准。

NY/T 391　绿色食品产地环境质量标准

NY/T 393　绿色食品农药使用准则

NY/T 394　绿色食品肥料使用准则

（三）产地环境条件

产地环境条件应符合 NY/T 391 的要求。

1. 气候

无霜期 110～150 d，年活动积温 2 100℃以上，昼夜温差大，年降雨量 450～650 mm。

2. 土壤

土层深厚、土质肥沃、团粒结构及排水性能好。有机质大于 2.0%，土壤中性（pH6.5～7.5）或偏碱性，矿物质营养三要素全量含量高，土壤中农药及除草剂含量在绿色食品农药标准要求以内。

（四）选地 选茬 整地

1. 选地

选择耕层深厚疏松、土质肥沃、排水保水性能良好，水肥供应适宜的地块。

2. 选茬

以麦豆马铃薯茬为好，其次为玉米等秋茬作物，要求实现五年以上轮作，禁忌五年内重迎茬种植，同时禁止在施用绿黄隆、豆黄隆、普施特或其他超常量施用农药及除草剂的上茬上种植甜菜。

3. 整地

不同地区根据耕层厚薄确定耕翻深度、或采取深松重耙制度。翻地要采取伏翻或早秋翻，翻地深度 20～25 cm，深松深度可达 30～35 cm。耕深一致，误差±1 cm，行向直，不乱土层，不漏耕，无开闭垄，翻后整平耙细，直径 5 cm 坷垃不超过 3 个/m^2，然后根据不同栽培及条件进行秋夹肥起垄。垄作以 65～70 cm 垄上单行和垄距 97.5～105 cm 垄上双行为主。起垄后及时镇压达播种、覆膜或移栽状态。小垄压后垄体高 12～14 cm，大垄压后垄体高 18～22 cm，大垄台面宽约 60 cm。

（五）品种选择及种子处理

1. 品种选择

根据本地区生态特点，选择适宜当地气候条件的高产高糖抗病质佳的优良品种。如土质较好的地块可选用甜研 303、304、307、309。土地瘠薄，有机质含量低的地块选用二倍体的甜研 7 号、8 号。

品种标准：多倍体多芽种芽率≥68%，净度≥98%，种子水分≤14%，纯度 99%。遗传单粒种芽率 90%以上，净度≥99%，水分≤14%，千粒重大于 10 g，单粒率≥90%，纯度 99%。二倍体甜菜芽率在 78%，净度 99%，水分≤14%。

2. 种子处理

播前拌福美双等符合 NY/T 393 要求的农药，100 kg 种子用 50%的福美双 500 g。

（六）施肥

1. 有机肥

施无害化处理的农家肥 37.5～45.0 t/hm^2，一般以生产 1 t 块根施用 1 t 农家肥为宜。

2. 施用方法

（1）基肥。秋起垄时于垄地分层施入、一般为施肥总量的 2/3，深度 7～15 cm。施肥应符合 NY/T 394 的要求，直播地块施用 N、P、K 纯量总量 150 kg/hm^2，纸筒育苗移栽地块施用 N、P、K 纯量总量 180 kg/hm^2，N、P、K 肥料以尿素，磷酸二铵和硫酸钾为宜，其中尿素与硫酸钾最好在起垄夹肥时分箱一次施入，二铵留 20%～30%做种肥。

（2）种肥。垄作机播及人工穴播随播随种时施入磷酸二铵 60 kg/hm^2 及符合 NY/T 394 要求的肥料，育苗移栽地块二铵一次性施入。

（3）叶面肥料。针对苗期及中期长势进行全生育健身施肥，叶面喷施磷酸二氢钾等符合 NY/T 394 要求的肥料，7 月中旬叶丛繁茂期喷施无毒增产增糖调节剂（丰田液体肥、钛肥、高美肥、喷施宝等），提高产量及含糖率。

叶面喷施以微量元素（Cu、Zn、B、Mg）为主的符合 NY/T 394 要求的甜菜专用型复合微肥。

（七）播种

1. 播期

（1）直播播期。依据当地气候条件，当早春连续 5 天，5 cm 土层平均地温稳定通过 5℃时即可播种。

（2）纸筒育苗播期。育苗时期主要依据当地的气候特点、幼苗的生长情况和农时节气确定。育苗时间确定后，要在 5 天内结束育苗工作。

（3）地膜覆盖播种期。播期一般比当地正常直播期提前 3～4 d 为宜。

2. 播法与密度

（1）小垄栽培。垄距 60～70 cm，保苗 7 万株/hm^2，密度配置 65 cm×22 cm×1 行或 70 cm×20.5 cm×1 行。

（2）大垄双行栽培。垄距 105 cm，保苗 7 万～8 万株/hm^2。密度配置 105 cm×28 cm×2 行或 105 cm×23.8 cm×2 行。

3. 播量与播深

（1）人工穴播。多芽种，芽率≥68%，播量 15～18 kg/hm^2。

（2）机械播种。多芽种，芽率≥75%，播量 7.5～10.5 kg/hm^2，机械精密播种，单芽种，芽率≥95%，播量 2～3 kg/hm^2。

（3）纸筒育苗。采用遗传单胚种，芽率≥95%，每单筒一粒覆土 1 cm，不包衣单胚种用种量 1.0 kg/hm^2。

4. 播种质量要求

甜菜种球小，必须在整地精细条件下严把播种质量关，做到播后覆土严密，深浅一致，尽量采用精量点播机，机械播种粒距均匀，播种镇压后保持覆土 3 cm 左右。

（八）田间管理

1. 苗期管理

（1）直播后的苗期管理。重点是及时破除土壤板结层，改善土壤通气状况，减少土壤水分蒸发，降低甜菜立枯病发病率；提高地温，人工除草，4～6 片叶时选留叶色纯正的健壮苗定苗。

（2）地膜覆盖苗期管理。关键是及时开孔放苗，一般幼苗距膜 1 cm 时开孔放苗，并做到及时定苗。

（3）纸筒育苗苗期管理。重点在苗棚内的苗期管理，以培育壮苗为目的，关键环节是控制苗棚的水分和温度。

水分管理：播种后一次浇透水，每册纸筒 10～12 kg，使床土含水率达 25%～30%。幼苗子叶期床含水率控制在 20%左右，以后逐渐控制在 18%左右为宜，这样利于蹲苗促进根系生长。

温度管理：播种至幼苗出土，白天棚温控制在 25～30℃，夜间不低于 5℃；幼苗子叶期（播后 9～14 d）白天棚温 15～18℃，夜间 3～5℃；一对真叶期（播后 15～25d），白天 15℃，夜间 0～3℃；4 片真叶时炼苗，以适应室外温度，增强抗逆能力。

移栽技术：根据当地温度，土壤墒情，苗龄等技术指标确定移栽期，并严把移栽质量关。

2. 中耕除草

深松一遍、中耕三遍，第一遍深松定苗前进行，最后一遍中耕封垄前完毕。

3. 病虫害防治

坚持以防为主，人机药综合防治为辅的植保工作方针。推行高效、低毒并对人、畜及后作安全的科学配方，立枯病、跳甲等病虫害通过种子处理及苗期喷药防治，用药应符合 NY/T 393 的要求。褐斑病防治主要在 7 月中上旬，用 50%多菌灵可湿性粉剂≤375 g/hm^2 或 70%甲基托布津可湿粉剂≤525 g/hm^2。1.5 L＋米醋 1.5 L＋磷酸二氢钾 2.5～3.0 kg/hm^2 混合喷雾。

农药喷洒器具，要采用符合国家标准要求的器械，保证农药施用效果和使用安全。

4. 甜菜的后期管理

（1）控制后期大草发生，提高光能利用率。

（2）对覆膜移栽的地块要适期揭膜，一般在甜菜出苗后 50 d 左右揭膜较适宜。

（3）保护叶片，严禁擗叶，确保丰产高糖。

（九）收获

（1）收获期。甜菜达工艺成熟期，气温降到 5℃时开始收获。黑龙江省一般在 10 月初收获。

（2）收获方法。实行挖掘、检捡、集堆、连续作业，减少块根水分散失。

（3）切削方法。采用一刀切与多刀切相结合。一刀切是在根冠着生子叶的第一排叶痕上 1.5 cm 处，一刀平切、削掉甜菜叶丝，并除掉根头周围干枯柄和直径 1 cm 以下尾根；多刀切是从甜菜根头部第一排叶痕处向上斜切 5～6 刀，切削厚度以 2～3 mm 为标准，根头微露白。

（4）整个收获做到四随一防，即随起随削随埋随送，防止冻化甜菜。

（5）做到单收、单送、单独加工。

九、绿色食品大蒜生产技术操作规程

本规程规定了 A 级绿色食品大蒜生产的品种选择、选茬整地做畦、栽培方法、田间管理、收获等技术。本标准适用于山东省 A 级绿色食品大蒜生产。

（一）产地条件

选择在地势较高、地面平坦、土质疏松、土壤肥沃、酸碱适宜、排灌方便、通风良好的地块。大气、土壤、水质条件均符合绿色食品产地质量标准。

（二）品种与备种

1. 品种

以白皮蒜为主要品种。

2. 茬口选择

大蒜选择前茬作物以玉米和大豆作物为主。前茬作物亦严格按照绿色食品生产操作过程中的标准和要求进行生产和管理。

3. 整地施肥

在前茬作物收获后，每亩施优质专用圈肥 2 000 kg、有机复合肥料 100 kg 作底肥，撒施均匀后立即进行耕翻，耕深 20～30 cm，细耙细耧 2～3 遍，使肥料与土壤充分混匀，做到地面平整，上松下实。

4. 做畦

多采用平畦栽培，畦宽 1.0 m，畦长 2.0 m，畦梗宽 20～30 cm，高 15 cm。

（三）选种与留种

1. 播前选种

在播种前，要从选种的蒜种中选择蒜瓣肥大、芽饱满、色泽洁白、无病斑、无伤口的蒜瓣作种。严格剔除发黄、发软、虫蛀、有伤、茎盘变黄及霉烂的蒜瓣。

2. 收获后留种

田间留种要选择无病地块，具有本品种形态特征和优良种性的植株留种，其叶片要无病斑、茎粗壮、蒜头肥大周正、外观颜色一致、瓣数相近、均匀饱满。留种的大蒜要适期收获并单收单藏。

（四）栽培方法

1. 播种期

一般在 9 月上旬至 10 月下旬播种，秋分至寒露为播种适期。

2. 播种密度与用种量

确定密度时，必须考虑品种特点、种瓣大小、播期早晚、土壤肥力、肥水条件及栽培目标等多种因素。3 万～4 万株/亩，行距 18～20 cm，株距 6～8 cm，用种量为 150 kg/亩左右。

3. 播种方法

先在做好的畦内按行距开深 3 cm 的浅沟，在沟内浇透水，待水渗下后，按株距将蒜瓣种在沟内，然后在其上均匀撒一层 1.5～2.0 cm 的细土。

4. 蒜瓣的摆置方向

因为大蒜叶片开展方向与蒜瓣腹背连线相垂直，因此，播种时蒜瓣腹背连线要呈南北向，这样长成的植株叶片在行间东西方向充分伸展，植株上、中、下层光照分布合理，可以提高光合作用，增产明显。

（五）田间管理

1. 发芽期的管理

播种后一般 7～10 天蒜苗出土。要求土壤保持湿润，但田间不能积水；及时划锄，防止土壤板结。

2. 幼苗期的管理

以培育壮苗为目的，控制浇水，及时松土保墒，促进根深苗壮，确保安全越冬，春发有力。幼苗出齐后立即浇出苗水，然后进行浅中耕，土壤不黏时，再次中耕，深度以 3～5 cm 为宜。小雪前后土壤封冻时，可浇冻水，以畦面不结冰为准，地表不黏后划锄 1～2 遍，提高地温，防止土壤板结，划锄晒 2～3 天后用脚踏一遍；气温降至 0℃左右时，在畦面盖作物秸秆或树叶等。第二年天气转暖，气温回升到 1℃以上时，逐渐撤去覆盖物，随即中耕松土，深度 1～2 cm，春分前后，浇返青水。

3. 加强田间管理

采薹后立即浇催头水，以后每 5～6 天浇一水，直到收获前 1 周停止。在收蒜头前 1～2 天适量浇水，以疏松土壤，方便收获。

（六）病虫害防治

绿色食品大蒜病虫害防治，采取以农业和生物防治技术为主的综合防治措施。

1. 选用抗病品种

选用产量高、品质好、抗病的白皮蒜种为主栽品种。

2. 培育壮苗

选择蒜瓣肥大、芽饱满、色泽洁白、无病斑、无伤口的蒜瓣作种。施足基肥，浇足苗情水及越冬水，保证苗齐、苗全、苗壮。

3. 物理防治

在生产过程中采用人工捕捉、汞灯诱虫等物理方法进行捕杀、诱杀。

4. 化学防治

在物理方法不能确保防治效果的前提下，可以采取化学防治的方法进行防治，用药应符合 NY/T 393 的要求。大蒜发生的病害较轻时，一般不需防治。主要害虫有蚜虫，可于 4 月下旬蚜虫始盛期的傍晚前，用 5%氯氰菊酯乳油 25 mL/亩，兑水均匀喷雾。

（七）收获

采薹后约 20 天左右，大蒜的底叶枯黄脱落，假茎松软，这时为收获蒜头的适期，一般在收获前 1～2 天浇小水一次，使土壤湿润松软，用手提拉假茎，拔起蒜头；若土壤干硬，应用镢、锨等工具挖松蒜头根际泥土，再行拔起。收获时轻拔轻放，防止蒜头受伤。

十、A 级绿色食品大棚黄瓜生产技术操作规程

（一）范围

本规程规定了 A 级绿色食品大棚早春黄瓜生产的品种选择、育苗、田间管理、保温措施、施肥、病虫害防治等技术。

本标准适用于黑龙江省 A 级绿色食品大棚黄瓜生产的技术标准。

（二）引用标准

SH/T 1025—10288 蔬菜贮藏与运输技术

NY/ 391～394—2000 执行

（三）技术要求

1. 产地环境条件

符合 NY/T 391 的要求。

2. 品种选择

选择长春密刺、新泰密刺，种子质量达到二级以上，纯度 95%以上。

3. 育苗

（1）育苗方式。温室内营养钵或营养块育苗。

（2）播种期。2 月中旬至 2 月下旬。

（3）播种方式。催芽、育苗移栽。

（4）播种量。播种量 2.25 kg/ hm^2。

（5）播种前的准备。

① 育苗盘准备：规格为 50 cm×35 cm×5 cm 或（60～70）cm×40 cm×5 cm。育苗盘育苗用河沙。

② 营养土的配制：40%园田土，60%陈草炭土或腐熟有机肥混拌均匀，每立方米混合土再加 10 kg 腐熟大粪面或腐熟鸡粪，1 kg 磷酸二铵。

③ 营养钵及营养土块制作：营养筒用旧报纸或废塑料薄膜制成，或购营养钵，高 8cm，直径 8 cm，移栽前或播种前装入营养土备用。

④ 种子处理：播种前用 50℃温水浸泡烫种 10～15 min，不断搅拌，待水温降到 25℃时，浸种 8～10 h 后搓洗，清水投净。

⑤ 催芽：胚芽刚萌动放在 0～2℃的低温条件下 1 周。

（6）播种。

① 沙箱播种育苗：用 80℃热水浇透水，待稍冷撒播，覆沙 1 cm，给小拱棚盖上地膜，出苗后立即撤膜；子叶展平时，保持根系移入营养钵，少量覆土后浇透水。

② 催芽直播育苗：用温水浇透营养体，选 1 粒平放，覆土 1cm。

（7）苗期温度管理。

（8）苗期水分管理。缓苗后，苗床保持湿润，表土见干时喷水，湿度 60%～70%。阴天不浇水，晴天上午 10 点前浇水。

（9）壮苗指标。苗龄 50 d 左右。真叶展开 4～5 片；茎粗节间短，子叶肥厚，有 80%以上现蕾。

（10）扣棚。

① 扣棚时间：用聚乙烯膜时，春天定植前 15～20 d 扣棚。用抗老化膜在头年秋季封冻前扣棚。用厚度 0.1～0.12 mm 的聚乙烯膜 120 kg/亩，厚度为 0.12 mm 的聚乙烯膜 150 kg/亩。

② 整地：2 月下旬，翻地晒土后施肥、起垄，垄宽 60～70 cm。

③ 施基肥：结合整地将有机肥夹施，施腐熟优质农家肥 6～10 t/亩，翔宇牌有机活性复合专业肥（蔬菜专用）25～30 kg/亩或秸秆熟化有机生物肥 35～45 kg/亩。

④ 扣棚：一般在 3 月上、中旬扣大棚。

4. 定植时间

（1）定植安全期。当棚内最低气温稳定通过 8～10℃时，10 cm 土温稳定通过 10℃即可定植。

（2）定植时间。多层覆盖定植在 4 月上、中旬，单层棚在 4 月下旬。

（3）定植方式与密度。垄作，株距 20～25 cm，行距 60～70 cm，保苗 5～6 株/m^2。

（4）保温措施。可种用多层覆盖，一般为 3～4 层。用地膜棚膜、无防布、草帘子等材料。

5. 田间管理

（1）温度。缓苗期白天 30℃左右，夜间 15℃左右；生长期白天 25～30℃，夜间 10～15℃。

（2）湿度。控制棚内湿度在 80%左右，缓苗期后看天、看土、看苗浇水。前期小灌（水过地皮干），中期适当灌（水过地皮湿），后期大水漫灌。晴天上午灌水，下午通风；阴天不灌水，土壤湿度在 50%以下时灌水，每次产量高峰栽瓜后，可结合追肥灌水。

（3）通风。终霜前棚内最高温度达到 28℃时通风，不能放底风和串堂风；终霜后外界气温稳定通过 13℃以上，可昼夜放风。

（4）追肥。根瓜收获后进行第一次追肥，用磷酸二氢钾 0.2 kg/亩配成 0.1%～0.2%浓度的溶液，叶面喷肥结合灌水进行。

（5）搭架。定植后 10～15 d 塔架，用聚丙烯绳绑蔓摘除病叶、老叶、卷须以及雄花、侧蔓。

6. 防病、防虫

（1）防病

霜霉病：用 50%瑞毒霉可湿性粉剂 1 000 倍喷雾 1 次，用量 75～120g/亩。或用 75%百菌清可湿性粉剂 600 倍液喷雾 1 次，用量 100～200 kg/亩，或用 400～600 倍普力克喷雾 1 次。

细菌性角斑病：用 500～600 倍 30%杀菌灵喷雾 1 次。

菌核病和炭疽病：用 500 倍 25%多菌灵喷雾 1 次（施药距采收间隔 7d 以上）。

（2）防虫。用 40%乐果乳油 2 000 倍液，用量 50～100 g/亩喷雾 1 次（施药距采收间隔 9 d 以上）。

（四）收获

1. 采收时间

达到商品性状成熟时及时采收，根瓜要早收。

2. 采收时，着装卫生洁净

不得从其他品种棚室转入，身上无农药气味。

3. 商品瓜与病害瓜分别采收，容器专用

采摘商品瓜容器要卫生洁净，采摘病害瓜、病叶或病植株的容器原则上应采用一次性的，用后烧掉或者与病害体一同处理。

附二　绿色食品养殖业生产操作规程

一、A 级绿色食品生猪生产操作规程

在黑龙江省生猪饲养管理技术规范（试行稿）的基础上，采用农业部 A 级绿色食品 NY/T 268—95 至 NY/T 292—95，结合佳木斯市畜牧业生态和生产条件，制定本标准。

（一）范围

本规程规定了 A 级绿色生猪生产条件、品种、饲养管理、防疫、出栏等技术要求。

本规程适用于佳木斯市 A 级绿色生猪生产。

（二）引用标准（略）

（三）术语（略）

（四）技术要求

1. 环境要求

（1）外环境。要求生猪饲养基地的生态环境良好，大气、土壤、水三项环境指标符合 GB 3095—1996、GB 3838—1998、GB 15618—1995 标准。不合格者，不能作为绿色畜禽饲养基地。

（2）场址选择。

① 舍址：要求所建的猪舍可以依据生猪的生理特点，以及当地的环境、地形、地势等选择适宜的位置，并合理规划猪场。

② 内部条件：要求所建的猪舍能为生猪创造良好的生活环境，相对湿度 50%～70%，适宜光照，通风排良好，冬季保温性能良好，舍内空气清新。便于饲养管理和卫生防疫，保证整个猪群体健康生长，

③ 卫生：猪舍的四周不能有屠宰场、化工厂、皮革厂等之类的污染源存在。场（舍）应距公路干线 400 m 以上，距次要公路 150 m 以上，距居区或村镇 1 000 m 以上，以防止病源微生物的侵染及有害气体的污染，有效地防止疫病传播。

④ 交通：要求交通便利，饲草、饲料资源丰富，放牧地不能太远。

（3）场（舍）内布局。

① 原则：要以利于生产、饲养、管理、防疫和方便生活为原则，统一规划，行政、生活区距场（舍）250 m 以上，场（舍）单独隔离。

② 消毒：进入场（舍）必须有消毒设施。

③ 污物处理：场（舍）下风头 50 m 以外建有固定的粪便、垃圾处理场和污水井。

④ 病死猪处理：为有效防止疫病传播，在场（舍）下风向 150 m 以上的地方应建立病死畜禽焚烧炉。

2. 饲料要求

（1）来源。饲养生猪所有的精粗饲料必须由具备绿色食品生产条件的饲料基地供应。

（2）添加剂。饲料所选用的各种添加剂，以满足生猪对能量、蛋白质、钙、磷、氯和维生素 A、B、

C、E 的需要，合理配给。须符合绿色食品发展中心制定的《生产绿色食品的饲料添加剂使用准则》。严禁使用激素、抗生素、化学防腐剂等添加剂。并按该准则配制生猪饲料配方。

3. 防疫要求

（1）兽药。防治生猪疫病所用药物以中草药、生物制品、矿物性药物为主，以增强生猪自身免疫力为目的，严格控制抗生素及有害化学药物的使用。用药必须符合国家绿色食品发展中心制定的《绿色食品的兽药使用准则》。

（2）禁用药物。在绿色食品生猪生产中，严禁使用各类化学合成激素、化学合成促生长素、有机磷和有机氯等兽药。

（3）消毒。生猪及场（舍）消毒严禁使用毒性杀虫剂和灭菌防腐药物。

（五）饲养管理

1. 生猪品种选择

饲养商品猪为瘦肉型三元经济杂交猪。

2. 计划

合理安排猪群周转计划和配种计划。

3. 卫生

猪舍保持洁净、干燥，并定期消毒，驱除体内外寄生虫。

4. 防疫

搞好综合防疫，按照免疫程度进行免疫注射。

5. 饲料

按照猪的不同生长发育阶段，科学饲养管理，选用配合饲料或糖化、生物饲料。饲料配制必须根据各种猪只的营养需要，配制营养全价的饲养日粮，并具有良好的适口性。

6. 妊娠

搞好妊娠母猪产前、产后护理，产房要保持温暖、干燥，空气新鲜。

7. 仔猪

搞好妊娠母猪的饲养管理，防寒、防压、防病。40~60 日龄断乳，及早引导训练补料开食。日粮中粗脂肪 2.5%、粗蛋白质 15%、粗纤维 4%、钙 0.6%~0.75%、磷 0.5%~0.65%。

8. 育肥

育肥猪采用直线育肥的方法，保证猪在合理的营养水平下饲养，搞好驱虫健胃。

9. 出栏

适时出栏，出栏体重 90~100 kg。

二、A 级绿色食品鱼类生产技术操作规程

在 DB23/T 150—1992 池塘养殖商品鱼亩产 150 kg、200 kg、250 kg 生产技术规程的基础上，采用农业部 A 级绿色食品标准（NY/T 268—1995 至 NY/T 292—1995）结合佳木斯地区渔业生态和生产条件，

制定本标准。

（一）范围

本规程规定了 A 级绿色食品鱼养殖的池塘条件、放养前的准备、鱼种放养、饲养管理、出池等技术要求。

（二）引用标准

下列标准所含的条文，通过在标准中引用而构成标准条文，在标准出版时，所示版本均为有效。所有版本标准都会被修订，使用标准时，注意引用下列标准的有效性。

1. GB 3095　环境空气质量标准

2. GB 3838　地面水环境质量标准

3. GB 156185　土壤环境质量标准

4. GB 11607　渔业水质标准

5. DB23/T 148　鱼病防治技术规程

6. 符合《绿色食品标准》中的《生产绿色食品的饲料添加剂使用准则》

7. 符合《绿色食品标准》中的《生产绿色食品的鱼药使用准则》

（三）术语（略）

（四）技术要求

池塘条件

（1）水源充足，水质清新，符合《渔业水质标准》，注排水方便，有电源，交通方便，设施齐全。

（2）池底平坦，无渗漏；堤坝坚固，不受洪水威胁。

（3）池塘面积 0.001～2.000 hm^2，蓄水深度平均在 1.5～2.0 m。

（五）放养前的准备

1. 整池清塘消毒

参照 DB23/T 148—1992 鱼病预防技术规程。

2. 饲料要求

（1）来源。养殖鱼所用精粗饵料必须是由具备绿色食品生产条件的饲料基地供应。

（2）添加剂。饵料所选用的各种添加剂，以满足养殖鱼对能量、蛋白质、钙、磷等和维生素 A、B、C、E 以及氨基酸的需要，合理配给，须符合绿色食品发展中心制定的《生产绿色食品的饲料添加剂使用准则》，严禁使用激素、抗生素、化学防腐剂等，并按该准则配制鱼饵配方。

（3）包装。必须符合保证产品质量和安全、卫生的要求，便于储运及使用，不可使用农药和有毒物质污染而未经清洗的包装袋包装。产品包装应标明名称、规格、主要营养成分、重量、出厂日期及生产厂名。

（4）储运。产品应在干燥通风性能好的仓库中储存，垛间通风道不少于 0.8 m，相对湿度应不大于 60%，并注意防潮和防止污染，运输中注意防雨，储存不大于三个月。

（六）鱼种放养

1. 放养时间

鱼种要尽早放养，每年的 5 月上旬放完，放鱼种要在晴天进行。

2. 放养品种、比例、规格、密度

参照 DB23/T 150—1992 标准。

（七）饲养管理

1. 投饵

（1）饵料质量。要保证饵料质好、适口、无腐烂变质，粗蛋白量要达到 25%。

（2）饵料数量。以鲤草鲫鲶为主，鲁草鲫鲶和鲢鳙各半及以鲢鳙鱼为主的三种类型，其总的鱼产量与投饵关系是，用旱草喂草鱼的饵料系数为 30～40，用水草为 60～80。各月份投饵量占全年总投饵量的百分比分别为 5 月 5%、6 月 20%、7 月 30%、8 月 35%、9 月 10%。日投饵量要根据上一天鱼类摄食量和当天的鱼类活动、摄食及天气、水质等情况灵活掌握。

（3）投料时间。从鲤草鲫鲶鱼放入鱼池第三天开始投喂，直至出池上市为止，养殖鲤鲫鱼的池塘每池搭一个饲料台，进行音响驯化，草鱼饲料台用木制三角框放在鱼池中，将无毒的嫩草放入框中即可。5 月和 9 月份每日投喂二次，6～8 月每日投喂 2 次，投草每天 2 次。

2. 施肥

施基肥要在注水前，将发酵腐熟的粪肥均匀分布在池底，用量 300～1 000 kg/亩，具体要根据池塘、水源、水质的原有肥力和养殖类型决定。以后追肥要勤施少施，注意调节水质。要以水色和透明度为依据，鲤草鱼为主的池塘透明度 35～40 cm，鲤草鲫鲶鱼和鲢鳙鱼各半的在 25～35 cm，鲢鳙鱼为主的在 20～25 cm，及时追施肥料。粪肥用量 50～100 kg/亩，沿池水边缘均匀浸泡堆积。压绿肥要将嫩青草堆放池角，泡入水中，上面压上马粪或生石灰，待青草腐烂后再将残渣捞出。

3. 注水换水

放养后 5～7 d 一次注水深度达 60～70 cm，以后每 7～10 d 注一次新水，7 月上旬达到最高安全水位。此后要定期注水保持这一水位，并根据水质变化情况经常排出老水，注入新水。注水口要用筛绢过滤，防止野杂鱼及其鱼卵进入鱼池，并要采用有效方法防止水流严重冲刷注水和堤坝。

4. 鱼病预防

参照 DB23/T 148—1992 鱼病预防技术规程。

鱼药：防治鱼病所用药物以中草、生物制品、矿物性药物为主，以增强鱼自身免疫力为目的，严格控制抗生素及有害化学药物的使用。用药必须符合国家绿色食品发展中心制定的《绿色食品的鱼药使用准则》。

5. 巡塘

每天早、中、晚巡塘一次。黎明观察池鱼有无浮头现象，结合投饵和测水温等工作，检查池鱼活动和吃食情况，近黄昏检查全天鱼吃食情况和有无浮头预兆，发现问题及时解决。

6. 定期检查

每隔 15～20 d 进行一次鱼体生长和鱼病检查，根据鱼类长势，制定下步饲养管理措施，促进鱼类快速生长。发现鱼病，要立即治疗。

7. 要经常清除池边杂草，作好池塘记录，做好除草、防害、防汛、防盗工作

（八）出池

秋季出池时，要根据各个池塘鱼的长势，制定出池计划。要做到出一个池净一个池，不要泛泛打网。需要越冬的商品鱼，要适时出池，细心操作，防止鱼体冻伤，进行鱼体消毒后入越冬池。

模块四　绿色食品质量监控体系

学习目标：

1. 明确绿色食品标准体系构成
2. 明确绿色食品生产所涉及的各个方面标准
3. 掌握绿色食品产品质量检验的主要内容
4. 掌握绿色食品产品质量检验的程序

课题一　绿色食品标准体系

绿色食品标准不是单一的产品标准，而是由一系列的标准构成的，是一个非常完善的质量控制标准体系，主要由产地环境质量标准、生产技术标准、产品质量标准、包装标签储运标准 4 个部分组成。

一、绿色食品标准概述

（一）绿色食品标准含义

绿色食品标准是在绿色食品生产中必须遵守的、绿色食品质量认证及标志使用管理时必须依据的技术性文件。绿色食品标准是由农业部发布的推荐性国家农业行业标准，对经认证的绿色食品生产企业来说，是强制性标准，必须严格执行。

（二）绿色食品标准作用

绿色食品标准在绿色食品生产、加工、销售过程中，有着不可替代的作用。特别是我国加入 WTO 以后，为开展可持续农产品及有机农产品平等贸易提供了技术保障依据，为我国农业，特别是生态农业、可持续农业，在对外开放过程中提高自我保护与自我发展能力创造了条件。

绿色食品标准作为绿色食品生产经验的总结和科技发展的结果，对绿色食品产业发展所起的作用表现在以下几个方面：

1．绿色食品标准是进行绿色食品质量认证和质量体系认证的依据

质量体系认证指由可以充分信任的第三方，证实某一经鉴定的产品生产者，其生产技术和管理水平符合特定标准的活动。由于绿色食品认证实行产前、产中、产后全过程质量控制，同时包含了质量认证和质量体系认证。因此，无论是绿色食品质量认证，还是质量体系认证，都必须有适宜的标准依据，否则就不具备开展认证活动的基本条件。

2．绿色食品标准是开展绿色食品生产活动的技术、行为规范

绿色食品标准不仅是对绿色食品产地环境质量、产品质量、生产资料等毒副作用的指标规定，而更重要的是对绿色食品生产者、管理者的行为规定，是评定、监督与纠正绿色食品生产者、管理者技术行为的尺度，具有规范绿色食品生产活动的功能。

3．绿色食品标准是推广先进生产技术、提高绿色食品生产加工水平的指导性文件

绿色食品标准不仅要求产品质量达到绿色食品产品标准，而且为产品达标提供了先进的生产方式和生产技术指标。

4．绿色食品标准是维护绿色食品生产者和消费者利益的技术和法律依据

绿色食品标准作为质量认证依据，对接受认证的生产企业来说，属强制执行标准，企业生产的绿色食品产品和采用的生产技术都必须符合绿色食品标准要求。当消费者对某企业生产的绿色食品提出异议或依法起诉时，绿色食品标准就成为裁决的合法技术依据。同时，国家工商行政管理部门，也将依据绿色食品标准打击假冒绿色食品产品的行为，保护绿色食品生产者和消费者利益。

5．绿色食品标准是提高我国食品质量，增强我国食品在国际市场的竞争力，促进产品出口创汇的技术目标依据

绿色食品标准是以我国国家标准为基础，参照国际标准和国外先进标准制定的，既符合我国国情，又具有国际先进水平。对我国大多数食品生产企业来说，要达到绿色食品标准有一定难度，但只要进行技术改造，改善经营管理水平，提高企业素质，许多企业是完全能够达到的，其生产的食品质量也能符合国际市场要求。而目前国际市场对绿色食品的需求远远大于生产，这就为达到绿色食品标准的产品提供了广阔的市场。

（三）绿色食品标准制定

1．绿色食品标准的制定原则

为最大限度地促进生物良性循环，合理配置和利用自然资源，减少经济行为对生态环境的不良影响，提高食品质量，维护和改善人类生存和发展环境，在制定绿色食品标准时要坚持以下原则：

① 生产优质、营养、对人畜安全的食品及饲料，并保证获得一定产量和经济效益，兼顾生产者和消费者双方的利益。

② 保证生产地域内环境质量不断提高，其中包括保持土壤的长期肥力和洁净，有助于水土保持；保证水资源和相关生物不遭受损害；有利于生物自然循环和生物多样性的保持。

③ 有利于节省资源，其中包括要求使用可更新资源，自然降解或可回收利用材料；减少长途运输，避免过度包装等。

④ 有利于先进技术的应用，以保证及时利用最新科技成果为绿色食品发展服务。

⑤ 有关标准的技术要求能够被验证。有关标准要求采用的检验方法和评价方法，不能是非标准方法，必须是国际标准、国家标准或技术上能保证再现性的试验方法。

⑥ 绿色食品标准的综合技术指标，不低于国际标准和国外先进标准的水平。同时，生产技术标准有很强的可操作性，能被生产者接受。

⑦ 严格控制使用基因工程技术。

2．绿色食品标准的制定依据

绿色食品标准是在借鉴国内外相关标准基础上，结合绿色食品生产实践而制定的。绿色食品标准主要依据如下几个标准制定：

- 欧共体有机农业及其有关农产品和食品条例。
- 有机农业运动国际联盟（IFOAM）有机农业和食品加工基本标准。
- 联合国食品法典委员会（CAC）有机生产标准。
- 我国国家环境标准。
- 我国国家食品质量标准。
- 我国绿色食品生产技术研究成果。

（四）绿色食品标准等级

绿色食品标准分为AA级绿色食品标准和A级绿色食品标准。

1．AA级绿色食品标准

AA级绿色食品标准要求，生产地的环境质量符合《绿色食品产地环境质量标准》，生产过程中不使用化学合成的农药、肥料、食品添加剂、饲料添加剂、兽药及有害于环境和人体健康的生产资料，而是通过使用有机肥、种植绿肥、作物轮作、生物或物理方法等技术，培肥土壤、控制病虫草害、保护或提高产品品质，从而保证产品质量符合绿色食品产品标准要求。

2．A级绿色食品标准

A 级绿色食品标准要求，生产地的环境质量符合《绿色食品产地环境质量标准》，生产过程中严格按绿色食品生产资料使用准则和生产操作规程要求，限量使用限定的化学合成生产资料，并积极采用生物技术和物理方法，保证产品质量符合绿色食品产品标准要求。

二、绿色食品产地环境质量标准

（一）范围

绿色食品产地环境质量标准（NY/T 391—2000）为中华人民共和国农业行业标准。

本标准规定了绿色食品产地的环境空气质量、农田灌溉水质、渔业水质、畜禽养殖水质和土壤环境质量的各项指标及浓度限值，监测和评价方法。适用于绿色食品（AA 级和 A 级）生产的农田、蔬菜地、果园、茶园、饲养场、放牧场和水产养殖场。

本标准还提出了绿色食品产地土壤肥力分级，供评价和改进土壤肥力状况时参考。适用于栽培作物土壤，不适于野生植物土壤。

（二）引用标准

GB 3095—1996（环境空气质量标准）；GB 5084—92（农田灌溉水质标准）；GB 11607—89（渔业水质标准）；GB 5749—85（生活饮用水质标准）；GB 15618—1995（土壤环境质量标准）；GB 9137—88（保护农作物的大气污染物最高允许浓度）；GB 7173—87（土壤全氮测定法）；GB 7845—87（森林土壤颗粒组成的测定）；GB 7853—87（森林土壤有效磷的测定）；GB 7856—87（森林土壤速效钾的测定）；GB 7863—87（森林土壤阳离子交换量的测定）。

（三）定义

本标准采用下列定义：

1. 绿色食品

系指遵守可持续发展原则，按照特定生产方式生产，经专门机构认定，许可使用绿色食品标志的，无污染的安全、优质、营养类食品。

2. AA 级绿色食品

系指生产地的环境质量符合 NY/T 391 要求，生产过程中不使用化学合成的肥料、农药、兽药、饲料添加剂、食品添加剂和其他有害于环境和身体健康的物质，按有机生产方式生产，产品质量符合绿色食品产品标准，经专门机构认定，许可使用 AA 级绿色食品标志的产品。

3. A 级绿色食品

系指生产地的环境质量符合 NY/T 391 的要求，生产过程中严格按照绿色食品生产资料使用准则和生产操作规程要求，限量使用限定的化学合成生产资料，产品质量符合绿色食品产品标准经专门机构认定，许可使用 A 级绿色食品标志的产品。

4. 绿色食品产地环境质量

绿色食品植物生长地和动物养殖地的空气环境、水环境和土壤环境质量。

（四）环境质量要求

绿色食品生产基地应选择在无污染和生态条件良好的地区。基地选点应远离工矿区和公路铁路干线，避开工业和城市污染源的影响，同时绿色食品生产基地应具有可持续的生产能力。

1. 空气环境质量要求

绿色食品产地空气中各项污染物含量不应超过表 4-1 所列的浓度值。

表 4-1　空气中各项污染物的浓度限值

项目	浓度限值	
	日平均	1h 平均
总悬浮颗粒物（TSP）	0.30 mg/m³	—
二氧化硫（SO_2）	0.15 mg/m³	0.50 mg/m³
氮氧化物（NO_x）	0.10 mg/m³	0.15 mg/m³
氟化物（F）	7 μg /m³	20 μg/m³

注：① 日平均指任何 1 d 的平均浓度；② 1h 平均指任何 1 h 的平均浓度；③连续采样 3 d，每天早、中和晚各一次。

2. 农田灌溉水质要求

绿色食品产地农田灌溉水中各项污染物含量不应超过表 4-2 所列的浓度值。

表 4-2　农田灌溉水中各项污染物的浓度限值　单位：mg/L

项目	浓度限值	项目	浓度限值
pH	5.5～8.5	总铅	0.1
总汞	0.001	六价铬	0.1
总镉	0.005	氟化物	2.0
总砷	0.05	粪大肠菌群	10 000 个/L

注：灌溉菜园用的地表水需测粪大肠菌群，其他情况下不测粪大肠菌群。

3. 渔业水质要求

绿色食品产地渔业用水中各项污染物含量不应超过表 4-3 所列的浓度值。

4. 畜禽养殖用水要求

绿色食品产地畜禽养殖用水中各项污染物不应超过表 4-4 所列的浓度值。

表 4-3　渔业用水中各项污染物的浓度限值　　单位：mg/L

项目	浓度限值	项目	浓度限值
色、臭、味	不得使水产品带异色、异臭和异味	总镉	0.005
漂浮物质	水面不得出现油膜或浮沫	总铅	0.05
悬浮物	人为增加的量不得超过 10	总铜	0.01
pH	淡水 6.5～8.5，海水 7.0～8.5	总砷	0.05
溶解氧	＞5	六价铬	0.1
生化需氧量重	5	挥发酚	0.005
总大肠菌群	5 000 个/L（贝类 500 个/L）	石油类	0.05
总汞	0.000 5		

表 4-4　畜禽养殖用水各项污染物的浓度限值　　单位：mg/kg

项目	标准值	项目	标准值
色度	15 度，并不得呈现其他异色	总砷	0.05
混浊度	3 度	总汞	0.001
臭和味	不得有异臭、异味	总镉	0.01
肉眼可见物	不得含有	六价铬	0.05
pH	6.5～8.5	总铅	0.05
氟化物	1.0	细菌总数	100 个/mL
氰化物	0.05	总大肠菌群	3 个/L

5. 土壤环境质量要求

本标准将土壤按耕作方式的不同分为旱田和水田两大类，每类又根据土壤 pH 的高低分为 3 种情况，即 pH＜6.5，pH=6.5～7.5，pH＞7.5。绿色食品产地各种不同土壤中的各项污染物含量不应超过表 4-5 所列的限值。

6. 土壤肥力要求

为了促进生产者增施有机肥，提高土壤肥力，生产 AA 级绿色食品时，转化后的耕地土壤肥力要达到土壤肥力分级Ⅰ级、Ⅱ级指标（见表 4-6）。生产 A 级绿色食品时，土壤肥力作为参考指标。

（五）监测方法

采样方法除本标准有特殊规定外，其他的采样方法和所有分析方法按本标准引用的相关国家标准执行。

空气环境质量的采样和分析方法根据 GB 3095 和 GB 9137 的规定执行。农田灌溉水质的采样和分析方法根据 GB 5084 的规定执行。渔业水质的采样和分析方法根据 GB 11607 的规定执行。畜禽养殖水质的采样和分析方法根据 GB 5749 的规定执行。土壤环境质量的采样和分析方法根据 GB 15618 的规定执行。

表 4-5　土壤中各项污染物的含量限值　　单位：mg/kg

耕作条件	旱田			水田		
pH	<6.5	6.5～7.5	>7.5	<6.5	6.5～7.5	>7.5
镉	0.30	0.30	0.40	0.30	0.30	0.40
汞	0.25	0.30	0.35	0.30	0.40	0.40
砷	25	20	20	20	20	15
铅	50	50	50	50	50	50
铬	120	120	120	120	120	120
铜	50	60	60	50	60	60

注：①果园土壤中的铜限量为旱田中的铜限量的一倍；②水旱轮作用的标准值取严不取宽。

表 4-6　土壤肥力分级参考指标

项目	级别	旱地	水田	菜地	园地	牧地
有机质/（g/kg）	I	>15	>25	>30	>20	>20
	II	10～15	20～25	20～30	15～20	15～20
	III	<10	<20	<20	<15	<15
全氮/（g/kg）	I	>1.0	>1.2	>1.2	>1.0	—
	II	0.8～1.0	1.0～1.2	1.0～1.2	0.8～1.0	—
	III	<0.8	<1.0	<1.0	<0.8	—
有效磷/（mg/kg）	I	>10	>15	>40	>10	>10
	II	5～10	10～15	20～40	5～10	5～10
	III	<5	<10	<20	<5	<5
有效钾/（mg/kg）	I	>120	>100	>150	>100	—
	II	80～120	50～100	100～150	50～100	—
	III	<80	<50	<100	<50	—
阳离子交换量/(cmol/kg)	I	>20	>20	>20	>15	—
	II	15～20	15～20	15～20	15～20	—
	III	<15	<15	<15	<15	—
质地	I	轻壤、中壤	中壤、重壤	轻壤	砂壤、中壤	—
	II	砂壤、重砂	砂壤、轻黏土	砂壤、中壤	砂壤、中壤	重壤
	III	砂土、黏土	砂土、黏土	砂土、黏土	砂土、黏土	—

注：①土壤肥力的各个指标，I 级为优良、II 级为尚可、III 级为较差。供评价者和生产者在评价和生产时参考。生产者应增施有机肥，使土壤肥力逐年提高；②土壤肥力测定方法见 GB 7173，GB 7845，GB 7853，GB 7856，GB 7863。

三、绿色食品添加剂使用准则

（一）范围

绿色食品添加剂使用准则（NY/T 392—2000）为中华人民共和国农业行业标准。本标准规定了生产 A 级和 AA 级绿色食品所允许使用的食品添加剂的种类、使用范围和最大使用量，以及不应使用的品种。

本标准适用于绿色食品生产过程中所使用的食品添加剂。

（二）引用标准

GB 2760—1996（食品添加剂使用卫生标准），GB 12493—90（食品添加剂的分类和代码），GB 14880—94（食品营养强化剂使用卫生标准），NY/T 391—2000（绿色食品产地环境质量标准）。

（三）定义

本标准采用下列定义：

1. AA 级绿色食品生产资料

经专门机构认定，符合绿色食品生产要求，并正式推荐用于 A 级和 AA 级绿色食品生产的生产资料。

2. A 级绿色食品生产资料

经专门机构认定，符合绿色食品生产要求，并正式推荐用于 A 级绿色食品生产的生产资料。

3. 天然食品添加剂

以物理方法从天然物中分离出来，经过毒理学评价确认其食用安全的食品添加剂。

由人工合成的，其化学结构、性质与天然物质完全相同，经毒理学评价确认其食用安全的食品添加剂。

4. 化学合成添加剂

由人工合成的，其化学结构、性质与天然物质不相同，经毒理学评价确认其食用安全的食品添加剂。

（四）生产绿色食品的食品添加剂使用目的与使用原则

1. 食品添加剂和加工助剂的使用目的

保持与提高产品的营养价值；提高产品的耐贮性和稳定性；改善产品的成分、品质和感观，提高加工性能。

2. 食品添加剂和加工助剂的使用原则

- ❖ 如果不使用添加剂或加工助剂就不能生产出类似的产品。
- ❖ AA 级绿色食品中只允许使用“AA 级绿色食品生产资料”食品添加剂类产品。
- ❖ A 级绿色食品中允许使用“AA 级绿色食品生产资料”产品和“A 级绿色食品生产资料”食品添加剂类产品，在这类产品均不能满足生产需要的情况下，允许使用除本标准以外的化学合成食品添加剂，所用食品添加剂的产品质量必须符合相应的国家标准、行业标准。
- ❖ 允许使用的食品添加剂的使用量应符合 GB 2760—1996、GB 14880—94 的规定。
- ❖ 不得对消费者隐瞒绿色食品中所用食品添加剂的性质、成分和使用量。
- ❖ 在任何情况下，绿色食品中不得使用表 4-7 所列食品添加剂。表 4-7 中的分类和代码与 GB 12493 相同。

四、绿色食品农药使用准则

（一）范围

绿色食品农药使用准则（NY/T 393—2000）为中华人民共和国农业行业标准。本标准规定了 AA 级绿色食品及 A 级绿色食品生产中允许使用的农药种类、毒性分级和使用准则。

本标准适用于在我国取得登记的生物源农药（biogenic pesticides）、矿物源农药（pesticides of fossil origin）和有机合成农药（synthetic organic pesticides）。

（二）使用标准

GB 4285—84（农药安全使用标准），GB 8321.1—87 [农药合理使用准则（一）]；GB 8321.2—87[农药合理使用准则（二）]，GB 8321.3—89 [农药合理使用准则（三）]；GB 8321.4—93[农药合理使用准则（四）]，GB 8321.5—1997[农药合理使用准则（五）]；GB 8321.6—1999[农药合理使用准则（六）]，NY/T 391—2000（绿色食品产地环境技术条件）。

（三）定义

本标准采用下列定义：

1. 生物源农药

系指直接利用生物活体或生物代谢过程中产生的具有生物活性的物质或从生物体提取的物质作为防治病虫草害的农药。

2. 矿物源农药

系指有效成分起源于矿物的无机化合物和石油类农药。

表 4-7　生产绿色食品禁止使用的食品添加剂

类　别	食品添加剂名称
抗结剂	亚铁氰化钾（02.001）
抗氧化剂	4-乙基间苯二酚（04.013）
漂白剂	硫黄（05.007）
膨松剂	硫酸铝钾（钾明矾）（06.004） 硫酸铝铵（铵明矾）（06.005）
着色剂	赤藓红铝色淀（08.003） 新红铝色淀（08.004） 二氧化钛（08.001） 焦糖色（亚硫酸铵法）（08.109） 焦糖色（加氨生产）（08.110）
护色剂	硝酸钠（钾）（09.001） 亚硝酸钠（钾）（09.002）
乳化剂	山梨醇酐单油酸酯（司盘 80）（10.005） 山梨醇酐单棕榈酸酯（司盘 40）（10.008） 山梨醇酐单月桂酸酯（司盘 20）（10.015） 聚氧乙烯山梨醇酐单油酸酯（吐温 80）（10.016） 聚氧乙烯（20）-山梨醇酐单月桂酸酯（吐温 20）（10.025） 聚氧乙烯（20）-山梨醇酐单棕榈酸酯（吐温 40）（10.026）
面粉处理剂	过氧化苯甲酰（13.001） 溴酸钾（13.002）
防腐剂	苯甲酸（17.001） 苯甲酸钠（17.002） 乙氧基喹（17.1010） 仲丁胺（17.011） 桂醛（17.012） 噻苯咪唑（17.018） 过氧化氢（或过碳酸钠）（17.020） 乙萘酚（17.021） 联苯醚（17.022） 2-苯基苯酚钠盐（17.023） 4-苯基苯酚（17.024） 五碳双缩醛（戊二醛）（17.025） 十二烷基二甲基溴化胺（新洁而灭）（17.026） 2、4-二氯苯氧乙酸（17.027）
甜味剂	糖精钠（19. 001） 环乙基氨基磺酸钠（甜蜜素）（19. 002）

注：以上所列是目前禁用的食品添加剂品种，该名单将随国家新规定而修订。

3．有机合成农药

系指由人工研制合成，并由有机化学工业生产的商品化的一类农药，包括中等毒和低毒类杀虫杀螨剂、杀菌剂、除草剂，可在 A 级绿色食品生产上限量使用。

4．AA 级绿色食品生产资料

系指经专门机构认定，符合绿色食品生产要求，并正式推荐用于 AA 级和 A 级绿色食品生产的生产资料。

5．A 级绿色食品生产资料

系指经专门机构认定，符合 A 级绿色食品生产要求，并正式推荐用于 A 级绿色食品生产的生产资料。

（四）农药种类

1．生物源农药

（1）微生物源农药

① 农用抗生素：灭瘟素、春雷霉素、多抗霉素（多氧霉素）、井岗霉素、农抗 120、中生菌素等，用于防治真菌病害；浏阳霉素、华光霉素等用于防治螨类。

② 活体微生物农药：蜡蚧轮枝菌等真菌剂；苏云金杆菌，蜡质芽孢杆菌等细菌剂；拮抗菌剂；昆虫病原线虫；微孢子；核多角体病毒。

（2）动物源农药

① 昆虫信息素（或昆虫外激素）：如性信息素。

② 活体制剂：寄生性、捕食性的天敌动物。

（3）植物源农药

① 杀虫剂：除虫菊素、鱼藤酮、烟碱、植物油乳剂等。

② 杀菌剂：大蒜素。

③ 拒避剂：印楝素、苦楝、川楝素。

④ 增效剂：芝麻素。

2．矿物源农药

（1）无机杀螨杀菌剂

硫制剂：硫悬浮剂、可湿性硫、石硫合剂等。

铜制剂：硫酸铜、王铜、氢氧化铜、波尔多液等。

（2）矿物油乳剂

（3）有机合成农药

（五）使用准则

绿色食品生产应从作物-病虫草等整个生态系统出发，综合运用各种防治措施，创造不利于病虫草害滋生和有利于各类天敌繁衍的环境条件，保持农业生态系统的平衡和生物多样化，减少各类病虫草害所造成的损失。

优先采用农业措施，通过选用抗病抗虫品种，非化学药剂种子处理，培育壮苗，加强栽培管理，中耕除草，秋季深翻晒土，清洁田园，轮作倒茬、间作套种等一系列措施起到防治病虫草害的作用。

还应尽量利用灯光、色彩诱杀害虫，机械捕捉害虫，机械和人工除草等措施，防治病虫草害。特殊情况下，必须使用农药时，应遵守以下准则：

1. 生产AA级绿色食品的农药使用准则

（1）允许使用AA级绿色食品生产资料农药类产品。

（2）在AA级绿色食品生产资料农药类产品不能满足植保工作需要的情况下，允许使用以下农药及方法。

① 中等毒性以下植物源杀虫剂、杀菌剂、拒避剂和增效剂。如除虫菊素、鱼藤根、烟草水、大蒜素、苦楝、川楝、印楝、芝麻素等。

② 释放寄生性捕食性天敌动物，昆虫、捕食螨、蜘蛛及昆虫病原线虫等。

③ 在害虫捕捉器中使用昆虫信息素及植物源引诱剂。

④ 使用矿物油和植物油制剂。

⑤ 使用矿物源农药中的硫制剂、铜制剂。

⑥ 经专门机构核准，允许有限度地使用活体微生物农药，如真菌制剂、细菌制剂、病毒制剂、放线菌、拮抗菌剂、昆虫病原线虫、原虫等。

⑦ 经专门机构核准，允许有限度地使用农用抗生素，如春雷霉素、多抗霉素（多氧霉素）、井岗霉素、农抗120、中生菌素及浏阳霉素等。

（3）禁止使用有机合成的化学杀虫剂、杀螨剂、杀菌剂、杀线虫剂、除草剂和植物生长调节剂。

（4）禁止使用生物源、矿物源农药中混配有机合成农药的各种制剂。

（5）严禁使用基因工程品种及制剂。

2. 生产A级绿色食品的农药使用准则

（1）允许使用AA级和A级绿色食品生产资料农药类产品。

（2）在AA级和A级绿色食品生产资料农药类产品不能满足植保工作需要的情况下，允许使用以下农药及方法。

① 中等毒性以下植物源农药、动物源农药和微生物源农药。

② 在矿物源农药中允许使用硫制剂、铜制剂。

③ 有限度地使用部分有机合成农药，应按GB 4285、GB 8321.1、GB 8321.2、GB 8321.3、GB 8321.4、GB 8321.5、GB 8321.6的要求执行。此外，还须严格执行以下规定：

❖ 应选用上述标准中列出的低毒农药和中等毒性农药。

❖ 严禁使用剧毒、高毒、高残留或具有三致毒性（致癌、致畸、致突变）的农药（表4-8）。

❖ 每种有机合成农药（含A级绿色食品生产资料农药类的有机合成产品）在一种作物的生长期内只允许使用一次。

表 4-8 生产 A 级绿色食品禁止使用的农药

种类	农药名称	禁用作物	禁用原因
有机氯杀虫剂	滴滴涕、六六六、林丹、甲氧高残毒DDT、硫丹	所有作物	高残毒
有机氯杀螨剂	三氯杀螨醇	蔬菜、果树	工业品中含有一定数量的滴滴涕
氨基甲酸酯杀虫剂	涕灭威、克百威、灭多威、丁硫克百威、丙硫克百威	所有作物	高毒、剧毒或代谢物高毒
二甲基甲脒类杀虫螨剂	杀虫脒	所有作物	慢性毒性致癌
拟除虫菊酯类杀虫剂	所有拟除虫菊酯类杀虫剂	水稻及其他水生作物	对水生生物毒性大
卤代烷类熏蒸杀虫剂	二溴乙烷、环氧乙烷、二溴氯丙烷、溴甲烷	所有作物	致癌、致畸、高毒
阿维菌素		蔬菜、果树	高毒
克螨特		蔬菜、果树	慢性毒性
有机砷杀菌剂	甲基胂酸锌（稻脚青）、甲基胂酸钙胂（稻宁）、甲基胂酸铵（田安）、福美甲胂、福美胂	所有作物	高残毒
有机锡杀菌剂	三苯基醋锡（薯瘟锡）、三苯基氯化锡、三苯基羟基锡（毒菌锡）	所有作物	高残留、慢性毒性
有机汞杀菌剂	氯化乙基汞（西力生）、醋酸苯汞（赛力散）	所有作物	剧毒、高残毒
有机磷杀菌剂	稻瘟净、异稻瘟净	水稻	异臭
取代苯类杀菌剂	五氯硝基苯、稻瘟醇（五氯苯甲醇）	所有作物	致癌、高残留
2,4-D类化合物	除草剂或植物生长调节剂	所有作物	杂质致癌
二苯醚类除草剂	除草醚、草枯醚	所有作物	慢性毒性
植物生长调节剂	有机合成的植物生长调节剂	所有作物	
除草剂	各类除草剂	蔬菜生长期（可用土壤处理与芽前处理）	
有机磷杀虫剂	甲拌磷、乙拌磷、久效磷、对硫磷、甲基对硫磷、甲胺磷、甲基异柳磷、治螟磷、氧化乐果、磷胺、地虫硫磷、灭克磷（益收宝）、水胺硫磷、氯唑磷、硫线磷、杀扑磷、特丁硫磷、克线丹、苯线磷、甲基硫环磷	所有作物	剧毒高毒

注：以上所列是目前禁止或限用的农药品种，该名单将随国家新出台的规定而修订。

④ 严格按照 GB 4285、GB 8321.1、GB 8321.2、GB 8321.3、GB 8321.4、GB 8321.5、GB 8321.6 的要求控制施药量与安全间隔期。

⑤ 有机合成农药在农产品中的最终残留应符合 GB 4285、GB 8321.1、GB 8321.2、GB 8321.3、GB 8321.4、GB 8321.5、GB 8321.6 的最高残留限量（MRL）要求。

（3）严禁使用高毒高残留农药防治贮藏期病虫害。

（4）严禁使用基因工程品种（产品）及制剂。

五、绿色食品肥料使用准则

（一）范围

绿色食品肥料使用准则（NY/T 394—2000）为中华人民共和国农业行业标准。本标准规定了 AA 级绿色食品和 A 级绿色食品生产中允许使用的肥料种类、组成及使用准则。

本标准适用于生产 AA 级绿色食品和 A 级绿色食品的农家肥料及商品有机肥料、腐殖酸类肥料、微生物肥料、半有机肥料（有机复合肥料）、无机（矿质）肥料和叶面肥料等商品肥料。

（二）引用标准

GB 8172—1987（城镇垃圾农用控制标准），NY227—1994（微生物肥料），GB/T 17419—1998（含氨基酸叶面肥料），GB/T 17420—1998（含微量元素叶面肥料）。

NY/T 391—2000（绿色食品产地环境质量标准）。

（三）定义

本标准采用下列定义：

1．农家肥料

系指就地取材、就地使用的各种有机肥料。它由含有大量生物物质、动植物残体、排泄物、生物废物等积制而成的。包括堆肥、沤肥、厩肥、沼气肥、绿肥、作物秸秆肥、泥肥、饼肥等。

① 堆肥。以各类秸秆、落叶、山青、湖草为主要原料并与人畜粪便和少量泥土混合堆制，经好气微生物分解而成的一类有机肥料。

② 沤肥。所用物料与堆肥基本相同，只是在淹水条件下，经微生物嫌气发酵而成一类有机肥料。

③ 厩肥。以猪、牛、马、羊、鸡、鸭等畜禽的粪尿为主与秸秆等垫料堆积并经微生物作用而成的一类有机肥料。

④ 沼气肥。在密封的沼气池中，有机物在嫌气条件下经微生物发酵制取沼气后的副产物。主要有发酵液和沉渣两部分组成。

⑤ 绿肥。以新鲜植物体就地翻压、异地施用或经沤、堆后而成的肥料。主要分为豆科绿肥和非豆科绿肥两大类。

⑥ 作物秸秆肥。以麦秸、稻草、玉米秸、豆秸、油菜秸等直接还田的肥料。

⑦ 泥肥。以未经污染的河泥、塘泥、沟泥、湖泥等经嫌气微生物分解而成的肥料。

⑧ 饼肥。以各种含油分较多的种子经压榨去油后的残渣制成的肥料，如菜籽饼、棉籽饼、豆饼、芝麻饼、花生饼、蓖麻饼等。

2．商品肥料

按国家法规规定，受国家肥料部门管理，以商品形式出售的肥料。包括商品有机肥、腐殖酸类肥、微生物肥、有机复合肥、无机（矿质）肥、叶面肥等。

① 商品有机肥料。以大量动植物残体、排泄物及其他生物废物为原料，加工制成的商品肥料。

② 腐殖酸类肥料。以含有腐殖酸类物质的泥炭（草炭）、褐煤、风化煤等经过加工制成含有植物营养成分的肥料。

③ 微生物肥料。以特定微生物菌种培养生产的含活的微生物制剂。根据微生物肥料对改善植物营养元素的不同，可分成五类：根瘤菌肥料、固氮菌肥料、磷细菌肥料、硅酸盐细菌肥料、复合微生物肥料。

④ 有机复合肥。经无害化处理后的畜禽粪便及其他生物废物加入适量的微量营养元素制成的肥料。

⑤ 无机（矿质）肥料。矿物经物理或化学工业方式制成，养分呈无机盐形式的肥料。包括矿物钾肥和硫酸钾、矿物磷肥（磷矿粉）、煅烧磷酸盐（钙镁磷肥、脱氟磷肥）、石灰、石膏、硫黄等。

⑥ 叶面肥料。喷施于植物叶片并能被其吸收利用的肥料，叶面肥料中不得含有化学合成的生长调节剂。包括含微量元素的叶面肥和含植物生长辅助物质的叶面肥料等。

⑦ 有机无机肥（半有机肥）。有机肥料与无机肥料通过机械混合或化学反应而成的肥料。

⑧ 掺合肥。在有机肥、微生物肥、无机（矿质）肥、腐殖酸肥中，按一定比例掺入化肥（硝态氮肥除外），并通过机械混合而成的肥料。

3．其他肥料

系指不含有毒物质的食品、纺织工业的有机副产品，以及骨粉、骨胶废渣、氨基酸残渣、家禽家畜加工废料、糖厂废料等有机物料制成的肥料。

（四）允许使用的肥料种类

1. AA 级绿色食品生产允许使用的肥料种类

①允许使用农家肥料。

②AA 级绿色食品生产资料肥料类产品。

①、②中的肥料不能满足 AA 级绿色食品生产需要的情况下，允许使用商品有机肥料、腐殖酸类肥料、微生物肥料、有机复合肥等商品肥料。

2. A 级绿色食品生产允许使用的肥料种类

①AA 级绿色食品生产允许使用的肥料种类。

②A 级绿色食品生产资料肥料类产品。

③上述肥料不能满足 A 级绿色食品生产需要的情况下，允许使用掺合肥（有机氮与无机氮之比不超过 1∶1）。

（五）使用规则

肥料使用必须满足作物对营养元素的需要，并使足够数量的有机物质返回土壤，以保持或增加土壤肥力及土壤生物活性。所有有机或无机（矿质）肥料，尤其是富含氮的肥料应对环境和作物（营养、味道、品质和植物抗性）不产生不良后果方可使用。

1. 生产 AA 级绿色食品的肥料使用原则

① 必须选用 AA 级绿色食品生产资料允许使用的肥料种类，禁止使用任何化学合成肥料。

② 禁止使用城市垃圾和污泥、医院的粪便垃圾和含有害物质（如毒气、病原微生物，重金属等）的工业垃圾。

③ 各地可因地制宜采用秸秆还田、过腹还田、直接翻压还田、覆盖还田等形式。

④ 利用覆盖、翻压、堆沤等方式合理利用绿肥。绿肥应在盛花期翻压，翻埋深度为 15 cm 左右，盖土要严，翻后耙匀。压青后 15～20 d 才能进行播种或移苗。

⑤ 腐熟的沼气液、残渣及人畜粪尿可用作追肥。严禁施用未腐熟的人粪畜尿。

⑥ 饼肥优先用于水果、蔬菜等，禁止施用未腐熟的饼肥。

⑦ 叶面肥料质量应符合 GB/T 17419 或 GB/T 17420，或腐殖酸≥8.0%、微量元素≥6.0%、杂质中 Cd≤0.01%、As≤0.002%、Pb≤0.002%。按使用说明稀释，在作物生长期内，喷施 2 次或 3 次。

⑧ 微生物肥料可用于拌种，也可作基肥和追肥使用。使用时应严格按照使用说明书的要求操作。微生物肥料中有效活菌的数量应符合 NY 227 中的技术指标。

⑨ 选用无机（矿质）肥料中的煅烧磷酸盐、硫酸钾，质量应分别为：煅烧磷酸盐有效成分 P_2O_5≥12%，每含 1% P_2O_5，杂质中 As≤0.004%、Cd≤0.01%、Pb≤0.002%。硫酸

钾有效成分 $K_2O \geqslant 50\%$，每含 $1\% K_2O$，杂质中 $As \leqslant 0.004\%$、$Cl \leqslant 3\%$、$H_2SO_4 \leqslant 0.5\%$。

2．A 级绿色食品的肥料使用原则

① 必须选用 A 级绿色食品允许使用的肥料种类。如果 A 级绿色食品允许使用的肥料种类不能满足生产需要，允许使用化学肥料（氮、磷、钾），但禁止使用硝态氮肥。

② 化肥必须与有机肥配合施用，有机氮与无机氮之比不超过 1∶1，例如，施优质厩肥 1 000 kg 加尿素 10 kg（厩肥做基肥，尿素可做基肥和追肥用），叶菜类的最后一次追肥必须在收获前 30 d 进行。

③ 化肥也可与有机肥、复合微生物肥配合施用。厩肥 1 000 kg，加尿素 5～10 kg 或磷酸二铵 20 kg，复合微生物肥料 60 kg（厩肥做基肥，尿素、磷酸二铵和微生物肥料做基肥和追肥用）。最后一次追肥必须在收获前 30 d 进行。

④ 城市生活垃圾一定要经过无害化处理，质量达到 GB 8172 中的技术要求才能使用。每年每亩农田限制用量，黏性土壤不超过 3 000 kg，砂性土壤不超过 2 000 kg。

⑤ 秸秆还田允许用少量氮素化肥调节碳氮比。

（六）其他规定

生产绿色食品的农家肥料无论采用何种原料（包括人畜禽粪尿、秸秆、杂草、泥炭等制作堆肥，必须高温发酵，以杀灭各种寄生虫卵和病原菌、杂草种子，使之达到无害化卫生标准（表 4-9）。

表 4-9　高温堆肥和沼气发酵肥的卫生标准

项目	卫生标准及要求	
高温堆肥	堆肥温度	最高堆温达 50～55℃，持续 5～7 天
	蛔虫卵死亡率	95%～100%
	粪大肠菌值	10^{-1}～10^{-2} 个/L
	苍蝇	有效地控制苍蝇滋生，肥堆周围没有活的蛆、蛹或新羽化的成蝇
沼气发酵肥	密封贮存期	30 天以上
	高温沼气发酵温度	（53±2）℃持续 2 天
	寄生虫卵沉降率	95%以上
	血吸虫卵和钩虫卵	在使用粪液中不得检出活的血吸虫卵和钩虫卵
	粪大肠菌值	普通沼所发酵 10^{-4} 个/L，高温沼气发酵 10^{-1}～10^{-2} 个/L
	蚊子、苍蝇	有效地控制蚊蝇滋生，粪液中、粪池的周围无活的蛆、蛹或新羽化的成蝇
	沼气池残渣	经无害化处理后方可用作农肥

农家肥料，原则上就地生产就地使用。外来农家肥料应确认符合要求后才能使用。商品肥料及新型肥料必须通过国家有关部门的登记认证及生产许可，质量指标应达到国家有

关标准的要求。因施肥造成土壤污染、水源污染，或影响农作物生长、农产品达不到卫生标准时，要停止施用该肥料，并向专门管理机构报告。用其生产的食品也不能继续使用绿色食品标志。

六、绿色食品饲料及饲料添加剂使用准则

（一）范围

绿色食品饲料及饲料添加剂使用准则（NY/T 471—2001）为中华人民共和国农业行业标准。本标准规定了生产绿色食品允许使用的饲料及饲料添加剂的使用准则以及禁止使用的饲料及饲料添加剂种类。

本标准适用于A级绿色食品的生产、管理和认定。

（二）规范性引用文件

GB/T 10647（饲料工业通用术语），GB 10648（饲料标签），GB 13078（饲料卫生标准），NY/T 14（高产奶牛饲养管理规范），NY/T 33（鸡的饲养标准），NY/T 34（奶牛饲养标准），NY/T 65（瘦肉型猪饲养标准），NY/T 391（绿色食品产地环境技术条件），饲料和饲料添加剂管理条例（中华人民共和国国务院令），允许使用的饲料添加剂品种目录（中华人民共和国农业部公告）。

（三）术语和定义

GB/T 10647确立的以及下列术语和定义适用于本标准：

1．饲料

系指能提供饲养动物所需养分，保证健康，促进生长，且在合理使用下不发生有害作用的可饲物质。

2．饲料添加剂

系指在饲料加工、制作、使用过程中添加的少量或者微量物质，包括营养性饲料添加剂，一般性饲料添加剂。

① 营养性饲料添加剂。用于补充饲料营养不足的添加剂。

② 一般饲料添加剂。为了保证或者改善饲料品质，促进饲养动物生产，保障饲养动物健康，提高饲料利用率而掺入饲料的少量或微量物质。

③ 药物饲料添加剂。为了预防动物疾病或影响动物某种生理、生化功能，而添加到饲料中的一种或几种药物与载体或稀释剂规定比例配制而成的均匀混合物。

（四）使用准则

绿色畜产品的生产首先以改善动物饲养环境、善待动物、加强饲养管理为主，按照饲养标准配制配合饲料，做到营养全面，各营养素间相互平衡。所使用的饲料及饲料添加剂等生产资料必须符合《饲料卫生标准》《饲料标签标准》、各种饲料原料标准、饲料产品标准和饲料添加剂标准有关规定。所用饲料添加剂和添加剂预混合饲料必须来自有生产许可证的企业，并且具有企业、行业或国家标准，产品批准文号，进口饲料和饲料添加剂产品登记证及配套的质量检验手段。同时还应遵守以下准则。

1．生产A级绿色食品的饲料使用准则

- 优先使用绿色食品生产资料的饲料类产品。
- 至少90%的饲料来源已认定的绿色食品产品及其副产品，其他饲料原料可以是达到绿色食品标准的产品。
- 禁止使用转基因方法生产的饲料原料。
- 禁止使用以哺乳类动物为原料的动物性饲料产品饲喂反刍动物。
- 禁止使用工业合成的油脂。
- 禁止使用畜禽粪便。

2．绿色食品的饲料添加剂使用准则

- 优先使用符合绿色食品生产资料的饲料添加剂类产品（表4-10）。

表4-10　生产A级绿色食品禁止使用的饲料添加剂

种　类	品　种	备　注
调味剂香料	各种人工合成的调味剂和香料	
着色剂	各种人工合成的着色剂	
抗氧化剂	乙氧基喹啉、二丁基羟基甲苯（BHT）、丁基羟基茴香醚（BHA）	
黏结剂、抗结剂和稳定剂	羟甲基纤维素钠、聚氧乙烯（20）山梨醇酐单油酸酯、聚丙烯酸树脂II	
防腐剂	苯甲酸、苯甲酸钠	
非蛋白氮类	尿素、硫酸铵、液氨、磷酸氢二铵、磷酸二氢铵、缩二脲、异丁叉二脲、磷酸脲、羟甲基脲	反刍动物除外
其他	禁止使用转基因方法生产的饲料原料；禁止使用以哺乳类动物为原料的动物性饲料产品（不包括乳及乳制品）饲喂反刍动物；禁止使用工业合成的油脂（含重金属）；禁止使用任何药物性饲料添加剂；禁止使用激素类、安眠镇静类药品；禁止使用畜禽粪便（含有害微生物）	

- ❖ 所选饲料添加剂必须是《允许使用的饲料添加剂品种目录》中所列的饲料添加剂和允许进口的饲料添加剂品种。
- ❖ 禁止使用任何药物性饲料添加剂。
- ❖ 禁止使用激素类、安眠镇静类药品。
- ❖ 营养性饲料添加剂的使用量应符合 NY/T 14、NY/T 33、NY/T 34、NY/T 65 中所规定的营养需要量及营养安全幅度。

七、绿色食品兽药使用准则

（一）范围

绿色食品兽药使用准则（NY/T 472—2006）为中华人民共和国农业行业标准。

本标准规定了绿色食品生产中兽药使用的术语和定义、基本原则、生产 AA 级绿色食品的兽药使用原则、生产 A 级绿色食品的兽药使用原则及兽药使用记录。

本标准适用于绿色食品畜禽的生产、管理和认证。

（二）规范性引用文件

下列文件中的条款通过本标准的引用而成为本标准的条款。凡是注日期的引用文件，其随后所有的修改单（不包括勘误的内容）或修订版均不适用于本标准，然而，鼓励根据本标准达成协议的各方研究是否可使用这些文件的最新版本。凡是不注日期的引用文件，其最新版本适用于本标准。

GB/T 19630.1　有机产品　第 1 部分

中华人民共和国动物防疫法

兽药管理条例

中华人民共和国农业部 中华人民共和国兽药典

中华人民共和国农业部　兽药质量标准

中华人民共和国农业部　兽用生物制品质量标准

中华人民共和国农业部　进口兽药质量标准

中华人民共和国农业部　第 278 号公告　停药期规定

中华人民共和国农业部　第 235 号公告　动物性食品中兽药最高残留限量

（三）术语和定义

下列术语和定义适用于本标准：

1．兽药

用于预防、治疗、诊断动物疾病或者有目的地调节其生理机能的物质（含药物饲料添加剂）。主要包括：血清制品、疫苗、诊断制品、微生态制品、中药材、中成药、化学药品、抗生素、生化药品、放射性药品及外用杀虫剂、消毒剂等。

2．最高残留限量

对食品动物用药后产生的允许存在于食物表面或内部的该兽药残留的最高含量/浓度（以鲜重计，表示为μg/kg 或μg/L）。

3．停药期

从畜禽停止用药到允许屠宰或其产品（乳、蛋）许可上市的间隔时间。

4．产蛋期

禽从产第一枚蛋至产蛋周期结束。

5．绿色食品生产资料

经专门机构认定，符合绿色食品生产要求，并正式推荐用于绿色食品生产的生产资料。

（四）兽药使用的基本原则

- ❖ 绿色食品生产者应供给动物充足的营养，提供良好的饲养环境，加强饲养管理，采取各种措施以减少应激，增强动物自身的抗病力。
- ❖ 应按《中华人民共和国动物防疫法》的规定，防治动物疾病，力争不用或少用药物。必须使用兽药进行疾病的预防、治疗和诊断时，应在兽医指导下进行。
- ❖ 兽药的质量应符合《中华人民共和国兽药典》《兽药质量标准》《兽用生物制品质量标准》和《进口兽药质量标准》的规定。
- ❖ 兽药的使用应符合《兽药管理条例》的有关规定。
- ❖ 所用兽药应来自具有生产许可证和产品批准文号并通过农业部 GMP 验收的生产企业，或者具有《进口兽药登记许可证》的供应商。

（五）生产 AA 级绿色食品的兽药使用原则

按 GB/T 19630.1 执行。

（六）生产 A 级绿色食品的兽药使用原则

① 优先使用 AA 级和 A 级绿色食品生产资料的兽药产品。

② 允许使用国家兽医行政管理部门批准的微生态制剂和中药制剂。

③ 允许使用高效、低毒和对环境污染低的消毒剂对饲养环境、厩舍和器具进行消毒。

④ 允许使用无 MRLs 要求或无停药期要求或停药期短的兽药。使用中应注意以下几点：

- ❖ 应遵守规定的作用与用途、使用对象、使用途径、使用剂量、疗程和注意事项。

❖ 停药期应按农业部发布的《停药期规定》严格执行。

❖ 最终残留应符合《动物性食品中兽药最高残留限量》的规定。

⑤ 禁止使用表 4-11 中的兽药。

表 4-11 生产 A 级绿色食品禁止使用的兽药

序号	种类		兽药名称	禁止用途
1	β-兴奋剂类		克仑特罗（Clenbuterol）、沙丁胺醇（Salbutamol）、莱克多巴胺（Ractopamine）、西马特罗（Cimaterol）及其盐、酯及制剂	所有用途
2	激素类	性激素类	己烯雌酚（Diethylstilbestrol）、己烷雌酚（Hexestrol）及其盐、酯及制剂	所有用途
			甲基睾丸酮（Methyltestosterone）、丙酸睾酮（Testosterone Propionate）、苯丙酸诺龙（Nandrolone Phenylpropionate）、苯甲酸雌二醇（Estradiol Benzoate）及其盐、酯及制剂	促生长
		具有雌激素样作用的物质	玉米赤霉醇（Zeranol）、去甲雄三烯醇酮（Trenbolone）、醋酸甲孕酮（Mengestrol Acetate）及制剂	所有用途
3	催眠、镇静类		安眠酮（Methaqualone）及制剂	所有用途
			氯丙嗪（Chlorpromazine）、地西泮（安定，Diazepam）及其盐、酯及制剂	促生长
4	抗生素类	氨苯砜	氨苯砜（Dapsone）及制剂	所有用途
		氯霉素类	氯霉素（Chloramphenicol）及其盐、酯[包括：琥珀氯霉素（Chloramphenicol Succinate）]及制剂	所有用途
		硝基呋喃类	呋喃唑酮（Furazolidone）、呋喃西林（Furacillin）、呋喃妥因（Nitrofurantoin）、呋喃它酮（Furaltadone）、呋喃苯烯酸钠（Nifurstyrenate sodium）及制剂	所有用途
		硝基化合物	硝基酚钠（Sodium nitrophenolate）、硝呋烯腙（Nitrovin）及制剂	所有用途
		磺胺类及其增效剂	磺胺噻唑（Sulfathiazole）、磺胺嘧啶（Sulfadiazine）、磺胺二甲嘧啶（Sulfadimidine）、磺胺甲噁唑（Sulfamethoxazole）、磺胺对甲氧嘧啶（Sulfamethoxydiazine）、磺胺间甲氧嘧啶（Sulfamonomethoxine）、磺胺地索辛（Sulfadimethoxine）、磺胺喹噁啉（Sulfaquinoxaline）、三甲氧苄氨嘧啶（Trimethoprim）及其盐和制剂	所有用途
		喹诺酮类	诺氟沙星（Norfloxacin）、环丙沙星（Ciprofloxacin）、氧氟沙星（Ofloxacin）、培氟沙星（Pefloxacin）、洛美沙星（Lomefloxacin）及其盐和制剂	所有用途
		喹噁啉类	卡巴氧（Carbadox）、喹乙醇（Olaquindox）及制剂	所有用途
		抗生素滤渣	抗生素滤渣	所有用途

序号	种类		兽药名称	禁止用途
5	抗寄生虫类	苯并咪唑类	噻苯咪唑（Thiabendazole）、丙硫苯咪唑（Albendazole）、甲苯咪唑（Mebendazole）、硫苯咪唑（Fenbendazole）、磺苯咪唑（OFZ）、丁苯咪唑（Parbendazole）、丙氧苯咪唑（Oxibendazole）、丙噻苯咪唑（CBZ）及制剂	所有用途
		抗球虫类	二氯二甲吡啶酚（Clopidol）、氨丙啉（Amprolini）、氯苯胍（Robenidine）及其盐和制剂	所有用途
		硝基咪唑类	甲硝唑（Metronidazole）、地美硝唑（Dimetronidazole）及其盐、酯及制剂等	促生长
		氨基甲酸酯类	甲奈威（Carbaryl）、呋喃丹（克百威，Carbofuran）及制剂	杀虫剂
		有机氯杀虫剂	六六六（BHC）、滴滴涕（DDT）、林丹（丙体六六六）（Lindane）、毒杀芬（氯化烯，Camahechlor）及制剂	杀虫剂
		有机磷杀虫剂	敌百虫（Trichlorfon）、敌敌畏（Dichlorvos）、皮蝇磷（Fenchlorphos）、氧硫磷（Oxinothiophos）、二嗪农（Diazinon）、倍硫磷（Fenthion）、毒死蜱（Chlorpyrifos）、蝇毒磷（Coumaphos）、马拉硫磷（Malathion）及制剂	杀虫剂
		其他杀虫剂	杀虫脒（克死螨，Chlordimeform）、双甲脒（Amitraz）、酒石酸锑钾（Antimony potassium tartrate）、锥虫胂胺（Tryparsamide）、孔雀石绿（Malachite green）、五氯酚酸钠（Pentachlorophenol sodium）、氯化亚汞（甘汞，Calomel）、硝酸亚汞（Mercurous nitrate）、醋酸汞（Mercurous acetate）、吡啶基醋酸汞（Pyridyl mercurous acetate）	杀虫剂

⑥ 禁止使用药物饲料添加剂。

⑦ 禁止使用酚类消毒剂，产蛋期不得使用酚类和醛类消毒剂。

⑧ 禁止为了促进畜禽生长而使用抗生素、抗寄生虫药、激素或其他生长促进剂。

⑨ 禁止使用未经国务院兽医行政管理部门批准作为兽药使用的药物。

⑩ 禁止使用用基因工程方法生产的兽药。

（七）兽药使用记录

- 建立并保存消毒记录，包括消毒剂种类、批号、生产单位、剂量、消毒方式、消毒频率或时间等。
- 建立并保存动物的免疫程序记录，包括疫苗种类、使用方法、剂量、批号、生产单位等。
- 建立并保存患病动物的治疗记录，包括患病家畜的畜号或其他标志、发病时间及症状、药物种类、使用方法及剂量、治疗时间、疗程、所用药物的商品名称及主要成分、生产单位及批号等。

❖ 所有记录资料应在清群后保存两年以上。

八、绿色食品动物卫生准则

（一）范围

绿色食品动物卫生准则（NY/T 473—2001）为中华人民共和国农业行业标准。本标准规定了动物源绿色食品的动物卫生准则。

本标准适用于A级绿色食品动物的饲养、屠宰及其产品的加工、贮藏和运输。

（二）规范性引用文件

下列文件中的条款通过本标准的引用而成为本标准的条文。凡是注日期的引用文件，其随后所有的修改单（不包括勘误的内容）或修订版均不适用于本标准，然而，鼓励根据本标准达成协议的各方研究是否可使用这些文件的最新版本。凡是不注明日期的引用文件，其最新版本适用于本标准。

GB 2707　猪肉卫生标准

GB 2708　牛肉、羊肉、兔肉卫生标准

GB 2710　鲜（冻）禽肉卫生标准

GB 2762　食品中汞限量卫生标准

GB 4810　食品中砷限量卫生标准

GB/T 5033　出口产品包装用瓦楞纸箱

GB 5749　生活饮用水卫生标准

GB/T 6543　瓦楞纸箱

GB 9691　食品包装用聚乙烯树脂卫生标准

GB 12694—1990　肉类加工厂卫生规范

GB 13106　食品中锌限量卫生标准

GB 13457　肉类加工工业水污染物排放标准

GB 14935　食品中铅限量卫生标准

GB 15199　食品中铜限量卫生标准

GB 15200　食品中铁限量卫生标准

GB 15201　食品中镉限量卫生标准

GB 16548　畜禽病害肉尸及其产品无害化处理规程

GB 16549　畜禽产地检疫规范

GB/T 16569　畜禽产品消毒规范

NY/T 388　畜禽场环境质量标准

NY/T 391　绿色食品产地环境质量标准

NY/T 393　绿色食品农药使用准则

NY/T 471　绿色食品饲料及饲料添加剂使用准则

NY/T 472　绿色食品兽药使用准则

中华人民共和国动物防疫法

动物性食品中兽药最高残留限量标准

（三）定义

本标准采用下列定义：

1．动物

指人工饲养、合法捕获的活的哺乳动物和禽类，在有特别规定时也包括蚕、蜂和水产类等其他动物。

2．动物产品

来源于动物可供人食用的肉类、肉制品、胴体分割体、脏器、油脂、奶、奶制品、蛋、蛋制品、血、血制品、头、蹄、骨、皮、水生动物产品等。

3．动物疫病

指动物的传染病和寄生虫病。

4．病原体

能引起疾病的生物体，包括寄生虫和致病性微生物。

5．动物卫生

为确保人或动物对产品消费的安全、健康和卫生，在生产、加工、贮存、运输和销售过程中应遵守的条件和措施。

6．动物防疫

指动物疫病的预防、控制和扑灭，以及动物、动物产品的检疫。

7．畜群

指同一饲养场的动物，或者虽不在同一个场，但可以在不采取卫生措施的条件下相互流动的动物群体。

8．禽群

饲养在同一饲养场或由固体物分隔并具有单独通风系统的部分的一组禽类。对于散养的禽类，则指共同出入一个或多个禽舍的一个群体，即同一建筑物中所有的禽只。

9．官方兽医

指由国家畜牧兽医行政管理部门授权的兽医，行使动物防疫监督或公共卫生监督，并在适当条件下签发动物卫生证书。

（四）动物卫生准则

1. 动物产地的卫生条件

- 产地环境质量应符合 NY/T 391 的要求。
- 猪、禽饲养场所必须符合“附一”和“附二”的卫生要求，牛、羊、免等动物的饲养场所的选址、设施设备和饲养管理条件可参照养猪卫生条件的有关规定执行，疫病监测和控制方案遵照《中华人民共和国动物防疫法》及其配套法规执行。
- 应按规定实施动物计划免疫和消毒，并使用法定的疫苗等生物制品及消毒剂。
- 使用饲料、饲料添加剂应符合《绿色食品饲料及饲料添加剂使用准则》的要求。
- 使用兽药应符合《绿色食品兽药使用准则》的要求。
- 畜群、禽群不得有“附三”所列疫病。
- 动物离开饲养地前，应按 GB/T 16549 的要求实施产地检疫。

2. 屠宰、加工过程中的动物卫生条件

- 屠宰、加工企业应符合“家禽屠宰加工企业兽医卫生规范”和“鲜家禽肉生产企业卫生规范”规定的卫生要求。
- 动物屠宰的兽医卫生管理应按照“家禽屠宰加工企业兽医卫生规范”和“鲜家禽肉生产企业卫生规范”的要求实施。
- 动物产品应符合 GB 2707 或 GB 2708 或 GB 2710 标准，并不得检出以下病原体：大肠杆菌 0157、李氏杆菌、布氏杆菌、肉毒梭菌、炭疽杆菌、囊虫、结核分枝杆菌、旋毛虫。
- 动物产品农药、兽药残留量应符合 NY/T 393 和 NY/T 472 的要求。
- 动物产品重金属残留量应符合 GB 15199、GB 15200、GB 15201、GB 2762、GB 4810、GB 14935 和 GB 13106 的规定要求。
- 经检疫检验不合格的动物及动物产品应按照 GB 16548 的要求进行处理。

3. 贮藏卫生条件

- 动物屠宰后的预冷、冷冻、冷藏应符合“附四”和“附五”的要求。
- 动物产品贮藏场所应符合“附四”和“附五”的要求。

4. 运输卫生条件

- 运输动物及动物产品的工具在运输前和运输后应实施消毒。
- 运输动物及动物产品应具有检疫证明，运输工具应具有消毒证明。
- 动物鲜肉的运输应符合“附四”和“附五”的规定。

九、绿色食品渔药使用准则

（一）范围

绿色食品渔药使用准则（NY/T 755—2003）为中华人民共和国农业行业标准。本标准规定了生产绿色食品允许使用的渔药种类、剂型、使用对象以及休药期。

本标准适用于AA级、A级绿色食品的生产、管理和认定。

（二）规范性引用文件

下列文件中的条款通过本标准的引用而成为本标准的条款。凡是注日期的引用文件，其随后所有的修改单（不包括勘误的内容）或修订版均不适用于本标准，然而，鼓励根据本标准达成协议的各方研究是否可使用这些文件的最新版本。凡是不注日期的引用文件，其最新版本适用于本标准。

NY/T 391 绿色食品产地环境质量标准

NY 5071 无公害食品渔用药物使用准则

中华人民共和国农业部 中华人民共和国兽药典

中华人民共和国农业部 兽药质量标准

中华人民共和国农业部 进口兽药质量标准

中华人民共和国农业部 兽用生物制品质量标准

中华人民共和国主席令 中华人民共和国动物防疫法

（三）术语和定义

下列术语和定义适用于本标准：

1. 渔药

用以预防、控制和治疗水产动植物的病、虫害，促进养殖品种健康生长，增强机体抗病能力以及改善养殖水体质量的一切物质。

2. 抗微生物渔药

能够抑制或杀灭病原微生物的渔药，包括中草药及其成药、化学药品、抗生素以及微生态制剂等。

3. 抗寄生虫渔药

能够杀灭或驱除水产养殖动物体内、外或养殖环境中寄生虫病原的渔药，包括中草药及其成药、化学药品等。

4. 渔用消毒剂

用于杀灭动物体表及渔用工具和养殖环境中的有害生物或病原微生物，控制病害发生或流行的渔药。

5. 渔用微生态制剂

根据微生态学基本原理研制的用于调节水产养殖动物机体微生态平衡及养殖水域微生物生态平衡的活菌制剂。

6. 渔用生物制品

应用天然或人工改造的微生物、寄生虫、生物毒素或生物组织及代谢产物为原材料，采用生物学、分子生物学或生物化学等相关技术制成的，用于预防、诊断和治疗水产动物传染病和其他有关疾病的生物制剂。它的效价或安全性应采用生物学方法鉴定并有严格的可靠性。

7. 渔用免疫增强剂

能够刺激水产养殖动物机体免疫系统的免疫功能，增强其对病原感染的抵抗能力的渔药。

8. 渔用疫苗

具有良好免疫原性的鱼类病原处理后制成的制品，用于接种水产动物能产生相应的特异性免疫力的渔用生物制品。

9. 停药期

最后停止给药日到水产品作为食品上市出售的最短时间。

（四）基本原则

在水产动物病害控制过程中，应优先使用绿色食品生产资料中的渔药产品；使用自然降解较快、高效低毒、低残留渔药，保证生产地域环境质量稳定，包括保证水资源和相关生物不遭受损害，生物循环和生物多样性得以保护，建立严格的生物安全体系。进行诊断、预防或治疗疾病所用的渔药必须符合《中华人民共和国兽药典》《兽药质量标准》《兽用生物制品质量标准》《进口兽药质量标准》《兽药管理条例》等有关规定。应建立并保持水产养殖动物的预防和治疗记录，包括患发病时间、发病症状、发病率、死亡率、治疗时间、治疗用药的经过、所用药物的名称和主要成分。

1. 生产AA级绿色食品渔药使用准则

（1）允许使用的渔药

允许使用渔用微生态制剂、生物源渔用免疫增强剂、生物杀虫剂或杀菌剂；允许使用通过农业部部颁标准的诊断检测试剂盒；允许使用表4-12推荐的制剂；允许使用安全的中草药及其成药制剂；允许使用灭活口服疫苗、浸浴疫苗预防相应的水产动物疾病。

（2）限制使用的渔药

限制使用活疫苗。灭活注射疫苗的佐剂未被动物完全吸收前，其产品不能作为 AA 级绿色食品。

（3）禁止使用的药物

禁止使用化学合成渔药、抗生素药；禁止使用含转基因制品的渔药。

2. 生产 A 级绿色食品使用准则

（1）允许使用的药物

AA 级绿色食品使用的渔药均可在 A 级绿色食品的生产中使用；允许使用高效、低毒、低残留的符合表 4-12 的化学合成渔药、抗生素，但使用中应严格遵守规定的作用与用途、使用对象、作用途径、作用剂量、疗程和注意事项；停药期必须遵守表 4-13 的规定；允许使用安全的消毒剂对养殖水体、器具等进行消毒。

（2）禁止使用的药物

有致畸、致癌、致突变作用的渔药；NY 5071 规定禁用的渔药；降解、代谢慢，容易造成水产动物体内蓄积和造成环境污染的渔药；人工合成的激素和促生长剂。

表 4-12　生产 AA 级绿色食品允许使用的渔药

类别	名称	作用与用途	用法与剂量	注意事项
微生态制剂	芽孢杆菌（蜡样与枯草芽孢杆菌等）	改善水质，净化底质。使空肠道 pH 及氨降低	遍洒：首次施放 1.5×10^6cfu/m^3 水体，以后每 15～30 天使用 5×10^5cfu/m^3 水体	1.阴凉干燥处保存 2.口服后当天用完 3.用于环境改良时，应在封闭性水体中 4.不能与抗微生物药同时使用 5.具体使用参见产品说明
	硝化和反硝化菌	改善水质，降低氨氮	3×10^6cfu/m^3 水体遍洒	
	乳酸杆菌	抑制肠道不耐酸病原菌繁殖，合成短链脂肪酸和 B 族维生素，能中和毒性产物，抑制氨和胺的合成，增强免疫力	口服 4.5×10^6cfu/kg 体重	
	酵母菌及丝状真菌	改善胃肠内环境和菌群的结构，提供相应的维生素和蛋白质	口服 4.5×10^6cfu/kg 体重	
	光合细菌	改善水质，降低氨氮	遍洒：首次使用浓度 1.5×10^7cfu/m^3，3 天后按 5×10^6 cfu/m^3，以后每隔 7 天后按 2×10^6 cfu/m^3 复用	
渔用消毒剂	生石灰	改良水质与水体消毒	20～25 mg/L 遍洒（鳖可达 60 mg/L）	水体消毒

类别	名称	作用与用途	用法与剂量	注意事项
诊断试剂盒	对虾白斑综合征病毒（WSSV）核酸探针点杂交检测试剂盒	利用核酸探针斑点杂交法检测对虾白斑综合征病毒	按试剂盒说明书操作	1. 2～4℃冰箱避光保存 2. 试剂盒须在有效期内使用，若阳性控制点不显色说明试剂盒已失效 3. 测试点出现较弱斑点，须复查 4. 使用前应将各管试剂复温至室温
	对虾白斑综合征病毒（WSSV）PCR 检测试剂盒	可用于亲虾、虾苗及养成过程中病毒的跟踪检测，也可用于环境监测	按试剂盒说明书操作	
诊断试剂盒	对虾传染性皮下及造血组织坏死病毒（IHHNV）检测试剂盒	对虾传染性皮下及造血组织坏死病毒（IHHNV）检疫、检测	按试剂盒说明书操作	
	对虾桃拉病毒（TSV）检测试剂盒	利用分子遗传标记方法对虾桃拉病毒（TSV）进行检测	按试剂盒说明书操作	
	致病性嗜水气单胞菌检测试剂盒	诊断检测致病性嗜水气单胞菌	按试剂盒说明书操作	
	弧菌快速检测试剂盒	用于养殖过程中弧菌的检疫、检测	按试剂盒说明书操作	
疫苗	鳗弧菌灭活疫苗	预防鳗鱼的弧菌病	按说明书使用	18℃以上使用
	嗜水气单胞菌灭活疫苗	预防淡水鱼类的细菌性败血症	按说明书使用	18℃以上使用
	草鱼出血病灭活疫苗	预防由鱼呼肠弧病毒引起的草鱼出血病	按说明书使用	疫苗保存于 4℃
	鱼传染性胰脏坏死病灭活疫苗	预防由传染性胰脏坏死病毒引起的疾病	按说明书使用	

表 4-13 生产 A 级绿色食品允许使用的抗微生物、抗寄生虫、消毒剂渔药

类别	药名	对象	剂型	用途	用法与用量	停药期/d	注意事项
抗微生物药	土霉素	鱼类	晶体粉剂	防治肠炎病、弧菌病	口服：25 mg/kg 体重，连用 5～7 天	＞40	勿与铝、镁及卤素、碳酸氢钠合用
	金霉素	鱼类	晶体粉剂	防治白皮、白头白嘴、打印、弧菌等病	口服：10～20 mg/kg，连用 5 天	温水鱼＞30 冷水鱼＞90	勿与碱性及含钙、镁、铝、铁、铋的药物及含钙高的饲料混用
	链霉素	鱼类	针剂	主治溃疡、赤皮及水霉素	注射：0.3 mg/kg 药浴：100 mg/L	＞30	
	大蒜素	鱼类	粉剂	防治细菌性肠炎	口服：200 mg/kg 连用 5 天	5	

类别	药名	对象	剂型	用途	用法与用量	停药期/d	注意事项
抗寄生虫药	硫酸锌	淡水鱼	晶体	治疗纤毛虫所引起的鱼病	遍洒：0.5 mg/L 浸浴：200 mg/L，1h	5	可与硫酸亚铁合用，比例 5∶2
	硫酸亚铁	淡水鱼	晶体	治疗纤毛虫所引起的鱼病	遍洒：0.2 mg/L	5	可与硫酸亚铁合用，比例 5∶2
	氯化钠	淡水鱼	晶体	杀菌杀虫作用	浸浴：10‰～13‰	无	常与其他药物，如碳酸氢钠、大蒜、大黄等
	碳酸氢钠	鱼类	晶体	除氯和治疗竖鳞病、水霉病等	遍洒：400 mg/L	无	常与其他药物合用，如食盐、大黄等
	过氧乙酸	鱼类	晶体	消毒	浸浴：1‰	无	器具消毒
渔用消毒剂	二氧化氯	淡水养殖对象	粉剂	杀菌与消毒	遍洒：0.3 mg/L	＞7	勿接触铁制器皿
	聚维酮碘	所有养殖对象	液体	水产动物体表消毒	浸浴：0.3 mg/L	＞5	卵或体表消毒

十、绿色食品产品、包装、标签、贮藏和运输标准

（一）绿色食品产品标准

绿色食品产品标准是衡量最终产品质量的尺度，是绿色食品形象的主要标志，具体表现于绿色食品生产、管理及质量控制的水平。

绿色食品的产品标准内容包括感观品质、营养品质及卫生品质三部分。具体表现在以下几个方面：

1. 原料要求

绿色食品的主要原料来自绿色食品产地，即经过环境监测证明符合绿色食品产地环境质量标准，按照绿色食品生产技术操作规程生产出来的产品，对于某些进口原料，例如，生产冰激凌所用的黄油和奶粉，无法进行原料产地环境检测的，经国家绿色食品管理机构指定的食品检测机构，按照绿色食品产品标准进行检验，符合标准的产品才能作为绿色食品加工原料。

2. 环境要求

在绿色食品生产与加工过程中要保持环境清洁，加工机器设备要经过规范清洗。

3. 感观要求

绿色食品的感官品质包括外形、色泽、气味、口感、质地等。生产的食品给予消费者的第一感觉，应是绿色食品优质性的最直观体现。绿色食品产品标准中感官要求有定性、半定量、定量指标。其要求严于同类非绿色食品。例如，国家《大豆油标准》中以及《食

用植物油卫生标准》中，均无“透明度”这项感官指标，而《绿色食品大豆油标准》增加了“透明度”指标，又如绿色食品全脂乳粉感官评分标准要达到国家全脂乳粉的特级产品标准。

4．理化要求

理化性状是绿色食品的内含要求，它包括应有的成分指标，如蛋白质、脂肪、糖类、维生素等。这些指标不低于国标要求。农药残留、兽药残留和重金属等污染指标与国外先进标准或国际标准接轨。

5．生物要求

产品的微生物学特征必须保持，如活性酵母、乳酸菌等，这是产品质量的基础。微生物污染指标必须相当于或严于国际的限定。

总之，绿色食品产品标准严于国家同类食品标准，达到或接近同类食品的国际先进标准。

（二）绿色食品包装标准

食品包装是为了在食品流通过程中保护产品、方便贮运、促进销售，按一定技术方法和技术措施，利用材料、容器及辅助物等对食品产品进行保护装饰的操作活动。

1. 食品包装的基本要求

① 要使产品有较长的保质期。

② 不带来二次污染。

③ 少损失原有营养及风味。

④ 包装成本要低。

⑤ 储藏运输方便、安全。

⑥ 增加美感，引起食欲。

2. 绿色食品的包装标准

绿色食品包装标准正在制定。我国的包装工业起步较晚，在发展与环保问题上，现在传统的某些包装不利于环保。包装产品从原料、产品制造、使用、回收和废弃的整个过程都应符合环境保护的要求，它包括节省资源、能量，减少、避免废弃物产生，易回收利用，再循环利用，可降解等具体要求和内容。也就是世界工业发达国家要求包装做到减量化、重复使用、再循环和再降解原则。

（1）绿色食品包装材料的选择

绿色食品根据产品的特点，选择相应的包装材料，首先要具有安全性。即包装材料本身要无毒，不释放有毒物质，污染食品，影响人的身体健康；其次是可降解性。即食品在销售完以后，其包装物可降解，对人的健康不产生有害影响，不造成环境污染；最后是具有可重复利用性。即要求绿色食品产品在被消费后，所剩的包装材料可重复利用，充分体现可持续发展原则，节约资源，减少垃圾产生，减轻环境污染。

（2）包装设计

绿色食品产品包装，除符合食品包装的基本要求和国家《食品标签通用标准》外，包装设计还应符合《绿色食品标志设计标准手册》的要求。获得绿色食品标志使用权的单位，必须将绿色食品标志用于产品的内外包装。规范使用绿色食品的标准图形、标准颜色、广告用语及产品编号。

（3）包装印制

① 印制有绿色食品标志的包装物（含标签、说明书、合格证等）的单位，应当到有《印制商标单位证书》的印制企业印制。

② 承接印制绿色食品包装物的委托人，应做到有营业执照、有绿色食品标志使用证书、有包装物印制数量的证明、按照约定的数量印制包装物、印制企业在印制的有绿色食品标志的包装物上标明《印制商标单位证书》的编号、废次包装物应当集中进行销毁、有绿色食品标志的包装物禁止进入市场流通。

（三）绿色食品标签标准

1. 绿色食品产品标签标准

绿色食品标签标准正在制定，在制定以前，根据国家《食品标签通用标准》《绿色食品标志设计标准手册》的规定，绿色食品产品标签上必须标注以下内容：

① 食品名称。② 配料表。③ 净含量及固形物含量。④ 制造者或经销者的名称和地址。⑤ 日期标志（生产日期、保质期或保存期）和贮藏指南。⑥ 产品类型。⑦ 质量（品质）等级。⑧ 产品标准号。⑨ 特殊标注内容。

2. 绿色食品防伪标签标准

绿色食品防伪标签对绿色食品具有保护和监控作用。防伪标签要有技术上的先进性、使用的专用性、价格的合理性，标签类型多样，可以满足不同产品的包装。该标准规定：

①许可使用绿色食品标志的产品，必须加贴绿色食品标志防伪标签。②绿色食品标志防伪标签只能使用在同一编号的绿色食品产品上。非绿色食品或与绿色食品防伪标签编号不一致的绿色食品产品不得使用该标签。③绿色食品标志防伪标签，应贴于食品标签或其包装正面的显著位置，不得掩盖原有绿标、编号等绿色食品的整体形象。④企业同一种产品贴用防伪标签的位置及外包装箱封箱用的大型标签的位置应固定，不得随意变化。

（四）绿色食品贮藏标准

绿色食品贮藏必须遵循以下原则：

① 贮藏环境必须洁净卫生，不能对绿色食品产品引入污染。② 选择的贮藏方法不能使绿色食品品质发生变化、引入污染。如用化学贮藏方法，选用的化学制剂需符合《绿色

食品添加剂使用准则》。③ 在贮藏中，绿色食品不能与非绿色食品混堆贮存。④ A 级绿色食品与 AA 级绿色食品必须分开贮藏。

（五）绿色食品运输标准

绿色食品的运输除要符合国家对食品运输的有关要求外，还要遵循以下原则：

① 根据产品类别、包装特点、贮藏特点、运输距离及季节不同等采用不同的运输方式。② 运输设备必须洁净卫生，不能引入污染。③ 禁止与农药、化肥及其他化学制品等用同一个运输工具运输。④ 在运输过程中，绿色食品不能与非绿色食品混堆运输。⑤ 绿色食品 A 级和 AA 级产品，不得混堆一起运输。

附一　养猪场卫生条件

1 养猪场总体卫生要求

1.1 选址

1.1.1 新建养猪场应建在无疫病区。

1.1.2 养猪场应远离交通要道、公共场所、居民区、学校、医院和水源，地势较平坦，且具有一定的坡度。

1.2 建筑布局　养猪场应严格执行生产区和生活区相隔离的原则。人员、动物和物质运转应采取单一流向，以防止污染和疫病传播。

1.3 环境质量　养猪场的污水、污物处理应符合国家环保要求，环境卫生质量应达到 NY/T 388 规定的标准。

2 养猪场设施设备

2.1 建筑材料　构建厂房的材料，特别是猪舍及其设备应对猪无害，且易于清洗和消毒。

2.2 电器安装　安装电器时，应符合防潮、防爆等安全规定，以防引起猪只触电休克。

2.3 隔离、加热和通风设施　房舍的隔离、加热和通风设施，应保证空气流通、防尘、温度和空气相对湿度适宜，以防对猪只造成伤害。

2.4 其他自动化设施　对猪只健康和福利至关重要的自动化设施每天应检查一次。一旦发现问题，应立即纠正。

2.5 光照条件　猪舍应具有适宜的光照，并和气候条件相适应，不得使猪长时间处于黑暗中。光照可采用自然光或人工光，对于后者，时间应和自然光照时间大致相同，一般维持在上午 9 时至下午 5 时。此外，光线应具有足够的强度，以便对猪只实施检查。

2.6 猪舍地面设置　地面应平整防滑，以防对猪只造成伤害。地面的设计还应考虑到猪只站立时可能受到的伤害，应考虑到猪只的体形和体重，地面应稳固、平整和舒适。猪只躺卧区应清洁舒适，易于排水，且不能对猪造成伤害。猪舍内提供的垫草，则应洁净、干燥、无毒且经常更换。使用漏缝地板的猪舍也应充分考虑上述保护性原则。

2.7 饲喂设施　猪只饲喂和饮水设备应设计建造合理、材料坚固、无毒无害，且易于清洗消毒。

2.8 消毒设施　养猪场应备有良好的清洗消毒设施，防止疫病传播，并对养猪场及其相应设施如车辆等进行定期清洗消毒。

2.9 生物防护设施　养猪场应具备良好的防害虫如昆虫和啮齿动物等的防护设施。

2.10 粪便处理设施　养猪场应具备有效的粪便和污水处理系统，并保证环境卫生质量达到 NY/T 388 规定的标准。

3 饲养管理

3.1 工作人员和参加人员要求

3.1.1 工作人员应定期检验身体，不得患有任何人畜共患病。

3.1.2 工作人员不可经常回家，往返工作岗位时应沐浴消毒。

3.1.3 工作人员应穿戴工作服，非生产人员应尽量做到“谢绝参观”。特殊条件下，非生产人员可穿戴防护服入场参观。

3.2 饲料使用规范　使用饲料应遵照 NY/T 471 的规定。

3.3 使用兽药和残留监测规范　使用兽药应遵照 NY/T 472 规定，并做好记录，记录应保存两年以上。残留监测应符合动物性食品中兽药残留最高限量标准和 NY/T 472 的规定。

3.4 饲养密度　任何养猪场，对群养的生长育成猪和断奶仔猪，其饲养密度应能保证动物自由平躺、休息和站立，在此要求条件下，每头猪所占面积至少应达到表 4-14 规定的标准。成年种公猪圈舍面积至少为 6 m^2。

表 4-14　猪饲养密度

平均体重/kg	每头猪应占面积/m^2	平均体重/kg	每头猪应占面积/m^2
＜10	0.15	50～85	0.55
10～20	0.20	85～110	0.65
20～30	0.30	＞110	1.00
30～50	0.40		

3.5 饲喂卫生　猪只的饲料应考虑到其年龄、体重、行为和生理需求，保证其健康成长，维持其正常机能。两周龄以上的猪只应提供足够的清洁饮水，或通过饮用其他液体食物保证其日常需水要求。

3.6 日常健康检查和护理　对于群饲和舍饲猪，饲养员每天应对所有的猪只进行检查。所有疑似发病或受伤猪应立即接受治疗。

对疑似发生传染病的猪只，应立即隔离，通知官方兽医，并将疫病确诊所需样品送往指定实验室进行诊断，一旦确诊，应立即报告当地畜牧兽医行政管理部门。

3.7 日常清洗和消毒　房舍、圈舍、设备和器皿应易于清洗和消毒，以防交叉感染和病原微生物的积聚。粪、尿和饲料残渣应经常消除，以防异味以及苍蝇和啮齿动物滋生。

4 疫病监测和控制方案

养猪场应坚持采用国家畜牧兽医行政管理部门规定的疾病监测方案，并接受当地畜牧兽医行政管理部门的监督，特别注意以下各方面：

4.1 方案的制定和监督　任何养猪场应制定详细的符合国家畜牧兽医行政管理部门有关规定的疫病监测和控制方案，获得当地畜牧兽医行政管理部门的批准和认可，并接受当地畜牧兽医行政管理部门的监督，官方兽医至少每年对执行情况检查一次，养猪场应向当地畜牧兽医行政管理部门和官方兽医提供连续的疫情监测信息。

4.2 疫病监测和控制　养猪场常规监测疾病的种类至少应该包括：口蹄疫、猪水泡病、猪瘟、非洲猪瘟、猪伪狂犬病、肠病毒性脑脊炎（捷申病）、结核病、猪繁殖与呼吸道综合征和布鲁氏杆菌病。

对于上述疾病的检测，应定期进行，怀疑发病时，应尽快报告当地畜牧兽医行政管理部门和官方兽医，并将病料送达指定实验室确诊。

确诊发生口蹄疫、猪水泡病、猪瘟、非洲猪瘟和肠病毒性脑脊髓炎时，养猪场就配合主管兽医当局和官方兽医，对猪群实施严格的扑杀措施，并随后对猪场进行彻底的清洗消毒，动物死尸按 GB 16548 进行无害化处理。消毒按 GB/T 16569 进行。

发生伪狂犬病、结核病、猪繁殖与呼吸道综合征和布鲁氏杆菌病时，应按照国家畜牧兽医行政管理部门的要求，对猪群实施清群和净化措施。

5 引进猪只的条件

5.1 动物装运之日无疫病症状。

5.2 不可从 6.1 或 6.2 条款规定的养猪场引进易感动物；除非该养殖场达到了 6.3 条款规定的条件。

5.3 利用和生产用猪，应来自符合下列要求的养殖场：位于无疫病区；装远前至少 3 个月内无口蹄疫、猪瘟和肠病毒性脑脊髓炎；装运前至少 30 天内没有发生过动物防疫法规定的一、二、三类病；应来自无布鲁氏杆菌病猪群。

5.4 动物装运及运输过程中没有接触过其他偶蹄动物；运输车辆应做过彻底清洗消毒。

5.5 动物应是在原产场出生或至少在原产场饲养 6 个月以上的猪只。

5.6 动物应附带官方兽医签发的检疫证明和非疫区证明。

5.7 引进的猪只应隔离观察 15 天以上，证实无病后才可混群饲养。

6 养猪场卫生质量认证的中止、撤销和恢复

6.1 中止认证　发生下列情况之一的，对养猪场的认证应当中止。

6.1.1 不再符合本标准第 1～4 项规定的要求。

6.1.2 怀疑发生口蹄疫、猪水泡病、非洲猪瘟、猪瘟、肠病毒性脑脊髓炎、布鲁氏杆菌病或炭疽。

6.1.3 未按本标准第 5 项规定，引进了易感动物。

6.2 撤销认证　发生下列情况之一的，对养猪场的认证应当撤销。

6.2.1 证实猪群发生口蹄疫、猪水泡病、非洲猪瘟、猪瘟、肠病毒性脑脊髓炎、布鲁氏杆菌或炭疽。

6.2.2 不符合本标准第 1～5 项规定的条件，在当地畜牧兽医行政管理部门通知改正而未采取措施的。

6.3 恢复认证　中止和撤销认证的养猪场，符合下列条件时，可以恢复认证。

6.3.1 确诊发生 6.2.1 规定疫病之一时，在养猪场已经消毒但未对所有易感动物实施扑杀的情况下，如发生口蹄疫则应在最后一例病便扑杀后至少停止经营 30 天；如发生猪瘟或肠病毒性脑脊髓炎则应在最后一例病例发生后至少停止经营 40 天；如果发生布鲁氏杆菌病则应在最后一例病例发生后至少停止经营两周；如发生炭疽则应在最后一例扑杀后停止经营 15 天。

6.3.2 对于口蹄疫、猪瘟或肠病毒性脑脊髓炎，如果疫区内所有易感动物予以扑杀，养猪场予以消毒，且在其周围 2 km 半径内建立了保护带，则至少在最后一例病例扑杀后 15 天。

6.3.3 对于因不符合本标准第 2～4 项规定而撤销认证的养猪场，要重新进行认证。

6.3.4 对于因不符合第 5 项规定而中止认证的养猪场，要按发生相关疫病即依照 6.3.1 或 6.3.2 的规定进行。

附二 养禽场卫生条件

1 养禽场的总体要求

1.1 选址

1.1.1 新建家禽饲养场不可位于传统的新城疫和高致病性禽流感疫区内。

1.1.2 养禽场应远离交通要道、公共场所、居民区、学校、医院和水源，地势较平坦，且具有一定的坡度。

1.2 建筑布局 养禽场应严格执行生产区和生活区相隔离的原则。人员、动物和物质运转应采取单一流向，防止污染和疫病传播。

1.3 环境质量 养禽场的污水、污物处理应符合国家环保要求。环境卫生质量应达到NY/T 388规定的标准。

1.4 疫病和残留监测 养禽场应采用国家畜牧兽医行政管理部门认证的疾病和残留监测方案，并接受当地畜牧兽医行政管理部门的监督，官方兽医至少每年检查一次，官方兽医应根据本标准第2或3项要求重新核实各项卫生措施的执行情况。养殖场管理人员应能够向当地畜牧兽医行政管理部门出示有关养殖场卫生状况的持续性档案记录。

1.5 同一养禽场内原则上只能饲养一种类型的家禽。如果场内饲养多种家禽，应充分隔离饲养。

1.6 养禽场的消毒和病害肉尸的无害化处理应按照GB/T 16569和GB 16548进行。

2 祖代、父母代和商品代饲养场设备和卫生要求

2.1 禽舍设备卫生条件

2.1.1 设备的式样和安装应符合特定生产目的的要求，保证能够防止疾病传入、扩散。此外，养禽场还应具有良好的防鼠、防虫和防鸟设施。

2.1.2 设备应具备良好的卫生条件并适合卫生监测。

2.1.3 设备应符合特定生产要求，能够在适宜地点对设施以及运输蛋、禽的工具清洗和消毒。

2.1.4 禽舍的各种设施应考虑饲养禽的卫生福利。

2.2 饲养管理卫生条件

2.2.1 任何养禽场应使用符合NY/T 471规定的饲料，并得到官方许可。

2.2.2 兽药使用和残留监测：兽药使用应遵照NY/T 472规定，并做好记录，记录应保存两年以上。残留监测应遵照NY/T 472规定。

2.2.3 应坚持“全进全出”原则。每批家禽出栏后应实施清洗、消毒和清群措施。

2.2.4 祖代、父母代和商品代禽舍只能饲养符合下列条件的家禽：

a. 自繁家禽；b. 从符合本标准规定条件的家禽繁育场引进的家禽；c. 从符合本标准规定条件的其他国家家禽繁育场进口的家禽。

2.2.5 养禽场具有严格的卫生管理制度：工作人员进入生产区应淋浴消毒，并穿戴合适的工作服；养禽场应尽量做到“谢绝参观”，特定条件下，参加人员在淋浴、消毒后穿戴保护服才可进入。

2.2.6 房屋、禽舍及其他设施均处于良好的维修状态。

2.2.7 对于产蛋禽舍，每天做到数次收蛋，并尽快清洁消毒。

2.2.8 工作人员应将生产过程出现的任何异常情况，特别是疑似疫病症状，通知当地畜牧兽医行政管理部门。一旦怀疑发病，应将所需病料送往指定实验室。

2.2.9 每群家禽的相关资料，如禽群史、登记情况、用药情况及生产数据等应在清群后保存两年以上，该资料必须具有以下内容：

a. 目的地和发运地；b. 饲料消耗情况；c. 生产性能；d. 发病率、死亡率及发病死亡原因；e. 实验室检查及其结果；f. 家禽来源地；g. 蛋发运目的地。

2.2.10 传染病发生时，实验室检查结果应立即上报给畜牧兽医行政管理部门。

3 孵化场（车间）设备及卫生要求

3.1 厂房设备卫生条件

3.1.1 孵化场和饲养场应设有物理性屏障隔离，并分离运行。空间结构设计应满足以下要求：

a. 蛋的存贮和分级；b. 消毒；c. 预孵化；d. 孵化；e. 出雏；f. 雏禽分发前的准备和包装。

3.1.2 房屋构造能够防止鸟类和啮齿动物的进入；地板、墙面建筑材料应坚实且易于清洗；室内须具有适宜的自然光、人工照明、空气流通和温度调节设备，且应具有废物安全卫生处理的规定。

3.1.3 设备表面应光滑防水。

3.2 孵化场运行卫生条件

3.2.1 蛋、可动设备和人员应单向流动。

3.2.2 种蛋应来自符合本标准规定的养殖场或部门，或符合上述标准的其他国家。

3.2.3 孵化场应制定卫生管理制度，无论工作人员还是参加人员，进入生产区内应更衣淋浴，工作人员应穿戴工作服、工作靴、帽，参加人员应穿戴保护服及靴帽。

3.2.4 房屋和设备处于良好维修状态中。

3.2.5 下述物品应进行消毒：

a. 进入孵化器前的种蛋；b. 孵化器定期消毒；c. 每批种蛋孵化结束后，对孵化房及其设备进行彻底的清洗和消毒。

3.2.6 为评价孵化室的卫生状况，应制定微生物质量控制方案。

3.2.7 对于任何生产过程中的异常变化及其他疑似传染病的临床症状，工作人员就通知畜牧兽医行政管理部门。一旦怀疑发病，主管兽医应将疫病确诊所需的样品送往指定实验室进行诊断，并通知畜牧兽医行政管理部门。

3.2.8 孵化场的下列资料或数据至少应保存两年：

a. 种蛋的来源和到达日期；b. 孵化量；c. 异常情况；d. 实验室检查及其结果；e. 疫苗接种程序（计划）；f. 未能孵化种蛋的数量和用途；g. 初孵雏的方向。

3.2.9 一旦发生传染病，实验室检查结果应立即向主管兽医通报。

4 疫病监测和控制方案

4.1 疫病监测和控制方案的制定、执行和监督　任何家禽饲养场应制定详细的符合国家畜牧兽医行政管理部门有关规定的疫病监测和控制方案，获得当地畜牧兽医行政管理部门的批准和认可，并接受当地畜牧兽医行政管理部门的监督，官方兽医至少每年对执行情况检查一次，养殖场应向当地畜牧兽医行政管理部门和官方兽医提供连续的疫情监测信息。

4.2 疫病监测方案

4.2.1 养禽场常规监测疾病的种类至少应该包括：新城疫、高致病性禽流感、鸡败血支原体病、禽衣原体病、火鸡支原体病、鸡沙门菌病、雏白痢沙门囊病、鸡马立克病、禽结核和亚利桑那沙门菌病、白血病、产量下降综合征、传染性支气管炎。

4.2.2 应定期检测高致病性禽流感和新城疫，怀疑发病时，需将病料送达指定实验室确诊。对白血病和鸡白痢的净化，也要进行抗体监测。

4.2.3 对于鸡沙门菌、雏白痢沙门菌和亚利桑那沙门菌感染，可以采用血清学或细菌学方法检验，实验样品可以为血液、孵化器上的残留物、孵化室墙壁上的废料、水槽中的水和废料等。采取血样进行雏白痢/沙门菌检测时，就根据该农场过去的发病率情况，来确定抽样动物的数量。

4.2.4 对于鸡败血支原体和火鸡支原体感染，可以应用血清学、细菌学方法检验，对于初孵雏和火鸡雏，还可观察到气囊病变。病料采集范围包括血液、初孵雏和火鸡雏、精液以及气囊、泄殖腔或气管拭子。为了实现连续监测，对于产蛋群，禽群开产前应检测一次，此后每三个月复检一次。

附三　畜、禽群不得患有的疾病名称

1 任何畜群或动物个体都不得患有的疾病

1.1 多种动物共患病　口蹄疫、结核病、布氏杆菌病、炭疽、狂犬病、钩端螺旋体病。

1.2 不同种属动物分别不得患有的疾病

1.2.1 猪：猪瘟、猪水泡病、非洲猪瘟、猪丹毒、猪囊尾蚴病、旋毛虫病。

1.2.2 牛：牛瘟、牛传染性胸腊肺炎、牛海绵状脑病、日本血吸虫病。

1.2.3 羊：绵羊痘和山羊痘、小反刍兽疫、痒病、蓝舌病。

1.2.4 马属动物：非洲马瘟、马传染性贫血、马鼻疽、马流行性淋巴管炎。

1.2.5 兔：兔出血病、野兔热、兔黏液瘤病。

2 任何禽群都不得患有的疾病

鸡新城疫、高致病性禽流感、鸭瘟、小鹅瘟、禽衣原体病。

附四　家畜屠宰加工企业卫生规范

1 屠宰场（厂）卫生要求

1.1 场址选择条件　屠宰场（厂）应距离交通要道、公共场所、居民区、学校、医院、水源至少 500 m 以上，位于居民区主要季风的下风处和水源的下游，地势较平坦，且具有一定的坡度。地下水位应低于地面 0.5 m 以下。

1.2 建筑布局　总体设计应遵循病、健隔病，原料、产品、副产品、废弃物的转运互不交叉的原则。整个建筑群须划分为连贯又分离的三个区：宰前管理区、屠宰加工区、病畜禽隔离管理区，各区之间应有明确的分区标志，并用围墙隔开，设专门通道相连。

1.2.1 宰前管理区　宰前管理区应设动物饲养圈、待宰圈和兽医工作室。

1.2.1.1 饲养圈：地面应坚硬不透水，配备饮水、喂料和消毒设备，并具备排水、排污系统。

1.2.1.2 待宰圈：地面应坚硬、不透水，并备有宰前淋浴设备、排水、排污系统和消毒设施。

1.2.1.3 兽医工作室：备有适合于宰前检查的各种仪器设备。

1.2.2 屠宰加工区

1.2.2.1 屠宰间厂房建设卫生要求

1.2.2.1.1 厂房与设施应结构合理、坚固、便于清洗与消毒。

1.2.2.1.2 厂房与设施应与生产能力相适应，厂房高度应满足生产操作、设备安装与维修、采光和通风的需要。

1.2.2.1.3 厂房与设施应设有防上蚊蝇、鼠及其他害虫侵入或隐藏的设施，以及防烟雾、灰尘的设施。

1.2.2.1.4 厂房地面：应使用防水、防滑、不吸潮、可冲洗、耐腐蚀、无毒材料，坡度应为 1%～2%（屠宰间应 2%以上），表面无裂缝且无局部积水，易于清洗和消毒，明地沟应呈弧形，排水口须设网罩。

1.2.2.1.5 厂房墙壁和墙柱：应使用防水、防潮、可冲洗、无毒、淡色的材料，墙裙贴瓷砖且其高度应不低于 2 m，顶角、墙角、地角呈弧形，便于清洗。

1.2.2.1.6 厂房天花板：应表面光滑，不易脱落，能防止污物积聚。

1.2.2.1.7 厂房门窗：应装配严密，使用不变形的材料制作，所有门窗及其他开口应安装易于清洗和拆卸的纱门、纱窗，或压缩空气幕，并经常维修，保持清洁，内窗下斜 45°或采取无窗台结构。

1.2.2.1.8 屠宰车间应有兽医卫生检验设施，包括同步检验、对号检验、旋毛虫检验、内脏检验、化验室等。

1.2.2.2 传送装置　屠宰加工车间、内脏处理间、冷却间、冷藏库及其他加工车间应设置架空轨道和运转机，并附有防油污装置，以利屠宰产品的转运，放血地段的传送轨道下应设置发集血液的表面光滑的金属或水泥斜槽，屠宰品的上下传递应采取金属滑筒，不同产品有不同筒道，一般屠宰场（厂）屠宰产品传送，应设置滑杆。

1.2.2.3 通风设备　北方可利用良好的自然通风，南方应有降温设备，门窗的开设要利于空气对流，要有防蚊、防蝇、防尘装置，在车间入口处应设门斗。在大量产生水蒸气或大量散热的部位应装设排风罩或通风孔。空气交换每小时1～3次，交换的次数由悬挂的新鲜肉的数量和内部温度而定。

1.2.2.4 照明　车间内应有充足的自然光线和人工照明。照明灯具的光泽不应改变加工物体的本色，亮度应能满足兽医检疫人员和生产操作人员的工作需要，吊挂在肉品上方的灯具，应装有安全防护罩。

1.2.2.5 生产供水系统　应有充足的冷热水，水质应符合GB 5749的规定，每个加工点应设有冷、热水龙头和蓄水池，蓄水池应定期清洗、消毒。

制冷用水也应符合GB 5749的规定，制冷及贮存过程中应防止污染。

制气、制冷、消防用水，应使用独立管理系统，不得与生产用水交叉连接。

1.2.2.6 污水排放系统　有完善的下水道系统，根据污水排放量，地面设置若干装有滤水篦子的收容坑，排水管的直径应保证坑内污水充分排出，并保证畅通无阻，排水管的出口处应设置清除脂肪装置，排出的污水应经过净化和无害化处理，达到GB 13457规定标准。

1.2.2.7 生产设备和用具　包括运输工具、工作台、挂钩、容器器具等，应采用无毒、无味、不吸水、耐腐蚀、经得起反复清洗、消毒的材料制成，其表面应平滑、无凹坑和裂缝，设备及其组成部件应易于拆洗，禁止用竹木工器具和容器。

1.2.2.8 卫生设施

1.2.2.8.1 废弃物临时存放设施：在远离生产车间的下风处的适当地方设置废弃物临时存放设施，其应采用便于清洗、消毒的材料制成，结构应严密，能防止害虫进入，并能避免废弃物污染厂区和道路。

1.2.2.8.2 废水、废气（汽）处理系统，并保持良好的工作状态。

1.2.2.8.3 更衣室、淋浴室、厕所：应设有与职工人数相适应的更衣室、淋浴室和厕所。车间内的厕所应有走廊与操作间相连，厕所的门窗不得直接开向操作间，便池应是冲水式，粪便排泄管不得与车间的污水排放管混用。

1.2.2.8.4 洗手、清洗、消毒设施：车间的进口处及车间内部的适当位置应配备冷、热水洗手设施，并备有清洁剂和一次性纸巾。

1.2.2.8.5 分割肉和熟肉制品车间及其成品库，应设置非手动洗手设施，并备有一次性纸巾。

1.2.2.8.6 车间内应设有器具、容器和固定设备的清洗、消毒设备，并备有充足的冷、热水，这些设施应为无毒、耐腐蚀、易清洗的材料制作。

1.2.2.8.7 车库、车棚内应设置车辆清洗、消毒设施。

1.2.2.8.8 活畜禽进口处及病畜隔离间、急宰间、化制间的门口应设有消毒池。

1.2.2.9 卫生管理　屠宰场（厂）应建立健全下列卫生管理规章制度：

a. 车间内场地、工器具、操作台等定期清洗消毒制度；b. 更衣室、沐浴室、厕所、工间休息室等公共场所定期清扫、清洗、消毒制度；c. 废弃物定期处理、消毒制度；d. 定期除虫、灭鼠制度；e. 危险物保存和管理制度。

1.2.2.10 个人卫生要求

1.2.2.10.1 厂区工作人员每年应进行一次健康检查，只有取得健康合格证方可上岗工作。

凡患有下列病症之一者，不得从事屠宰和接触肉制品工作：

a. 痢疾、伤寒、病毒性肝炎等；b. 活动性结核；c. 化脓性或渗出性皮肤病；d. 其他有碍食品卫生的疾病。

1.2.2.10.2 养成良好个人卫生习惯，勤洗澡、勤换衣、勤理发，不留长指甲。

1.2.2.10.3 生产人员不得将与生产无关的个人用品、饰物带入车间，进入车间时，应穿工作服，戴工作帽，穿工作鞋，头发不许外露，肉品加工人员应戴口罩。

1.2.2.10.4 生产人员离开车间时，应脱掉工作服、帽、鞋。

1.2.2.11 副产品车间及其他生产加工部门　车间卫生要求按 1.2.2.1 的规定执行。

1.2.2.12 冷却　有足够大的冷却间和冷冻间。

1.2.3 病畜隔离管理区

1.2.3.1 病畜圈（舍）　卫生要求按 1.2.1.1 规定执行。污水按 1.2.2.6 规定进行预处理，然后排放到厂区排污系统。

1.2.3.2 急宰间　车间建筑要求按 4.2.2.1 规定执行，通风、照明、供水、污水排放、生产设备及用具、卫生设施、卫生管理、个人卫生要求等按 1.2.2.3～1.2.2.10 规定执行。

1.2.3.3 化制间　根据不同目的，分别设置干法化制、湿法化制和焚毁等设施。

污水排放按 1.2.2.6 规定进行预处理，然后排放到厂区的排污系统。

1.2.3.4 有条件食用肉加工间　车间卫生要求与 1.2.2.1 同。根据不同情况，可设置高温等处理设施。

2 屠宰过程中卫生要求

2.1 宰前卫生要求

2.1.1 待宰动物应来自非疫区，并有兽医检疫合格证。

2.1.2 经宰前检疫后，停食静养 12～24 h，充分饮水，但送宰前 3 h 停止饮水。

2.1.3 将待宰猪喷洗干净，体表不得有灰尘、污泥、粪便等物。

2.1.4 送宰时应有兽医人员签发“送宰合格证”，送宰猪通过屠宰通道时，应按顺序赶送，不得脚踢、棒打。

2.2 屠宰操作卫生要求

2.2.1 电麻致昏　致昏的强度以使待宰畜处于昏迷状态，失去攻击性，消除挣扎，保证放血良好为准，不能致死，禁止锤击，操作人员应穿戴合格的绝缘鞋、绝缘手套。

2.2.2 刺杀放血　刺杀由经过训练的熟练工操作，采用垂直放血方式，除清真屠宰场（厂）外，一律采用切断颈动脉、颈静脉或真空刀放血法，沥血时间不得少于 5min，禁止心脏穿刺放血法，放血刀消毒后轮换使用。

2.2.3 剥皮　手工或机械剥皮均可，剥皮力求仔细，避免损伤皮张和胴体，防止污物、皮毛、脏手沾污胴体，禁止皮下充气作为剥皮的辅助措施。

2.2.4 退毛

2.2.4.1 严格控制水温和浸烫时间，猪的浸烫水温以 60～68℃为宜，浸烫时间为 5～7 min，防止烫生、烫老。刮毛力求干净，不应将毛根留在皮内，使用打毛机时，机内淋浴水温保持在30℃左右。禁止吹气、打气刮毛利用松香拔毛。

2.2.4.2 烫池水每班更换一次，采用冷水喷淋降温净体。

2.2.5 编号　在每头屠体的耳部和腿部外侧用毛笔编号，字迹应清晰，不得漏编、重编。

2.2.6 开膛、净膛　剥皮或退毛后立即开膛，开膛沿腹白线剖开腹腔和胸腔，切忌划破胃肠、膀胱和胆囊。摘除的脏器不准落地，心、肝、肺和胃、肠、胰、脾应分别保持自然联系，并与胴体同步编号，由检疫人员按宰后检验要求进行卫生检疫。

2.2.7 冲洗胸、腹腔　取出内脏后，应及时用足够压力的净水冲洗胸腔和腹腔，洗净腔内淤血、浮毛、污物。

2.2.8 劈半　将检疫合格的胴体去头、尾，沿脊柱中线将胴体劈成对称的两半，劈面要平整、正直，不应左右弯曲或劈断、劈碎脊柱。

2.2.9 整修、复验

2.2.9.1 修割掉所有有碍卫生的组织，如暗伤、脓疱、伤斑、甲状腺病变淋巴结和肾上腺。

2.2.9.2 整修后的片猪肉应进行复验，合格后割除前后蹄，用甲基紫液加盖验讫印章。

2.2.10 整理副产品

2.2.10.1 整理副产品应在副产品整理间进行。

2.2.10.2 分离心、肝、肺：切除肝韧带和肺门结缔组织，摘除胆囊时，不得使其损伤，猪心上不得带护心脂，猪肝上不得带水疱，猪肺上端允许保留5 cm气管。

2.2.10.3 分离脾、胃：将胃底端脂肪切除，切断与十二指肠连接处和肝胃韧带，剥开网油，从网膜上切除脾脏。

翻胃清洗时，一手抓住胃头冲洗胃部污物，用刀在胃大弯处戳开约 10 cm 长小口，将胃翻转，用长流水将胃冲洗干净。

2.2.10.4 扯大肠：将大肠摆正，从结肠末端将花油撕至离盲肠与小肠连结处约15～20 cm，割断、打结。不得使盲肠受损。

翻洗大肠，一手抓住肠的一端，另一手自上而下挤出粪污，并将肠子翻出一小部分，用一手二指撑开肠管，另一手向肠管翻转夹层内灌水，随水下坠，肠管自动翻转，经清洗，整理的大肠，不得带粪污，不得断肠。

2.2.10.5 扯小肠：将小肠从割离胃的断端拉出，一手抓住花油，另一手将小肠断端挂于操作台边，断口向下，操作时不得扯断、扯乱。扯出的小肠应及时采用机械或人工方法排除粪污。

2.2.10.6 摘胰脏：从肠系膜中将胰脏摘下，应少带脂肪。

2.2.10.7 整理好的脏器应及时发送或送至冷却间，不得长时间堆放。

2.2.11 皮张和鬃毛整理　皮张和鬃毛整理应在专用房间内进行。

皮张和鬃毛应及时收集整理，皮张应抽去尾巴，刮除血污、皮肌和脂肪，及时送往加工处，不得堆压、日晒，鬃毛应及时摊干晾晒，不能堆放。

2.3 屠宰检疫要求

2.3.1 宰前检疫

2.3.1.1 入场检疫

2.3.1.1.1 查证验物：检查有无免疫证、产地检疫证，这些证明是否有效。如果是外地动物，检查有无出县检疫证、车辆消毒证等。证物是否相符，了解途中病、死情况。

2.3.1.1.2 卸载后进行群体检疫，挑出可疑病畜进行个体检疫，其检查方法按 GB 16549 规定的方法进行，通过上述检疫发现病畜后立即转送病畜隔离圈。必要时进行实验室检查。

2.3.1.2 待宰检疫　经过入场检疫，将健康动物放入饲养圈，继续进行观察，送宰前再做一次群体检疫，挑出可疑病畜后，转入待宰圈，停食、饮水、观察，确实证明为健康动物后，由兽医检疫人员签发“送宰合格证”，然后才能进入屠宰间。

2.3.2 宰前检查后处理

2.3.2.1 经宰前检查发现患有牛瘟、牛肺疫、马腺疫、非洲猪瘟、非洲马瘟及其他国内没有报道发生的传染病病畜和疑似病畜时，按下列规定处理：

a. 禁止屠宰，停止调运动物，采取紧急防疫措施，并立即向当地农牧部门主管机关报告疫情，按相关法令处理；b. 病畜和同群动物用密闭运输工具运至化制间或当地指定地点采取不放血的方式全部捕杀，尸体销毁；c. 宰前管理区进行严格消毒，并经农牧部门主管机关检查合格后，方可恢复生产。

2.3.2.2 经宰前检查发现患有口蹄疫、猪传染性水疱病、猪瘟、蓝舌病病畜及疑似病畜时，按下列规定处理：

a. 禁止屠宰、停止调运动物、采取紧急防疫措施，并立即向当地农牧部门主管机关报告疫情，按相关法令处理；b. 病畜用密闭运输工具送至化制间或当地指定地点，采取不放血的方式捕杀，尸体化制或销毁，化制可以根据不同情况进行湿化或干化；c. 同群畜送急宰间急宰，胴体内脏送有条件可食用肉车间按不同情况进行不同处理，处理后方可出场（厂），皮、毛、血、骨消毒后可出场（厂）；d. 对宰前管理区、病畜管理区以及所经过的道理施行严格消毒，并采取防疫措施，经农牧部门主管机关检查合格后，方可恢复生产。

2.3.2.3 经宰前检查发现水肿、气肿疽、狂犬病、羊快疫、羊肠毒血症、马流行性淋巴管炎、马传染性贫血、急性钩端螺旋体病、李氏杆菌病、结核、羊痘、牛传染性鼻气管炎、黏膜病、急性猪丹毒、布鲁氏菌病、猪密螺旋体痢疾、马鼻腔肺炎时，按下列规定处理：

a. 病畜用密闭工具送急宰间，采取不放血的方式捕杀，然后送化制间进行化制或销毁；b. 宰前管理区进行严格消毒后，方可恢复生产；c. 同群畜可继续送宰。

2.3.2.4 除了 2.3.2.1～2.3.2.3 所列传染病外，患有其他疾病的家畜，除患病畜送急宰间急宰外，其他同群畜正常送宰。急宰的病畜，根据具体情况，或送“有条件食用肉处理间”加工利用，或采取化制或销毁方法处理。

2.3.2.5 宰前检查后的处理过程均需做详细记录并归案。

2.3.3 宰后检验　头、蹄、内脏和胴体施行同步检验（皮张编号），暂无同步检验条件的要统一编号，集中检验，综合判定，必要时进行实验室检验。

2.3.3.1 头部检验

2.3.3.1.1 猪头检验：剖检两侧颌下淋巴结和外咬肌，视检鼻盘、唇、齿龈、咽喉黏膜和扁桃体。

2.3.3.1.2 牛头检验：视检眼睑、鼻镜、唇、齿龈、口腔、舌面以及上下颌骨的状态，触查舌体，剖检两侧颌下淋巴结和咽后内侧淋巴结，视检咽喉黏膜和扁桃体，剖检舌肌（沿系带面纵向切开）和两侧内外咬肌。

2.3.3.1.3 羊头检验：视检皮肤、唇和口腔黏膜。

2.3.3.1.4 马、骡、驴和骆驼头部的检验：剖检两侧颌下淋巴结、鼻甲、鼻中隔及咽头。

2.3.3.2 内脏检验

2.3.3.2.1 胃、肠检验：视检胃肠浆膜，剖检肠系膜淋巴结，牛、羊尚须检查食道，必要时剖检胃肠黏膜。

2.3.3.2.2 脾脏检验：视检外表、色泽、大小，触检弹性，必要时剖检脾髓。

2.3.3.2.3 肝脏检验：视检外表、色泽、大小，触检弹性，剖检肝门淋巴结，必要时剖检肝实质和胆囊。

2.3.3.2.4 肺脏检验：视检外表、色泽、大小，触检弹性，剖检支气管淋巴结和纵隔后淋巴结（牛、羊），必要时剖检肺实质。

2.3.3.2.5 心脏检验：视检心包及心外膜，并确定肌僵程度，剖检心肌、心内膜及血液凝固状态，猪心，特别注意二尖瓣的病损。

2.3.3.2.6 肾脏检验：剥离肾包膜，视检外表、色泽、大小、触检弹性，必要时纵向剖检肾实质。

2.3.3.2.7 乳房检验（牛、羊）：触检弹性，剖检淋巴结，必要时剖检实质。

2.3.3.2.8 必要时剖检子宫、睾丸和膀胱。

2.3.3.3 胴体检验　检查以下各项内容：

a. 首先判定放血程度；b. 视检皮肤、皮下组织、脂肪、肌肉、胸膜、腹膜等有无异状；c. 剖检颈浅（肩前）淋巴结、股前淋巴结、腹股沟浅淋巴结、腹股沟深（或髂内）淋巴结，必要时增检颈深淋巴结和腘淋巴结。

2.3.3.4 寄生虫检验

2.3.3.4.1 旋毛虫和住肉孢子虫检验：由每头猪左右横膈膜肌脚采取不少于 30 g 肉样两块（编上与胴体同一编号），撕去肌膜，剪取 24 个肉粒（每块肉样 12 粒），制成肌肉压片，置低倍显微镜下或旋毛虫投影仪上检查，也可采取集样消化法检查，发现虫体或包囊，根据编号查对胴体、头和心脏。

2.3.3.4.2 囊尾蚴的检验：主要检查部位为咬肌、深腰肌和膈肌，其他可检部位是心肌、肩胛外侧肌和股内侧肌（马、驴、骡不检验）。

2.3.4 宰后检验后处理

2.3.4.1 宰后发现 2.3.2.1 条中所列的传染病，按 2.3.2.1 条中 a、b 和 c 方法处理，但其中 c 中的“宰前管理区”应改为“屠宰加工区”。

2.3.4.2 宰后发现 2.3.2.2 条中所列的传染病时，按 2.3.2.2 条中 a、b 和 c 方法处理，但其中 c 也应该按 2.3.4.1 中 c 改动。

2.3.4.3 宰后发现 2.3.2.3 条中所列的传染病时，按 2.3.2.3 条中 a、b 和 c 方法处理，同样其中 c 应按 2.3.4.1 中 c 改动。

2.3.4.4 宰后发现 2.3.2.1、2.3.2.2 和 2.3.2.3 条中所列的传染病以外其他疫病时，按 2.3.2.4 条规定处理。

2.3.4.5 宰后检验发现寄生虫病时，按下列规定处理：

a. 在肉样压片中，发现旋毛虫包囊或钙化的旋毛虫虫体时，头、胴体和心脏作湿化处理或销毁；b. 在肉样压片中，如发现住肉孢子虫时，作湿化处理或销毁；c. 如在规定检验部位 $40cm^2$ 面积内发现囊尾蚴或钙化虫体时，全尸作湿化处理或销毁；d. 如发现弓形虫，全尸作湿化处理或销毁；e. 如发现肝片吸虫、弓形腹腔吸虫、棘球蚴、肝线虫、肺线虫、细颈囊尾蚴、肾虫、猪孟氏双槽蚴、华支睾吸虫、腭口线虫、猪浆膜线虫，按下列规定处理：

一是病变严重，且肌肉有退行性变化者，胴体和内脏作湿化处理或销毁，肌肉无变化者，剔除病变部分化制或销毁，其余部分高温处理后出厂；

二是病变轻微，剔除病变部分化制或销毁，其余部分不受限制出厂。

2.3.4.6 宰后发现肿瘤时，按下列规定处理：

a. 在一个器官发现肿瘤病变，胴体不瘠瘦，并无其他明显病变者，病变脏器作化制或销毁，其余部分高温处理；如胴体瘠瘦，肌肉有病变者，全尸化制或销毁；b. 在两个或两个以上器官发现肿瘤病变者，全尸化制或销毁；c. 确诊为淋巴肉瘤、血病磷状上皮细胞癌者，全尸化制或销毁。

2.3.4.7 经宰后检验发现为普通病，中毒和局部病损时，按下述规定处理：

a. 有下列情形之一者，全尸作化制或销毁：脓毒症、尿毒症、黄疸、过度消瘦、大面积坏疽、急性中毒、全身肌肉和脂肪变性、全身性水肿和出血的病畜；b. 局部有下列病变之一者，割除病变部分化制或销毁，其余部分不受限制：创伤、化脓、炎症、硬变、坏死、寄生虫损害、严重的淤血、出血、病理性肥大或萎缩、异色、异味及其他有碍卫生的部分。

2.3.4.8 鲜肉的卫生标记：不管胴体和内脏属于上述何种情况，均须盖上与判定结果相一致的统一印章，印章染料对人无害，盖后不流散，迅速干燥，附着牢固。

2.3.4.8.1 应由官方兽医负责为鲜肉加盖卫生标记。

2.3.4.8.2 鲜肉卫生标记图章应为椭圆形，宽 6.5 cm，高 4.5 cm，应清晰地标明以下内容：

a. 在其上部，用大写字母标明出口国，也可按国际惯例用该出口国大写缩写字母；b. 在其中部为官方兽医批准的屠宰厂的编号；c. 还应标明实施鲜肉检疫的官方兽医；d. 字母必须高 0.8 cm，数字高 1 cm。

2.3.4.8.3 鲜肉卫生标记的染料为甲基紫。

2.3.4.8.4 用 2.3.4.8.2 规定的兽医卫生验讫图章和 2.3.4.8.3 规定的染料在胴体（劈半后的二分之一胴体）下述部位加盖标记：

a. 重量超过 60 kg 的胴体，在大腿外部、腰部、背部、乳部、肩部和肋部加盖印章；b. 小于 60 kg 的胴体，在大腿外侧和肩部加盖印章。

3 分割厂卫生要求

3.1 厂址选择条件　厂址选择按 1.1 规定进行。经当地城市规划、卫生部门批准，也可建在城镇的适当地点。

厂区内应绿化，厂区主要道路和进入厂区的主要道路（包括车库和车棚）应铺设适于车辆通行的坚硬路面（如混凝土或沥青路面），路面应平坦，无积水，厂区有良好的给、排水系统。

厂区内不得有臭水沟、垃圾堆或其他有碍卫生的场所。

3.2 建筑布局　根据生产能力和工艺流程，应设相应大小的盛放鲜肉的冷却间、肉品分割加工间、肉品包裹间、肉品包装间、贮藏间、废弃肉（不适合于食用）和查封肉（有碍卫生肉）存放间，以及兽医服务专用间、卫生检测室、更衣室、淋浴室、厕所等。

3.3 厂房建设卫生要求

3.3.1 厂房建设要求：按 1.2.2.1.1～1.2.2.1.7 规定执行。

3.3.2 通风要求：按 1.2.2.3 规定执行。

3.3.3 照明要求：按 1.2.2.4 规定执行。

3.3.4 生产供水系统：按 1.2.2.5 规定执行，但冷、热水龙头应采用非手动式，并取消“蓄水池”。

3.3.5 污水排放系统：按 1.2.2.6 规定执行。

3.3.6 生产设备和用具：按 1.2.2.7 规定执行。

3.3.7 卫生设施：按 1.2.2.8 中 b～g 规定执行。

3.3.8 冷却间、肉品分割加工间、贮藏间应备有温度调控装置，并配有温度表或电子温度记录仪。

3.3.9 卫生检测室配备必要的仪器设备，以便于实施旋毛虫检验等项目。

3.3.10 有保证兽医工作人员随时进行监督检查的必要兽医设施。

3.3.11 对于分割后不适于食用的废弃肉或因有碍卫生的查封肉，应有特制的不透气、不漏水的容器盛放，并加盖。如果数量大，当日无法送去化制或销毁时，应放在专用的房间内，并加锁，防止非法转移。

3.4 卫生管理　按 1.2.2.9 中 a～e 规定执行。

3.5 个人卫生要求　按 1.2.2.10 规定执行。

4 鲜肉分割卫生要求

4.1 选料　为了保证分割肉的品质卫生，分割肉的原料应是经兽医进行宰前、宰后商品检验之后的猪的新鲜胴体，即无病害、大小肥瘦适中、肌肉丰满、皮薄、臀圆、背宽、肉色红润的胴体。

4.2 准备分割的鲜肉，经兽医检验合格后，放入冷却间，此间温度应一直保持在 7℃以下。

4.3 分割

4.3.1 分割间的温度不得超过 8～12℃。

4.3.2 加工规格

4.3.2.1 对内、外销分割肉分割成如下四块：

a. 猪颈背肌肉（编号为Ⅰ）不低于 0.8 kg（内销无重量限制）；b. 猪前腿肌肉（编号为Ⅱ）不低于 1.35 kg（内销无重量限制）；c. 猪大排肌肉（编号为Ⅲ）不低于 0.55 kg（内销无重量限制）；d. 猪后腿

肌肉（编号为Ⅳ）不低于2.20 kg（内销无重量限制）。

4.3.2.2 对港销分割肉分割成如下5块：

a. 前腿精肉；b. 后腿精肉；c. 大排；d. 小排；e. 肋排。以上5块均无重量限制。

4.3.3 品质规格

4.3.3.1 内、外销分割肉，每块均去皮、皮下脂肪及骨骼，保留肌膜及大排的腱膜（腱膜上前后端的肌肉允许存在），剔骨后暴露出的筋络、软骨膜允许存在（内销分割肉剔骨露出的部分脂肪可以不修）。

4.3.3.2 对港销分割肉，前腿精肉、后腿精肉除去皮、骨，尽量修净皮下脂肪，允许保留肌膜、腱肌及剔骨后暴露的脂肪、骨膜和筋络等；大排、小排、肋排带骨，尽量除去脂肪，刀法尽量平整，不外露骨骼。

4.3.4 膁部分离 从后腿内侧开割至腰荐椎连接处，开割刀口成弧形，腰肌要带在后腿上，不准割掉。

4.3.5 部位分段 将原料放在平台上，背部朝前，剖面向上，看准部位，两手均匀推向电锯，按下述方法分段：

a. 第一刀，从第5、6肋骨（允许差一根肋骨）斩下，为颈背肌肉（Ⅰ）和前腿肌肉（Ⅱ）的原料；b. 第二刀，从腰荐椎连接处（允许带荐椎一节半）斩下，后腿部位为后腿肌肉（Ⅳ）原料，腰肌可连在后腿肌肉上；c. 第三刀，在脊椎骨下4～5 cm将肋骨平行斩下，脊背部位为大排肌肉（Ⅲ）原料；d. 第四刀，将前腿腕关节斩去1～2 cm；e. 第五刀，将后腿跗关节斩去2～3 cm。

4.3.6 去皮及皮下脂肪

4.3.6.1 剥前后腿皮下脂肪 前腿从桡骨、尺骨处开口，后腿从小腿骨处开口（前腕、后跗两个关节头），脂肪向上，刀刃顺肌肉外侧走，注意保留肌膜、腱膜和肌肉的完整。剥前腿皮下脂肪时，应在Ⅰ、Ⅱ号肉分离后进行。

4.3.6.2 剥大排皮下脂肪 顺大脊肌肉膜外侧将大排皮下脂肪割去，割去剩余的块状、片状脂肪。

4.3.6.3 修割 修割时要求刀法平直、轻修薄削，保持肌膜、腱的完整。肌肉表面的脂肪要全部修净。

4.3.7 剔骨

4.3.7.1 开胸肌 将颈背及前腿部位的整块肉平放在操作台上，用刀从颈背肌肉处与脂肪处割开，再从第4根肋骨下开割，割下有甲骨内侧肌肉，此即Ⅰ、Ⅱ号肉分离。

挖颈背：在颈背部的肋下，沿肋骨与胸椎骨，颈椎骨开割，削下颈背部肌肉，即为Ⅰ号肉。

4.3.7.2 剔前腿骨 先剔肩胛骨（包括其软骨，应注意从肩胛骨和肱骨连接处割开），后剔肱骨、桡骨和尺骨。

剔前腿骨时，应从肌肉之间肌膜处和靠近骨骼处下刀，刀头要紧帖骨膜，防止割破肌肉，保持肌肉完整，此即Ⅱ号肉。

4.3.7.3 剔大排骨 沿脊椎骨的脊突和横突剔下脊椎骨，此即为大排肌肉，亦即Ⅲ号肉。

大排肌肉上的腱膜允许存在，前端紧贴腱膜上的肌肉也允许存在。

4.3.7.4 剔后腿骨 先剔除髋骨，再剔除第七腰椎、荐椎和尾椎、股骨及小腿骨，最后剔除膝盖骨，此即后腿肌肉，即Ⅳ号肉。

剔后腿骨时，着刀要从骨与肌肉之间的肌膜处和紧贴骨骼处剔开，以防止肌肉的外观受到破坏。

4.3.7.5 修整　要求把不同的肌肉间（表面部分）和剔骨后暴露出的部分脂肪、筋腱、硬、软骨、骨渣、骨刺都要修净，对于肌肉间要求修割的脂肪也要修净，经整修过的分割肉即为成品分割肉。

4.3.7.6 检验　对于修整好的成品分割肉需经兽医卫检人员检验，将合格的成品分割肉转入冷却库，凡不符合规格和质量卫生要求的一律不能放行。

分割时，肉的 pH 不得超过 6.1（第 13 肋骨处背最长肌的 pH）。

4.3.7.7 成品分割肉的冷却　肉品进库之前库温应保持在－2℃，相对湿度为 85%～90%，肉品进库后，库温应保持在 0℃左右。冷却时间不超过 24 h，冷却结束后肉的深层温度不得高于 4℃。

4.3.7.8 分割肉的卫生控制　分割前应该通知官方兽医，分割过程应该在官方兽医监督下进行，官方兽医的监督工作应包括：

a. 对分割鲜肉进入和成品肉运出的登记和卫生监督；b. 对分割过程的卫生监督；c. 对厂房设施卫生条件的监督；d. 对工作人员卫生状况的监督；e. 对刀具、刀板、器械、工作台、传送带等设备消毒制度的监督；f. 对有害菌、有害添加剂和其他未经批准的化学物质的抽样检查，并进行记录和登记；g. 为了保证产品符合卫生要求，兽医人员认为有必要采取的其他监督工作。

4.3.7.9 分割肉的卫生标记

4.3.7.9.1 可用椭圆形的标签作为分割肉的卫生标记，该标签应用硬物按 2.3.4.8.2 的规格，并要符合所有卫生要求，其上应清晰地标明以下内容：

a. 在其上部，用大写字母标明出口国，或按国际惯例用大写缩写字母；b. 在其中部，标明官方兽医批准的分割厂的编号；c. 还应指明实施卫生检疫的官方兽医；d. 字母和数字高应为 0.2 cm。

4.3.7.9.2 标签应有编号。每一个包裹单位应放置一枚标签，并在包裹物之外可看清标签的标记内容。

4.3.7.10 成品分割肉的包裹

4.3.7.10.1 冷却的成品分割肉（见 4.3.7.7）应立即（至少是在 24 h 之内）进行包裹。

4.3.7.10.2 包裹材料应是透明、无色、无味、无毒的，并应同时符合下列规定条件：

a. 应不改变鲜肉的感官物性；b. 应无危害人体健康的物质；c. 应有足够的强度，以便在运输和搬运中能有效地保护肉品。

4.3.7.11 成品分割肉的包装

4.3.7.11.1 根据出口或内销的需要，制作包装箱。也可以使用瓦楞纸箱包装，瓦楞纸箱的制作应符合 GB/T 6543 规定，使用瓦楞纸箱包装时，只许一次性使用，不许反复使用。

4.3.7.11.2 包装箱的材料应符合 4.3.7.10.2 中 a～c 的要求。

如果产品来自转基因动物或喂饲动物性蛋白的动物，应在包装箱上印上明显标志。

4.3.7.11.3 包装　包装人员要严格按照卫生要求进行操作。按照装箱要求把肉品整齐摆好，防止污染或异物进入。

纸箱外须用打包带捆扎结实。

5 鲜肉贮存和运输卫生要求

5.1 鲜肉的贮存

5.1.1 鲜肉入库时，要分清品种、级别，点清数量，并与发货单位及时核对清楚。

5.1.2 入库肉品应有兽医检验合格章，无血、无毛、无污染，不带头、蹄、尾，符合内外销要求，否则不得入库。

5.1.3 库内吊轨悬挂重量不得超过设计负荷标准要求，每米轨道不准超过 250 kg，即Ⅰ级肉每条轨道不超过 50 头，Ⅱ级肉不超过 55 头，Ⅲ级肉不超过 60 头，白条肉排列间隙要求均匀。

5.1.4 肉品冷却、冷冻应符合标准规定，冷却 20 h，肉温达到 0～4℃，冷冻 20 h，内销白条肉为－12℃，外销－15℃，方能转库，并设专人测温，做好记录。

5.1.5 冷却、冷冻间要及时清理冰霜，以提高制冷效能，使冷却间达－2℃，冷冻间达－23℃。

5.1.6 注意冷却间、冷冻间库房卫生，防止肉品污染。

5.2 鲜肉的运输

5.2.1 鲜肉采用保温车，吊挂式运输，装卸时，严禁脚踏、触地。

5.2.2 分割肉采用保温车运输，温度保持冻结状态。

5.3 运输过程中卫生控制

5.3.1 运输车辆在整个运输过程中应保持一定的温度要求。

5.3.2 运输车辆应满足以下要求：

a. 内表面以及可能与肉品接触的部分应用防腐材料制成，并不得改变肉品的理化特性，或危害人体健康。内表面应光滑，易于清洗和消毒；b. 配备适当装置，防止肉品与昆虫、灰尘接触，且要防水；c. 对于运输的胴体（半个或四分之一胴体），应用防腐支架装置，以悬挂式运输，其高度以鲜肉不接触车箱底为宜。

5.3.3 运输肉品的车辆，不得用于运输活的动物或其他可能影响肉品质量或污染肉品的产品。

5.3.4 运输肉品的车辆，不得同车运输其他产品。

5.3.5 肉品不得用不清洁或未经消毒的车辆运输。

5.3.6 发货前，官方兽医应确定运输车辆及搬运条件是否符合卫生要求，并签发运输检疫证明。

6 冷藏厂卫要求

6.1 按照要求，冷藏库的温度应为－18℃，一昼夜升降温度不得超过 1℃。

6.2 没有经过冻结的肉品，不得直接入冷藏库，冻结温度应降到不高于冷藏库温度 3℃时才能入库，以防止带进热气，损坏冷藏库的设备。

6.3 冷库要加强肉品保管和检疫工作，重视肉品养护，注意卫生，养活干耗损失，库内要求无污垢、无霉菌、无异味、无鼠害、无霜冻杂物，并有专职卫生检疫人员检查入、出库的肉品。肉及肉制品在进入库时，应有卫生检疫印章和其他质量检验证明。

6.4 对库存肉品应执行先进先出的原则，认真掌握贮存安全检查期，定期进行质量检查，如发现肉品变质、酸败、脂肪变黄等现象时，应迅速处理。

肉品贮藏安全期参照数如下：

品名	库房温度	安全期
冻猪肉	－15～－18℃	7～10 个月
冻牛肉	－15～－18℃	8～11 个月

6.5 肉品堆放要符合规定，堆垛要整齐，安全合理，以提高库容利用率，要求达到库位的 7%，货位堆垛要求：

距低温库顶棚 0.2 m；距顶排管下侧 0.3 m；距顶排管横侧 0.2 m；距无排管墙壁 0.2 m；距墙排管外侧 0.4 m；距库内立柱 0.2 m。

6.6 严格掌握不同肉品分类堆垛的要求，外销肉不能与内销肉混放，带皮肉不能与去皮肉混放，鱼类不能与肉类混放。

6.7 要认真记载肉品的进出库时间和品种、数量、等级、质量、包装等情况，按堆挂牌，定期核对账目，出一批清一批，做到账货、账卡相符。

6.8 保证冷库门关闭严密；库门风幕要求随门开启，关闭灵活可靠，以减少热冷空气对流。

6.9 为了确保肉品质量，应保持库肉及搬运工具的清洁，严防库内有冰、霜、水、杂物等。

6.10 库内肉品处理后，一定要进行排管冲霜，且进行库内消毒，库温应保持在－5℃以下。

附五　鲜家禽肉生产企业卫生规范

1 企业环境卫生

1.1 禽肉生产企业应建在地势较高，干燥，水源充足，交通方便，无有害气体、灰尘及其他污染源，便于排放污水的地区。污水处理、气体排放应符合 GB 13457 要求。

1.2 屠宰场（厂）不得建在居民稠密的地区。冷库经当地城市规划、卫生部门批准，可建在城镇适当地点。

1.3 加工区和生活区应当分开设置。

1.4 场区路面应铺设水泥，并保持平整，空地应绿化。

1.5 场区内应有良好的给、排水系统，场区地面不得有积水，不得有废弃物堆积或其他有碍卫生的物质。

1.6 场区内不得有产生有害（毒）气体或其他有碍卫生的场地和设施。

1.7 场区内禁止饲养与禽类无关的动物，定期灭鼠、除虫。

1.8 场区卫生间应有冲水、洗手、防虫、防蝇设施。

1.9 锅炉房、贮煤场所、污水及污物处理设施应与屠宰车间、分割车间及肉制品车间相隔一定的距离，并位于主风向的下风处。

1.10 场区应分设人员进出、成品出场与禽进场、废弃物出场的专用场门，禽进场门应设有与门同宽，长 3 m，深 10～15 cm 的车轮消毒池。

2 车间及设施设备卫生

2.1 地面及排水

2.1.1 地面应不渗水、不积水、防滑，无裂缝，易于清洗消毒，排水坡度为2%～2.5%。

2.1.2 排水系统应有防止固体废弃物进入的装置。

2.1.3 排水沟为明沟或加盖，沟底角应呈现弧形（曲率半径应在3 cm以上）。

2.1.4 排水管应为S形或U形，有防鼠及防止臭味溢出的水封装置。

2.2 墙壁、门窗及天花板

2.2.1 墙壁应光滑、坚固、不透水。

2.2.2 墙壁和天花板应使用无毒、防水、防霉、不脱落、耐腐蚀、易于清洗消毒的白色或浅色材料修建。墙角、地角、顶角呈弧形（曲率半径应在3 cm以上）。

2.2.3 门窗应使用浅色、平滑、易清洗、不透水、耐磨损、耐腐蚀的绝缘材料制成。

2.2.4 封闭的窗户应装设纱窗。

2.2.5 内窗台与墙面呈45°夹角。

2.2.6 屠宰分割车间应设与门同宽的鞋底消毒池或鞋底消毒垫。

2.3 通风及照明设施　车间应设有通风和蒸汽抽排设施，排气口应设防蝇虫、防尘装置，进风口应加设过滤装置。车间内应有适度的照明，照明设施应有防护罩。

2.4 供水设施

2.4.1 应有饮用水压力供应系统和热饮用水供应系统，水量充足，饮用水与非饮用水的管道应有明显标志加以区分。

2.4.2 加工用水应符合GB 5749要求。非饮用水可以用于消防、制冷设备的冷却以及屠宰车间羽毛废弃物的转移。

2.4.3 水质卫生检测应由政府职能部门检测，每年不少于两次，企业应在官方兽医的监控下，定期进行自检。

2.4.4 储水设施应采用无毒、不致污染水质的材料制成，并有防止污染的措施和定期检查记录。

2.4.5 屠宰、分割和无害化处理应有热水供应系统。

2.5 清洗、消毒设施

2.5.1 车间、卫生间入口处及靠近工作台的地方，应设有洗手、消毒、干手设施和工具清洗、消毒设备，洗手的水龙头要有冷、热水供应并采用非手动式开关。

2.5.2 洗手设施的排水管应连接下水管道。

2.5.3 干手设施应采用烘手器或一次性使用的消毒纸巾。

2.5.4 消毒用水应不低于82℃。

2.5.5 应有用于存放洗涤剂、消毒剂的房间或安全之处，并有明确的领用制度和记录。

2.5.6 清洁剂、消毒剂及其类似物的使用不能对工具、设备和鲜肉产生不良影响，使用后对工具和设备应用生产用水进行彻底冲洗，并做好原始记录。

2.6 更衣室、淋浴室及卫生间

2.6.1 应在屠宰区、掏脏区、分割区与冷藏区分别设置男女更衣室。更衣室与加工车间相连，大小与加工能力相适应，并通风排气良好。更衣柜应编号，顶部呈坡形，每人一柜，个人衣物与工作服、鞋、帽分格存放。更衣室应设有工间休息时挂衣服的衣架。

2.6.2 淋浴间和卫生间应与更衣室相连，淋浴间地面排水畅通，排气良好；卫生间采用水冲式，厕所旁应有足够数量的洗手盆。

2.7 运输设施

2.7.1 对运输禽车辆、运肉工具应设有清洗和消毒的地方和设施。

2.7.2 用于转运活家禽和加工鲜家禽肉的工具、设备应保持清洁并维修良好；及时进行清洗和消毒并备有记录。

2.7.3 装运家禽的板条箱应用耐腐蚀材料制成，易于清洗和消毒，每次卸完应清洗和消毒，并填写消毒记录。

2.7.4 用于加工鲜家禽肉的厂房、工具和设备，不能用作其他用途，除非在重新使用前经过清洗和消毒。

3 企业各车间的特殊卫生要求

3.1 屠宰区　屠宰区应具备下列设施：

a. 家禽宰前存放间：易于清洗消毒，能进行宰前检疫；b. 屠宰间：内设相对独立的功能区，即电麻和放血间、脱毛间、羽毛存放间；c. 内脏去除和整理间；d. 下货冷却或冷冻间；e. 活禽处理人员专用的消毒设施以及器具消毒清洗设施；f. 屠宰间与内脏去除整理间应设能自动关闭的门。

3.2 分割车间

3.2.1 分割车间主要进行预冷、分割、去骨、包装。

3.2.2 预冷设施应保证预冷后的胴体温度不高于 4℃，预冷设施应具备相应的水量计量与温度计量记录设施。

3.2.3 应设有包装间，可完成鲜家禽肉、可食肉用副产品的包装。

3.2.4 空气温度要保持在 12℃以下。

3.3 冷库

3.3.1 冷库的温度要定时检查并记录，每一贮存区有温度记录仪或电子温度记录仪，速冻库与冷藏库的温度要有自动温度仪。

3.3.2 冷库的门不得开启时间过长，冷库使用后立即关闭，并有效控制生产人员进出。

3.3.3 温度、相对湿度和空气流速维持在保存肉品的合适范围，尽量避免温度的波动。

3.3.4 在冷库中，肉要悬挂或放置在合适的容器中，保证空气流通。

4 企业内人员的卫生

应符合 GB 12694—1990 中第 6 章的要求。

5 宰前卫生检疫

5.1 产地饲养场的宰前检疫

5.1.1 应检查饲养场主的记录，包括入舍日期、家禽来源、家禽数量、生产性能（如增重）、死亡率、饲料消耗、饲料添加剂（包括种类、生产期以及使用期）、饮水消耗、兽医的检查情况（包括诊断、实验室检验结果）、药物的使用（包括种类、用药期和停药期）、疫苗的使用（包括种类和接种日期）、饲养期情况、官方卫生检验结果、送宰禽数量、预定屠宰日期。

5.1.2 疑似或发生传染病时，或发现动物行为异常或出现病症时应做出诊断，并做好记录。

5.1.3 根据停药期，对水和饮料定期抽查，并做好记录。

5.1.4 检查有无某些传染病，如新城疫、高致病性禽流感、衣原体病、沙门菌等，并记录检测结果。

5.1.5 官方兽医经过上述检查，认为动物健康无病，应签发产地检疫证明。

5.1.6 产地检疫后，若家禽三日内未离开原产地饲养场，应重新进行检疫，签发检疫证明。

5.2 屠宰场（厂）的宰前检疫

5.2.1 屠宰场（厂）的官方兽医应检查进入屠宰场（厂）的家禽的产地检疫证明，缺乏该证明时，应禁止进入屠宰场（厂）。

5.2.2 对家禽进行观察和细致检查，特别注意运输过程中是否受伤或感染疾病。

5.2.3 对来历不明、患有传染病、中毒的禽群，不应屠宰。

5.2.4 临诊发现衣原体病或沙门菌病禽时，不应用于人类食用。

5.2.5 对未按期停药的禽群应推迟屠宰。

5.2.6 凡产地检疫证明合格，临诊健康良好，合乎卫生质量的禽准予屠宰。

5.2.7 对不应屠宰的畜禽应及时隔离，并立即通知主管机关，阐明其原因。

5.2.8 所有宰前检疫均有完整的记录。

6 屠宰的卫生要求

6.1 只有活禽才可进入屠宰线，应在电击后立即屠宰。

6.2 操作要合理，放血应完全，不能使血液污染刀口以外的地方。

6.3 脱毛要快速、完全。

6.4 应立即摘除全部内脏，检验所有的体腔和相关的内脏，并记录检验结果。破肠禽应废弃，另做无害化处理。

6.5 检验后，内脏应立即与胴体分离，立即除去非人类食用的部分。

6.6 在屠宰场（厂）内，禁止用布擦拭禽肉，禁止用可食内脏或脖子以外的部分填充胴体。

7 宰后卫生检验

7.1 宰后检验应在适宜的光照下进行。

7.2 对家禽体表、内脏和体腔应视检，必要时触检或切开检查。

7.3 注意胴体的质地、颜色和气味的异常变化。

7.4 注意屠宰操作可能引起的异常变化。

7.5 宰后检验过程中淘汰下来的家禽，应进行细致的抽样检查。

7.6 逐只检验内脏和体腔。

7.7 有其他迹象表明禽肉不能食用时，施行特定的宰后检验。

7.8 抽查或有理由怀疑时施行残留检测。治疗药物的残留，若在原产地已检查且具有有效证明，则可免检。

7.9 官方兽医在宰后检验时的处理如下：

a. 通过宰前检疫或宰后检验怀疑患病或有药物残留超标的可能性时，有权要求进行必要的实验室检验。

b. 发现违规时，官方兽医有权采取必要措施调整生产过程。

c. 宰后检验发现下列任一情况时，完全禁止供人类食用：普通传染病，全身性霉菌病，毒素或人畜共患病病原引起局部或全身病变，广泛性皮下或肌肉寄生虫病以及全身性寄生虫病，中毒，恶病质，气味、颜色或味道异常，恶性或多发性肿瘤，整体污染，较大的损伤和淤斑，广泛性的机械损伤或烫伤，放血不完全，药物残留超过限量或出现违禁药物残留，腹水。

d. 分割肉出现局部损伤或污染，若不影响其余肉的卫生，则只有该分割肉不能作为人类食用。

8 鲜肉处理的卫生要求

8.1 检验完毕前，不应分割胴体，禁止移动、处理禽肉。

8.2 扣留的肉、不应人类食用的肉、羽毛和废弃物应使用专用设施或容器尽快转入专用房间。

8.3 在检验过程中，未经检验的胴体和肉用副产品不得与已检验的胴体和肉用副产品接触，不得移动、分割或进一步处理未经检疫的胴体。

8.4 扣留或不应人类食用的肉及副产品，不得与适于人类食用的肉接触，应尽快将其存放在特殊的、不会污染其他鲜肉的房间或容器内。

8.5 肉、肉用副产品的生产加工、包装、搬运和运输应符合卫生要求，包装或包裹的肉应与裸露的鲜肉分开，单独存放。

8.6 在检验和内脏去除后，应立刻对鲜禽肉进行喷洒清洗和浸泡冷却。

8.7 喷洒清洗：2.5 kg 以下的胴体，每只至少使用 1.5 L 水；2.5～5 kg 的胴体，每只至少使用 3.5 L 水；5 kg 以上的胴体，每只至少使用 3.5 L 水。

8.8 浸泡冷却：

a. 胴体应通过一个或一个以上的水池或冰水池，池水是流动的，冰要经常添加，通过机械装置不断地逆水流推动胴体；b. 胴体入池和出池时，池水温度应分别保持在 16℃和 4℃以下；c. 应保证胴体在尽可能短的时间内达到 4℃；d. 在整个冷却过程中，水的最小流量应保证：2.5 kg 以下的胴体，每只 2.5 L；2.5～5 kg 的胴体，每只 4 L，5 kg 以上的胴体，每只 6 L；e. 胴体不能在设备的起始部分或第一个水池停留超过 0.5 h。

8.9 应监控下述情况，并做好测量和记录：浸泡前喷洒冲洗水的消耗；胴体出入水池时池水的温度；浸泡时水的消耗；不同重量的胴体的数目。

8.10 胴体出冰冷池的方向应与进冷却水的方向逆向。

8.11 应保存生产者所进行的各种检查的结果，以便在官方兽医需要时提交。

8.12 采用认可的科学的微生物学方法来评估冷却车间的运行情况及其卫生学效果，对浸泡前后胴体杂菌和肠科杆菌的污染情况进行比较；在车间的首次启用、随后每间隔一段时间以及任何情况下车间改变之后，都应进行上述比较。

9 肉的分割卫生

9.1 胴体应在被认可分割车间分割、去骨。

9.2 不符合要求的肉应在其他地方分割，或与符合要求的肉分时分割。官方兽医应能随时进入贮存室和加工车间监督，以保证此规定得到严格遵守。

9.3 肉应按要求运进内脏去除间及分割、去骨、包裹间，经分割、去骨和包装后的肉要立即进入冷却或冷冻间。

9.4 分割时其温度不应超过4℃。

9.5 分割时应避免肉的污染，应除去碎骨梢和血块，经分割后不准备用于人类食用的肉应存放于特制的防水、防腐容器或专用房间。

9.6 不应用布擦拭的方法来保持肉的清洁。

10 分割肉和贮存肉的卫生控制

分割车间、包装中心和冷库应接受官方兽医的监督，内容包括：企业中鲜肉的卫生检验；厂房、设备和工具清洁状况以及人员、衣物的卫生；官方兽医认为必要的其他监督；官方兽医的监督检查应有完整的记录。

11 卫生标记

11.1 卫生标记的格式

11.1.1 加贴在内包装上的卫生标记：上部印有中国ISO代码CN；中部是企业的兽医卫生注册编号；字母或数字的高度应是0.2 cm。

11.1.2 加贴在外包装上的卫生标记：尺寸大小为6.5 cm宽，4.5 cm高；印有国名“中华人民共和国”、国家ISO代码CN和企业的兽医卫生注册编号；字母高度至少应0.8 cm，数字高度至少1 cm；印有兽医检验机构的标识或名称，字迹清晰。

11.2 卫生标记的施加

11.2.1 卫生标记的施加应在官方兽医的检查监督下进行，使用的材料应符合卫生要求，标志所印刷的内容符合法规要求。

11.2.2 在包裹或外包装上施加卫生标记，应保证：包裹或包装被打开后，标记被破坏；包裹或包装的封口被打开后，不能被再次利用。

12 鲜肉的内、外包装

12.1 供食用的鲜肉和副产品应在分割及检查后立即在卫生条件下进行包装。

12.2 包装和包裹材料应符合GB/T 5033、GB 9691要求，特别是：不会改变肉的感官感觉特性；不会将有害健康的物质浸入肉中；包装材料应有足够的强度保护鲜肉在运输和搬运过程不受损害；包裹材料一般应是透明、无色、无毒、无害的。如果使用不透明材料，在设计上要能使被包裹的肉或肉用副产品有可见部位。

12.3 包装包裹材料在生产后应立即封存于保护套内，在运输过程中保护套未受损害，并应在符合卫生条件的专用房间内贮存。

12.4 贮存包装包裹材料的房间应无灰尘、无害虫、无鼠蝇，与污染性物品仓库无气流相通；包装和包裹材料应分开放置，且均不能放在地板上。

12.5 包装材料在运进车间前，应在卫生条件下组装完毕。

12.6 包装、包裹材料应在卫生条件下运进车间，不得让处理鲜肉的人员搬运，进入车间后应马上使用。未使用完的包装、包裹材料应另行处理，不得再返回材料贮存间。

12.7 应有一金属探测装置检测包装的鲜肉中是否留有金属异物，包装完毕的鲜肉立即放入规定的库房。

12.8 内外包装均应标有出厂日期。

12.9 内外包装应设有检疫检验标签或标记、编号等。

12.10 包装完毕的鲜肉应立即放入规定的库房。

13 贮存

13.1 冻结库温度－35℃以下，产品在24 h内中心温度－15℃以下，方可转入冷藏库。

13.2 冷藏库温度保持－20～－18℃。

13.3 冻结库与冷藏库应有自动温度记录装置。

13.4 家禽肉分割后须立即入冻结库，达到1.5℃后，进行保鲜冷藏。

13.5 包装与未包装的鲜家禽肉不能在同一库内贮存。

13.6 冻结库与冷藏库内不得存放异味产品。

14 运输

14.1 鲜肉运输工具应符合以下要求：密闭性好，设计和装备能保证整个运输过程中符合温度要求；内表面光滑，易清洗和消毒；有防虫、防尘、防水装置。

14.2 运输工具应经清洗、消毒后才能用于运输鲜家禽肉，装车时中心温度不高于－5℃。

14.3 动物及其他可能污染肉或影响肉品卫生的物品不能与鲜肉同车运输。

14.4 包装的肉与未包装的肉应分开运输。

14.5 企业应保证运输工具和装运条件符合卫生及环保要求。

附六　绿色食品大米标准

中华人民共和国农业行业标准
NY/T 419—2007

绿色食品大米
Green food-Rice

1 范围

本标准规定了绿色食品大米的分类、要求、试验方法、检验规则、标志、标签、包装、运输和贮存。

本标准适用于绿色食品大米。

2 规范性引用文件

下列文件中的条款通过本标准的引用而成为本标准的条款。凡是注日期的引用文件，其随后所有的修改单（不包括勘误的内容）或修订版均不适用于本标准，然而，鼓励根据本标准达成协议的各方研究是否可使用这些文件的最新版本。凡是不注日期的引用文件，其最新版本适用于本标准。

GB 191　包装储运图示标志

GB/T 5009.11　食品中总砷及无机砷的测定

GB/T 5009.12　食品中铅的测定

GB/T 5009.15　食品中镉的测定

GB/T 5009.17　食品中总汞及有机汞的测定

GB/T 5009.18　食品中氟的测定

GB/T 5009.19　食品中六六六、滴滴涕残留量的测定

GB/T 5009.20　食品中有机磷农药残留量的测定

GB/T 5009.22　食品中黄曲霉毒素 B_1 的测定

GB/T 5009.36　粮食卫生标准的分析方法

GB/T 5009.103　植物性食品中甲胺磷和乙酰甲胺磷农药残留量的测定

GB/T 5009.110　植物性食品中氯氰菊酯、氰戊菊酯和溴氰菊酯残留量的测定

GB/T 5009.114　大米中杀虫双残留量的测定

GB/T 5009.115　稻谷中三环唑残留量的测定

GB/T 5491　粮食、油料检验　扦样、分样法

GB/T 5492　粮食、油料检验　色泽、气味、口味鉴定法

GB/T 5494　粮食、油料检验　杂质、不完善粒检验法

GB/T 5496　粮食、油料检验　黄粒米及裂纹粒检验法

GB/T 5497　粮食、油料检验　水分测定法

GB/T 5502　粮食、油料检验　米类加工精度检验法

GB/T 5503　粮食、油料检验　碎米检验法

GB/T 15683　稻米直链淀粉含量的测定

GB/T 17891—1999　优质稻谷

GB 7718　预包装食品标签通则

NY/T 1056　绿色食品　贮藏运输准则

NY/T 3　谷类、豆类作物种子粗蛋白质测定法（半微量凯氏法）（原 GB 2905—1982）

NY/T 391　绿色食品产地环境质量标准

NY/T 393　绿色食品农药使用准则

NY/T 658　绿色食品包装通用准则

NY/T 896　绿色食品产品抽样准则

SN 0649　出口粮谷中溴甲烷残留量检验方法

3 分类

本标准将大米分为两类，即籼米和粳米。

4 要求

4.1 产地环境　绿色食品大米的原料产地环境，应符合 NY/T 391 的要求。

4.2 感官　应符合表 4-15 规定。

表 4-15　感官指标

<table>
<tr><th colspan="2" rowspan="2">项　目</th><th colspan="2">指　标</th></tr>
<tr><th>籼米</th><th>粳米</th></tr>
<tr><td colspan="2">色泽、气味</td><td colspan="2">正常、无异味，无发霉变质现象</td></tr>
<tr><td colspan="2">加工精度</td><td colspan="2">特等（背沟有皮，粒面米皮基本去净的占 85%以上）</td></tr>
<tr><td colspan="2">不完善粒/%</td><td colspan="2">≤3.0</td></tr>
<tr><td rowspan="5">最大限度杂质</td><td>总量/%</td><td colspan="2">≤0.25</td></tr>
<tr><td>糠粉/%</td><td colspan="2">≤0.15</td></tr>
<tr><td>矿物质/%</td><td colspan="2">≤0.02</td></tr>
<tr><td>带壳稗粒/（粒/kg）</td><td>≤15</td><td>≤10</td></tr>
<tr><td>稻谷粒/（粒/kg）</td><td>≤8</td><td>≤4</td></tr>
<tr><td rowspan="2">碎米</td><td>总量/%</td><td>≤25.0</td><td>≤15.0</td></tr>
<tr><td>小碎米/%</td><td>≤1.5</td><td>≤1.0</td></tr>
<tr><td colspan="2">黄粒米/%</td><td colspan="2">≤0.5</td></tr>
</table>

4.3 理化指标　应符合表 4-16 规定。

表 4-16　理化指标

项　目	指　标	
	籼米	粳米
胶稠度/mm	≥50	≥60
直链淀粉/%	13.0～26.0	11.0～22.0
蛋白质/%	≥5	≥5
水分/%	≤14.5	≤15.5
籼糯米、粳糯米直链淀粉≤2.0%		

4.4 卫生指标　应符合表 4-17 规定。

表 4-17　卫生指标　　单位：mg/kg

序号	项目	指标	序号	项目	指标
1	无机砷（以 As 计）	≤0.15	12	倍硫磷（fenthion）	不得检出（<0.01）
2	汞（以 Hg 计）	≤0.01	13	三唑磷（triazophos）	≤0.05
3	铅（以 Pb 计）	≤0.2	14	毒死蜱（chlorpyrifos）	≤0.1
4	镉（以 Cd 计）	≤0.2	15	甲基毒死蜱（chlorpyrifos-methyl）	≤5
5	氟（以 F 计）	≤1.0	16	甲胺磷（methamidophos）	不得检出（<0.05）
6	磷化物（以 PH_3 计）	≤0.05	17	三环唑（tricyclazole）	≤1.0
7	氰化物（以 HCN 计）	阴性	18	杀虫双（bisultap）	≤0.1
8	敌敌畏（dichlorvos）	≤0.05	19	六六六（HCH）	≤0.05
9	乐果（dimethoate）	≤0.02	20	滴滴涕（DDT）	≤0.05
10	马拉硫磷（malathion）	≤0.1	21	溴氰菊酯（deltamethrin）	≤0.5
11	杀螟硫磷（fenitrothion）	≤1.0	22	黄曲霉毒素 B_1/（μg/kg）	≤5.0

注：其他农药使用方式及其限量应符合 NY/T 393 的规定。

4.5 净含量

应符合国家质量监督检验检疫总局令 2005 年第 75 号规定。

5 试验方法

5.1 色泽、气味　按 GB/T 5492 规定执行。

5.2 加工精度　按 GB/T 5502 规定执行。

5.3 不完善粒　按 GB/T 5494 规定执行。

5.4 最大限度杂质　按 GB/T 5494 规定执行。

5.5 碎米　按 GB/T 5503 规定执行。

5.6 黄粒米　按 GB/T 5496 规定执行。

5.7 胶稠度　按 GB/T 17891—1999 中附录 A 规定执行。

5.8 直链淀粉　按 GB/T 15683 规定执行。

5.9 蛋白质　按 NY/T 3 规定执行。

5.10 水分　按 GB/T 5497 规定执行。

5.11 无机砷　按 GB/T 5009.11 规定执行。

5.12 汞　按 GB/T 5009.17 规定执行。

5.13 铅　按 GB/T 5009.12 规定执行。

5.14 镉　按 GB/T 5009.15 规定执行。

5.15 氟　按 GB/T 5009.18 规定执行。

5.16 磷化物、氰化物　按 GB/T 5009.36 规定执行。

5.17 敌敌畏、乐果、马拉硫磷、杀螟硫磷、倍硫磷、三唑磷、毒死蜱、甲基毒死蜱　按 GB/T 5009.20 规定执行。

5.18 甲胺磷　按 GB/T 5009.103 规定执行。

5.19 三环唑　按 GB/T 5009.115 规定执行。

5.20 杀虫双　按 GB/T 5009.114 规定执行。

5.21 六六六、滴滴涕　按 GB/T 5009.19 规定执行。

5.22 溴氰菊酯　按 GB/T 5009.110 规定执行。

5.23 黄曲霉毒素 B_1　按 GB/T 5009.22 规定执行。

5.24 净含量　按 JJF1070 规定执行。

6 检验规则

按 NY/T 1055 的规定执行。

7 标志和标签

7.1 标志　产品包装上应标注绿色食品标志，具体标注办法按《中国绿色食品商标标志设计使用规范手册》规定执行。

7.2 标签　应符合 GB 7718 的规定。

8 包装、运输和贮存

8.1 包装　按 NY/T 658 的规定执行。

8.2 运输和贮存　按 NY/T 1056 的规定执行。

课题二　绿色食品产品的质量检验

绿色食品管理以全程质量控制为核心，某一产品能否最终被认定为绿色食品，除原料产地必须符合绿色食品生态环境质量标准，生产加工过程必须符合绿色食品生产操作规程，产品的包装、储运必须符合绿色食品包装贮运标准外，绿色食品最终产品由中国绿色食品发展中心指定的食品检验部门依据绿色食品卫生标准进行检验，只有对该产品的外观品质、理化品质、营养品质等指标依据相关技术标准进行科学、全面的综合检验合格后，该产品才能最终被认证为绿色食品。而对已获得绿色食品标志使用权的绿色食品产品的质量，中国绿色食品发展中心每年都要指定有关的绿色食品质量监督检验部门对部分产品进行抽检。这样既保证了绿色食品无污染、安全、优质、营养的品质，又保护了产地生态环境，实现绿色食品的可持续生产，从而构成一个完整的、科学的质量保证体系。

一、绿色食品产品质量检验的主要内容及程序

（一）检验类别

绿色食品产品质量检验工作依据新申报绿色食品产品和正在使用绿色食品标志的产品这两种情况，即申报检验和抽样检验。

1. 申报检验

申报检验是指中国绿色食品发展中心对新申请使用绿色食品标志的企业的产品进行检验。在对各类申报材料、原料生产基地环境质量监测和评价及各类相关资料审核合格的基础上，委托省绿色食品质量检验部门，对申报使用绿色食品标志的产品进行质量检验。申报检验的样品，一般由省绿色食品委托管理机构接到中国绿色食品发展中心的抽样单后，委派 2 名或 2 名以上绿色食品标志专职管理人员赴申报企业进行抽样（或由申报企业按规定取样后送至绿色食品定点食品检验中心）。抽样由抽样人员与被抽样单位当事人共同进行规范随机取样，抽取样品 4kg。封样前应与企业有关人员在抽样单上办理签字、盖章手续，并在样品包装物上贴好封条。抽样后，申报企业带上检验费、产品执行标准复印件、绿色食品抽样单、抽检样品送至绿色食品定点食品检验中心。绿色食品定点检验中心依据绿色食品产品标准检验申报产品。检验中心于收到样品三周内出具检验报告，并将结果直接寄至中国绿色食品发展中心标志管理处，不得直接交与企业。对于违反程序，无抽样单的产品，检验中心应不予检验，否则，检验结果一律视为无效。

中国绿色食品发展中心对检验的产品进行终审，终审合格后，由申请企业与中国绿色食品发展中心签订绿色食品标志许可使用合同，终审不合格者，当年不再受理其申请，所以，检验工作对申报产品能否最终获得绿色食品标志使用权具有重要作用。

2. 抽样检验

抽样检验是中国绿色食品发展中心或省绿色食品管理机构，为加强绿色食品产品质量

的监督管理，全面了解、掌握绿色食品产品的质量信息及各检验机构的工作状况，及时、准确处理抽检中出现的问题，更好地监督、警示使用绿色食品标志的企业，完善、改进检验机构及认证检查工作，而委托绿色食品检验部门，对已经获得绿色食品标志使用权的产品采取监督性抽查检验。

绿色食品的抽样检验工作分两种情况：一是绿色食品年度抽检，二是中国绿色食品发展中心和各省绿色食品管理机构根据市场信息掌握的绿色食品质量情况而随机进行的抽检。

绿色食品年度抽检是中心对已获得绿色食品标志使用权的产品采取的监督性抽查检验。通常由中心委托相关绿色食品检测机构执行。绿色食品年度抽检任务由中心向各检验机构下达，同时通知各地相关绿色食品办公室给予必要的配合，以保障任务顺利完成。年度抽检的任务量是根据中国绿色食品发展中心掌握的产品质量情况灵活安排，一般情况下，应至少达到有效使用绿色食品标志产品数量的30%。原则上优先安排鲜活农产品及上年度没有被抽检或送检的产品。

绿色食品年度抽检任务以年度抽检计划形式于每年4月上旬以前下达到各检验机构。各检验机构对计划有异议，须在4月底以前向中心提出调整计划的请求。各检验机构须派专人赴企业规范随机取样，封样前应与企业有关人员办理签字手续，确保样品的代表性。若在市场上随机取样，应确定样品的真实性。

各检验机构赴企业抽样的人员须按照中心要求对企业生产情况进行调查，且该项工作应作为检测机构执行年度抽检工作业绩的重要评定内容。

各检验机构在检验时必须按照质检规范进行检验并及时将检验报告寄给企业。对检出不合格项目的产品，检验机构须立即通报中心，不得擅自通知企业重新送样检测。各检测机构须于每年度12月底前将检验报告与年抽检总结一并报至中心。对不能按时完成抽检的产品须说明原因。对检出不合格的产品，若企业在收到检验报告15 d内提出异议，则由中心安排仲裁检验。如企业在上述规定时间内未提出异议，由中心统一处理。

各监测机构在抽样时若发现倒闭、无故拒绝抽检或自行提出不再使用绿色食品标志的企业，须立即通报中心。中心及时通报有关绿色食品办公室取消该企业绿色食品标志使用权，并在大众媒体公告。

年度抽检不合格的产品，若是食品标签、感官指标不合格，或产品理化指标中的品质指标（水分、脂肪、灰分、净含量等）不合格，中心则及时通知企业在三个月内整改，由检测中心对整改后产品抽检，合格者可以继续使用绿色食品标志，否则取消其标志使用权。

若年度抽检微生物指标或理化指标中的卫生指标（农药残留、重金属、添加剂或黄曲霉、亚硝酸盐等有害物）不合格，则取消其绿色食品标志使用权。对于取消标志使用权的企业及产品，中心及时通报有关绿色食品办公室，并在大众媒体公告。

若已经取消绿色食品标志使用权的企业仍想使用绿色食品标志，须在取消绿色食品标志使用权公告一年后重新申报，并由中国绿色食品发展中心派人考察合格后方可获得绿色食品标志使用权。

绿色食品发展中心和各省绿色食品管理机构根据市场信息掌握的绿色食品质量情况而随机进行抽检的办法及处理与年度抽检相同。

对抽样检验最终判定的依据是所检验项目全部合格的，判定为“该批次产品所检项目合格”，有一项指标不合格的，即判为“该批次产品不合格”。凡企业拒绝抽检的，其产品视为不合格产品。抽样检验费用由下达抽样检验工作的部门承担，受检企业不再负责支付检验费用。但如果受检企业对检验部门出具的检验报告持有异议，要求检验机构复检的，如果复检结果没有实质性变化，则第二次检验工作视为委托检验，费用由申请复检的企业支付；如果确实是检验机构工作失误，费用则由检验机构负担。

（二）检验的主要内容

由于食品的种类繁多，组成成分十分复杂，因此，对不同的食品种类，所要求分析检验的项目也各不相同。而且某些种类的食品还有特定的分析项目，这使得食品检验的范围十分广泛。对绿色食品产品来讲，绿色食品产品标准，是衡量绿色食品最终产品质量的指标尺度。它虽然跟普通食品的国家标准一样，规定了食品的外观品质、营养品质和卫生品质等内容，但其卫生品质要求高于国家现行标准，主要表现在对农药残留和重金属的检验项目种类多、指标严，而且有些还增加了检验项目。这不仅反映了绿色食品生产、管理和质量控制的先进水平，突出了绿色食品产品无污染、安全的卫生品质，而且说明绿色食品比一般的食品检验工作所要求的内容还要多。根据绿色食品产品标准规定的外观品质、营养品质和卫生品质等要求，绿色食品检验主要包括以下内容：

1. 感官品质的鉴定

感官品质是食品优质性的最直观体现，各种食品都具有各自的感官特征，除了色、香、味是所有食品共有的感官特征外，液态食品还有澄清、透明等感官指标，对固体、半固体食品还有软、硬、弹性、韧性、黏、滑、干燥等一切能为人体感官判定和接受的指标。绿色食品感官品质包括外形、色泽、气味、口感、质地等，其要求严于同类非绿色食品：有定性、定量、半定量指标。例如，国家大豆油标准（GB 1535—86，见表 4-18）、食用植物油卫生标准（GB 2716—88，见表 4-19）中，均无“透明度”这项感官指标，而绿色食品大豆油标准（NY/T 286—95，见表 4-20）增加了“透明度”指标。又如，绿色食品全脂乳粉感官评分标准均达到国家标准（GB 5410—99，见表 4-21）和表 4-22 的特级标准。

表 4-18　国家大豆油标准（GB 1535—86）

等级 指标 项目	一级	二级
色泽（罗维朋比色计 1 英寸槽）	≤黄 70 红 4	≤黄 70 红 6
气味、滋味	具有大豆油固有的气味和滋味，无异味	具有大豆油固有的气味和滋味，无异味
酸价/（mgKOH/g）	≤1.0	≤4.0
水分及挥发物/%	≤0.10	≤0.20
杂质	≤0.10	≤0.20
加热试验（280℃）	油色不得变深，无析出物	油色允许变深，但不得变黑，允许有微量析出物
含皂量/%	≤0.03	—

表 4-19　国家食用植物油卫生标准（GB 2716—88）

项　目		指　标
酸　价	花生油、菜籽油、大豆油、葵花油、胡麻油、菜油、麻油、玉米胚芽油、米糠油	≤4
	棉籽油	≤1
过氧化值/（mmol/kg）	再生油、葵花油、米糠油	≤20
	菜籽油、大豆油、胡麻油、玉米胚芽油、棉籽油、麻油、茶油	≤12
羰基价		≤20 mmol/kg
浸出油溶剂残留量		≤50 mg/kg
棉籽油中游离棉酚		≤0.02%
砷（以 As 计）		≤0.1 mg/kg
黄曲霉毒素 B_1	花生油	≤20 μg/kg
	其他植物油	≤10 μg/kg
苯并芘		$\leqslant 10\times10^{-9}$

表 4-20　绿色食品大豆油标准（NY/T 286—1995）

项　目	要　求
色泽（罗维朋比色槽 25.4 mm）	Y70　R4.0
透明度	澄清、透明、无任何悬浮物
气味、滋味	具有大豆油固有的气味和滋味、无异味

表 4-21　全脂乳粉（GB 5410—85）感官指标

级别	特级	一级	二级
项目	要　求		
色泽	全部呈浅黄色，均匀一致	黄色，特殊或带浅白色	色泽不正常
组织状态	干燥粉末，无结块现象	结块易松散或有少量硬粒，有焦粉粒或小黑点	贮藏时间较长，凝块较结实；有肉眼可见杂质或异物
滋味和气味	具有消毒牛乳的纯香味，无其他异味；或滋、气味稍淡，无异味	有过度消毒的滋味和气味；滋、气味平淡无乳香味；有轻微不清洁、不新鲜的滋、气味	有焦粉味、饲料味、脂肪氧化味和其他异味
冲调性	润湿下沉块，冲调后完全无团块，杯底无沉淀物	冲调后有少量团块	冲调后团块较多

表 4-22　绿色食品全脂乳粉（GB 5410—1999）感官指标

项　目	要　求
色泽	呈均匀一致的乳黄色
气味、滋味	具有醇正的乳香味
组织状态	干燥、均匀的粉末
冲调性	经搅拌可迅速溶解于水中，不结块

优良的食品不但要符合营养和卫生的要求，而且要有良好的感官品质。感官鉴定也是食品质量检验的主要内容之一，在绿色食品检验分析中同样占有重要地位。

2. 营养品质的分析

水分、灰分、矿物元素、脂肪、碳水化合物、蛋白质与氨基酸、有机酸、维生素等八大类营养成分，是人体组织和人体内部产生的各种生理过程所需要的原料，也是构成食品的主要成分。不同的食品所含营养成分的种类和含量各不相同，在天然食品中，能够同时提供各种营养成分的品种较少，人们必须根据人体对营养的要求，进行合理搭配，以获得较全面的营养。绿色食品对食品的优质、营养特性有较高的要求，蛋白质、脂肪、糖类、维生素等指标不低于国标要求，例如普通食用玉米质量指标按 GB 1353—1999（见表 4-23）要求分为三个等级，而绿色食用玉米质量要求的各项指标应符合 GB 1353—1999 中一等玉米的质量要求（见表 4-24），对营养品质的分析评价，是绿色食品产品检验工作的重要内容。

表 4-23　国家食用玉米质量指标（GB 1353—1999）

等级	粗蛋白（干基）/%	粗脂肪（干基）/%	赖氨酸（干基）/%	脂肪酸值（KOH）/（mg/100g）	水分/%	杂质/%	不完善粒/% 总量	不完善粒/% 其中：生霉粒
一	≥11.0	≥5.0	≥0.35	≤40	≤14.0	≤1.0	≤5.0	0
二	≥10.0	≥4.0	≥0.30					
三	≥9.0	≥3.0	≥0.25					

表 4-24　绿色食品食用玉米质量指标（GB 1353—1999）

项　目	粗蛋白（干基）/%	粗脂肪（干基）/%	赖氨酸（干基）/%	肪酸值（KOH）/（mg/100g）	水分/%	杂质/%	不完善粒/%	
							总量	其中：生霉粒
要求	≥11.0	≥5.0	≥0.35	≤40	≤14.0	≤1.0	≤5.0	0

3．卫生品质的分析

绿色食品卫生标准和普通食品卫生标准在检验项目方面有很大区别。

例 1：粮食类产品的绿色食品卫生标准检验项目有：磷化物、氰化物、二硫化碳、氯化物、氟化物、黄曲霉毒素 B_1、七氯、艾氏剂、狄氏剂、六六六、滴滴涕、敌敌畏、乐果、马拉硫磷、对硫磷、杀螟硫磷、倍硫磷、砷、汞、镉，共 21 项指标，而常规的粮食类产品卫生检验项目只检验马拉硫磷、磷化物、氰化物、二硫化碳、氯化物、砷、汞、六六六、滴滴涕、黄曲霉毒素 B_1 10 项指标。

例 2：全脂加糖奶粉的绿色食品卫生标准检验项目有：铅、铜、汞、砷、锌、硒、硝酸盐、亚硝酸盐、六六六、滴滴涕、黄曲霉素、抗生素、细菌总数、大肠菌群、致病菌 15 项指标。奶粉常规卫生检验一般只检验细菌、大肠菌群和致病菌 3 项指标。

绿色食品卫生标准一般分为三部分：农药残留、有害重金属和细菌等。农药残留、兽药残留和重金属等污染指标与国外先进标准或国际标准接轨。在绿色食品检验工作中对大多数产品都需进行有机氯和有机磷农药残留的检验，具体农药残留通过检验杀螟硫磷、倍硫磷、敌敌畏、乐果、马拉硫磷、对硫磷、六六六、滴滴涕、二氧化硫等物质的含量来衡量；其他种类农药的检验，根据产品不同有不同的要求；绿色食品卫生标准要求菌落总数，大肠菌群、致病菌、粪便大肠杆菌、霉菌等微生物污染指标严于国际标准。具体检验细菌时通过检验大肠杆菌和致病菌来衡量，另外，有些产品的卫生标准中还包括黄曲霉毒素和溶剂残留量等。由于食品的生产或贮藏环节不当而引起的微生物污染物中，危害最大的是黄曲霉毒素。黄曲霉毒素主要污染粮油及制品，如花生、花生油、玉米、大米等。其污染程度与各种作物的生物学特性和化学组成以及成熟期所处的气候条件有关。一般来说，富含脂肪的粮食易产生黄曲霉毒素。黄曲霉毒素属剧毒物质，其毒性比氰化钾还高，也是目前最强的化学致癌物质。其中黄曲霉毒素 B_1 的毒性和致癌性最强，故各国对其在食品中的含量都有严格限制，绿色食品多数产品标准中都对其含量作了严格规定（见表 4-25、表 4-26 和表 4-27）。

表 4-25　绿色食品玉米的卫生要求

项目	指标	项目	指标
磷化物（以 PH_3 计）/（mg/kg）	不得检出	倍硫磷/（mg/kg）	不得检出
氰化物（以 HCN 计）/（mg/kg）	不得检出	六六六/（mg/kg）	≤0.05
氯化物/（mg/kg）	不得检出	滴滴涕/（mg/kg）	≤0.05
二硫化碳（以 CS_2 计）/（mg/kg）	不得检出	黄曲霉毒素 B_1/（μg/kg）	≤10
敌敌畏/（mg/kg）	≤0.05	砷（以 As 计）/（mg/kg）	≤0.4
乐果/（mg/kg）	≤0.02	汞（以 Hg 计）/（mg/kg）	≤0.01
马拉硫磷/（mg/kg）	≤1.5	铅（以 Pb 计）/（mg/kg）	≤0.2
对硫磷/（mg/kg）	不得检出	镉（以 Cd 计）/（mg/kg）	≤0.1
甲拌磷/（mg/kg）	不得检出	氟（以 F 计）/（g/kg）	≤1.0
杀螟硫磷/（mg/kg）	≤1.0		

注：其他农药使用方式及限量应符合 NY/T 393 的规定。

表 4-26　绿色食品大米的卫生要求

项目	指标	项目	指标
磷化物（以 PH_3 计）	不得检出	六六六	≤0.05
氰化物（以 HCN 计）	不得检出	滴滴涕	≤0.05
氯化物	不得检出	黄曲霉毒素 B_1	≤5.0
二硫化碳（以 CS_2 计）	不得检出	砷（以 As 计）	≤0.4
敌敌畏	≤0.05	汞（以 Hg 计）	≤0.01
乐果	≤0.02	铅（以 Pb 计）	≤0.2
马拉硫磷	≤1.5	镉（以 Cd 计）	≤0.10
对硫磷	不得检出	氟（以 F 计）	≤1.0
甲拌磷	不得检出	杀虫双	≤0.1
杀螟硫磷	≤1.0	三环唑	≤1.0
倍硫磷	不得检出		

注：其他农药使用方式及限量应符合 NY/T 393 的规定。

表 4-27　绿色食品大豆的卫生要求

项目	指标	项目	指标
磷化物（以 PH_3 计）/（mg/kg）	≤0.04	倍硫磷/（mg/kg）	≤0.02
氰化物（以 HCN 计）/（mg/kg）	≤0.2	六六六/（mg/kg）	≤0.05
氯化物/（mg/kg）	≤0.2	滴滴涕/（mg/kg）	≤0.05
二硫化碳/（mg/kg）	≤1.0	黄曲霉毒素 B_1/（μg/kg）	≤5
敌敌畏/（mg/kg）	≤0.05	砷/（mg/kg）	≤0.1
乐果/（mg/kg）	≤0.02	汞/（mg/kg）	≤0.01
马拉硫磷/（mg/kg）	≤0.1	氟/（mg/kg）	≤0.8
杀螟硫磷/（mg/kg）	≤0.2		

注：其他农药使用方式及限量应符合 GB 8321、GB 4285 及相关标准规定。

4. 食品添加剂的分析

在绿色食品生产中，为了改善产品的成分、品质和感官性状，提高产品的耐储藏性和稳定性，保持和提高产品的营养价值，或因加工工艺需要，常加入一些辅助材料——食品添加剂。由于目前所使用的食品添加剂多为化学合成物质，有一些对人体具有一定的毒性，故国家对其使用范围及用量作了严格的规定。国家绿色食品管理机构出台了《生产绿色食品禁止使用的食品添加剂种类》，并对在绿色食品生产过程中允许使用的食品添加剂的种类和数量作了严格规定。因此，为了保证绿色食品产品中食品添加剂的使用种类和数量符合相应的规定，必须对绿色食品中使用的添加剂种类及使用数量进行检验。

5. 其他有害物质的分析

（1）有害元素

由于工业“三废”、生产设备、包装材料等产生的有害元素，如：砷、镉、汞、铅、铜、铬、锡、锌、硒等，对食品造成的污染非常严重，在绿色食品产品质量检验时必须对这些有害元素加以分析。

（2）食品加工中形成的有害物质

在食品加工过程中，由于没有按照绿色食品加工技术操作规程进行生产或不具备先进的生产设备，所形成的有害物质对人体危害极大。如在腌制、发酵等加工过程中，可形成亚硝胺；在烧烤、烟熏等加工中，可形成3,4-苯并芘等。因此对这些有害物质要进行检验。

（3）来自包装材料的有害物质

如果使用了质量不符合卫生标准要求的包装材料，就可能对食品造成污染。因此，对包装材料中的有害物质如聚氯乙烯、多氯联苯、荧光增白剂等有害物质要加以分析。

（三）检验程序

绿色食品检验工作一般遵循以下程序：

第一，中国绿色食品发展中心下发绿色食品产品质量抽检计划、项目、判定依据、相关要求及抽样单后，省绿色食品委托管理机构填抽样单，如是申报检验，省绿色食品管理机构将委派2名或2名以上绿色食品标志专职管理人员赴申报企业进行抽样（或由申报企业按规定取样后送至绿色食品定点食品检验中心）；如是抽样检验，省绿色食品管理机构或绿色食品定点的质量监督检验机构，按照绿色食品检验工作抽样规范要求，到绿色食品生产企业或该企业提供的供货地点抽取检验样品；或接受受检企业提供的具有代表性的受检产品作为检验样品。绿色食品定点的质量监督检验部门负责收样，并安排检验。

第二，将受检样品严格按照规定进行样品登记，并充分混匀后分成三份，一份供检验、一份供复检、一份供备检或仲裁使用。

第三，根据检验项目要求进行样品制备，制成相应的待测试样，同时将复检及备检样品妥善保管。按采样规程采取的样品往往数量较多，颗粒大，组成不均匀，必须对样品进行粉碎、混匀、缩分，以代表全部样品的成分。

第四，样品送交检验室按照规定检验方法检验。

第五，根据检验结果提交检验报告。

第六，检验报告经三级审核（化验室具体化验员填原始化验单——一级审核，化验室负责人填质量审核单——二级审核，质检中心技术负责人填质量审核单——三级审核）后，由检验中心负责人签批后报有关部门及受检企业。

第七，受检企业如对检验结果持有异议，可在接到检验报告一个月内，向检验中心或绿色食品主管部门提出复检申请。

（四）抽样工作应注意的问题

1．采样的重要性

采样是食品分析工作非常重要的环节。同一种类的食品成品或原料，由于品种、产地、成熟期、加工或储藏条件不同，其成分及其含量会有相当大的差异。同一分析对象，不同部位的成分和含量也可能有较大差异。从大量的、成分不均匀的、所含成分不一致的被检物质中采集能代表全部被检物质的分析样品，必须掌握科学的采样技术，在防止成分逸散和被污染的情况下，均衡地、不加选择地采集有代表性的样品。否则，即使以后的样品处理、检验等一系列环节非常精密、准确，其检验的结果亦毫无价值，以致导出错误的结论。

2．检验样品的采集，应遵循两个原则

一是采集的样品要均匀，有代表性，能反映全部被检食品的组成、质量和卫生状况；二是采样过程中要设法保持样品原有的理化指标，防止成分逸散或带入杂质。

3．采样工作应注意的问题

① 采样数量应能反映该食品的卫生质量和满足检验项目对试样量的需要，一般要求一式三份，分别供检验、复检与备检或仲裁用，每一份一般不少于0.5 kg。

② 在工厂、仓库或商店采样时，应了解食品的批号、制造日期、厂方检验记录及现场卫生状况。同时应注意食品的运输、保管条件、外观、包装容器等情况。

③ 液体、半流体食品如植物油、鲜乳、酒或其他饮料，如用大桶或大罐盛装者，应先行充分混匀后再采样。样品应分别盛放在3个干净的容器中，盛放样品的容器不得含有待测物质及干扰物质。

④ 粮食及固体食品应自每批食品的上、中、下三层中的不同部位分别采取部分样品，混合后按四分法对角取样，再进行几次混合，最后取有代表性样品。

⑤ 肉类、水产等食品，应按分析项目要求分别采取不同部位的样品或混合后采样。

⑥ 罐头、瓶装食品或其他小包装食品，应根据批号随机取样。同一批号取样件数，250 g以上的包装不得少于6个，250 g以下的包装不得少于10个。

⑦ 如送检样品感官检查已不符合食品卫生标准或已腐败变质，可不必再进行理化检

验，直接判为不合格产品。

⑧ 要认真填写采样记录。写明采样单位、地址、日期、样品批号、采样条件、包装情况、采样数量、检验项目标准依据及采样人。无采样记录的样品，不得接受检验。

⑨ 检验取样一般皆取可食部分，以进行检验样品计算。

⑩ 样品应按不同检验项目妥善包装、运输、保管，送实验室后，应立即检验。

4．产品抽样单的基本样式

绿色食品检验样品抽样单见表 4-28。

表 4-28　绿色食品产品检验抽样单

产品名称	
生产企业	
产品收获（出厂日期）	
抽样时间	
抽样地点	
抽样方法	
样品数量	
交送检验部门方式	
生产企业负责人（签名、盖章）	抽样人（签名、盖章）
备注	

注：(1) 农业部绿色食品委托的食品检验机构凭此单到生产单位抽样、检验。
(2) 农产品在收获期内抽样，加工品在保质期内抽样。

核发：　　　年　　月　　日　　抽样单位（章）

二、绿色食品产品质量检验的主要方法

（一）检验原则

① 检验方法中所采用的名词及单位制，均应符合国家规定的标准及法定计量单位。

② 检验方法中所使用的水，在没有注明其他要求时，系指其纯度能满足分析要求的蒸馏水或去离子水。

③ 检验方法中所使用的砝码、滴定管、移液管、容量瓶、刻度吸管及分光光度计等，均必须按国家有关规定及规程进行校正。

④ 检验工作中所有用到的计量检定器具，都应根据国家计量法的有关要求，定期到计量检定部门进行计量鉴定。

⑤ 数据的计算和取值，应遵循有效数字法则及数字修约规则（四舍、六入、五留双

规则）。

⑥ 检验时必须做平行试验。

⑦ 检验结果表示方法，要按照相应标准的规定执行。检验结果的表示方法，应与食品卫生标准的表示方法一致。一般有以下几种表示形式：

❖ 毫克百分含量（mg/100 g）。每百克样品中所含被测物质的毫克数（组合单位的分母一般不应带系数，如 2 mg/100g，应表示为 20 mg/kg。但目前食物营养成分的含量已习惯以毫克百分含量表示，因此仍保留此结果表示方法）。

❖ mg/kg 或 mg/L。每千克（或每升）样品中所含被测物质的毫克数，或每克（或每毫升）样品中所含被测物质的微克数。

❖ （3）μg/kg 或μ g/L。每千克（或每升）样品中所含被测物质的微克数，或每克（或每毫升）样品中所含被测物质的纳克数。

⑧ 一般样品在检验结束后应保留一个月，以备需要时复查，保留期限从检验报告单签发日起计算。易变质食品不予保留。保留样品应加封存放在适当的地方，并尽可能保持其原状。

（二）检验的主要方法

在绿色食品实际检验工作中，围绕绿色食品产品标准的感官品质、营养品质、卫生品质进行检验所采用的具体检验方法有许多，而且对某一项的检验所采用的方法都不是单一的，比如农药残留检验方法大致可分为四大类：第一类是利用生物测定法；第二类是化学分析法；第三类是兼生物及化学的免疫分析法和生化检验法；第四类是仪器分析法（分分光光度法、极谱法、原子吸收光谱法、薄层层析法、气相色谱法、液相色谱法、同位素标记法、核磁共振波谱法、色质联用法、超临界流体色谱法、毛细管电泳法（CE）等）。

绿色食品分析检验工作中常用的一些检验方法见表 4-29。

绿色食品检验所采用的检验方法，要严格按照相关产品质量标准中列出的检验方法执行；对产品质量中未列出检验方法的项目，要按照国家标准、行业标准或参考适宜的国际标准执行（如：农药残毒速测法检验农药种类只限于有机磷和氨基甲酸酯类农药，且不能给出定性、定量检验结果，检验限值普遍高于国际和国内规定的残留限量标准值，因此不能作为法律仲裁依据。农业部农药检定所依据酶抑制法原理制定了甲胺磷、氧化乐果等 8 种有机磷农药，克百威、涕灭威等 10 种氨基甲酸酯类农药的蔬菜农药残毒快速检验法农业行业标准，以此来补充农药残毒速测法检验之不足）。

在国家标准测定方法中同一检验项目如有两个或两个以上检验方法时，检验中心根据不同的条件选择使用，但以第一法为仲裁法。比如：对绿色食品中锌的测定方法有三种，第一种是原子吸收光谱法，第二种是二硫腙比色法，第三种是二硫腙比色法（一次提取），如果检验中心要对其检验结果进行仲裁，则以第一种方法即原子吸收光谱法为仲裁法。

表 4-29　绿色食品中常见项目检验方法

检 测 项 目	标 准 编 号	标 准 名 称
菌落总数	GB 4789.2—94	食品卫生微生物学检验　菌落总数测定
大肠菌群测定	GB 4789.3—94	食品卫生微生物学检验　大肠菌群测定
沙门菌检验	GB 4789.4—94	食品卫生微生物学检验　沙门菌检验
志贺氏菌检验	GB 4789.5—94	食品卫生微生物学检验　志贺氏菌检验
金黄色葡萄球菌检验	GB 4789.10—94	食品卫生微生物学检验　金黄色葡萄球菌检验
溶血性链球菌检验	GB 4789.11—94	食品卫生微生物学检验　溶血性链球菌检验
霉菌和酵母计数	GB 4789.15—94	食品卫生微生物学检验　霉菌和酵母计数
乳与乳制品检验	GB 4789.18—94	食品卫生微生物学检验　乳与乳制品检验
水分	GB 5009.3—85	食品中水分的测定方法
蛋白质	GB 5009.5—85	食品中蛋白质的测定方法
炼乳	GB 5009.6—85	全脂无糖炼乳检验方法
砷	GB 5009.11—96	食品中总砷的测定方法
铅	GB 5009.12—96	食品中铅的测定方法
铜	GB 5009.13—96	食品中铜的测定方法
锌	GB 5009.14—96	食品中锌的测定方法
镉	GB/T 5009.15—96	食品中镉的测定方法
锡	GB/T 5009.16—96	食品中锡的测定方法
总汞	GB/T 5009.17—96	食品中总汞的测定方法
氟	GB/T 5009.18—96	食品中氟的测定方法
六六六，滴滴涕	GB/T 5009.19—96	食品中六六六、滴滴涕残留量的测定方法
有机磷农药	GB/T 5009.20—96	食品中有机磷农药残留量的测定方法
AFT B_1	GB/T 5009.22—96	食品中黄曲霉毒素 B_1 的测定方法
AFT B_1，M_1	GB/T 5009.24—96	食品中黄曲霉毒素 M_1 与 B_1 的测定方法
苯并[*a*]芘	GB/T 5009.27—96	食品中苯并[*a*]芘的测定方法
亚硝酸盐与硝酸盐	GB/T 5009.33—96	食品中亚硝酸盐与硝酸盐的测定方法
粮食中卫生标准要求项目	GB/T 5009.36—96	粮食中卫生标准的分析方法
植物油卫生标准项目	GB 5009.37—96	食用植物油卫生标准的分析方法
牛乳检验项目	GB 5409—85	牛乳检验方法
乳粉中硝酸盐及亚硝酸盐	GB/T 5413.32—97	乳粉、硝酸盐、亚硝酸盐的测定
水果、蔬菜中维生素 C	GB 6195—86	水果、蔬菜维生素 C 含量测定法（2,6-二氯靛酚滴定法）
铁、镁、锰	GB 12396—90	食物中铁、镁、锰的测定方法
钾、钠	GB 12397—90	食物中钾、钠的测定方法
钙	GB 12398—90	食物中钙的测定方法
硒	GB 12399—90	食品中硒的测定方法
总酸	GB 12456—90	食品中总酸的测定方法
氯化钠	GB 12457—90	食品中氯化钠的测定方法

（三）产品检验报告

绿色食品产品质量检验报告是绿色食品产品质量监督检验工作的最终成果。对新申请使用绿色食品标志的产品来讲，它是判定该产品是否符合绿色食品标准的最重要的依据，不论对保证绿色食品产品的质量和信誉，还是对申报企业能否成功申报来讲，都具有十分重要的意义；对抽检工作来讲，它是判定某一绿色食品生产企业所生产的绿色食品产品是否能够始终保证产品质量，从而间接推断该生产加工企业的质量管理水平是否符合生产绿色食品要求的重要依据。绿色食品产品质量检验部门出具的绿色食品产品质量检验报告，应严格按照国家产品质量监督检验工作的要求执行。检验报告要包括受检单位及产品名称、检验类别（申报或抽检）、检验产品数量、代表产品总量、产品等级、产品质量标准、检验标准、产品来源等各种相关信息，并最终明确判定该产品是否符合相关产品质量标准的要求。绿色食品产品质量检验报告的基本格式见表 4-30。

表 4-30　食品产品检验报告基本格式（以农业部谷物及制品质量监督检验测试中心（哈尔滨）为例）

检　验　报　告

产品名称________________________

受检单位________________________

检验类别　　绿色食品申报（或抽检）

农业部谷物及制品质量监督检验测试中心（哈尔滨）

注　意　事　项

报告无“检验报告专用章”或检验单位公章无效。
复制报告未重新加盖“检验报告专用章”或检验单位公章无效。
报告无制表、审核、批准人签章无效。
报告涂改、骑缝不完整无效。
对检验报告若有异议，应于收到报告之日起十五日内向检验单位提出，逾期不予受理。
一般情况，委托检验仅对来样负责。
未经本中心同意，本报告不得用于商业宣传作广告。
本中心对所出具的报告负法律责任。

地址：黑龙江省哈尔滨市南岗区学府路 368 号
电话：0451-86664921　　　　　传真：0451-86664921
开户银行：哈市农行西桥支行　　邮政编码：150086
银行账号：

农业部谷物及制品质量监督检验测试中心（哈尔滨）
检验报告

No. 　　　　　　　　　　　　　　　　　　　　　　　　共 2 页　第 1 页

产品名称		型号规格	
样品编号		商标	
受检单位		检验类别	绿色食品申报或抽样
生产单位		样品等级	
抽样地点		送样日期	
样品数量		送样者	
抽样基数		原编号或生产日期	
检验依据		检验项目	
所用主要仪器		实验环境条件	
检验结论	签发日期　　年　月　日		
备注			

批准：　　　　审核：　　　　制表：

农业部谷物及制品质量监督检验测试中心（哈尔滨）
检验报告

样品编号：　　　　　　　　　　　　　　　　　　　　　　　　　　　　共2页　第2页

检验项目	单位	标准要求	检验结果	方法检出限	单项判定

（四）黑龙江省主要检验机构及检验项目

中国绿色食品发展中心在全国共委托几十家绿色食品监测机构（表 4-31），随着我国绿色食品发展形势的变化，绿色食品定点食品监测机构还会有所增减。原则上每省委托 1 家食品质量监测机构，2～3 家环境质量监测机构。对于绿色食品发展较快的重点地区，可视具体情况和需要适当增加监测机构。

表 4-31　绿色食品定点食品监测机构

单位名称	地址	电话	邮编	联系人
农业部谷物及制品质量监督检验测试中心（哈尔滨）	哈尔滨市学府路 368 号	0451-86664921	150086	张增敏
农业部食品质量监督检验测试中心	哈尔滨市红旗大街 175 号	0454-8359447	154007	王南云
农业部食品质检中心（成都）	成都市东静居寺路 20 号	028-4790687	610066	胡述楫
农业部食品质检中心（济南）	济南市桑园路 28 号	0531-8965551-2267	250100	柳琪
绿色食品中科院沈阳食品监测中心	沈阳市文化路 72 号	024-23916277	110015	王颜红
农业部食品质检中心（武汉）	武汉市武昌南湖瑶苑	027-87389465	430064	王富华
农业部食品质检中心（上海）	上海市彭联路 101 号	021-56036625-39	200072	刘霄玲
农业部食品监测中心（石河子）	新疆农垦科学院食品监测中心	0993-2514527	832000	杨军
农业部食品质检中心（湛江）	广东省湛江市 318 信箱	0759-2228505	524001	黄和
中国农垦北方食品监测中心（天津）	天津市南开区士英路 18 号	022-23911020	300381	张宗城
农业部农产品质量监督检验测试中心（杭州）	浙江省杭州市石桥路 198 号	0571-86404309	310021	王强
农业部农产品质量监督检验测试中心（郑州）	郑州市金水区农业路 1 号	0371-57139265	450002	王建
农业部农产品质量监督检验测试中心（拉萨）	西藏拉萨市金珠西路 149 号	0891-6823491	850032	次仁措姆
农业部食品质量监督检验测试中心（杨凌）	陕西杨凌渭惠路 2 号	029-7083874	712100	赵锁劳
农业部农产品质量监督检验测试中心（北京）	北京市海淀区圆明园西路 2 号	010-62892449	100094	石阶平
农业部农产品质量监督检验测试中心（昆明）	云南省昆明市教场东路	0871-5149900	650223	董宝生
农业部食用菌产品质量监督检验测试中心（上海）	上海市南华路 35 号	021-52630034	201106	王南

黑龙江省的主要检验机构有农业部谷物及制品质量监督检验测试中心（哈尔滨）和农业部食品质量监督检验测试中心（哈尔滨）两家。

1．农业部谷物及制品质量监督检验测试中心（哈尔滨）

农业部谷物及制品质量监督检验测试中心（哈尔滨）是由黑龙江省农科院谷物品质研究中心筹建。1996 年 3 月通过国家计量认证和农业部机构审查认可，2001 年 5 月通过农业部组织的机构审查认可和国家计量认证复查评审。2002 年 5 月由中国绿色食品发展中心正式授权为“绿色食品产品质量定点监测中心（哈尔滨）”，2003 年 4 月由农业部授权成为“无公害农产品定点检验机构”。依法授权对外开展工作，是具有独立法人地位的社会公益性非营利性技术事业单位。

中心现有工作人员 26 人，拥有实验室面积 1 500 m^2。配置了 Varian 3800 气相色谱仪，Agilent6890N 气相色谱仪、岛津 LC-10ATVP 高效液相色谱仪、PEAA300 原子吸收分光光度计、日立 835 氨基酸分析仪、Perten8620 近红外谷物品质分析仪、Brabender 粉质仪（Farinograph）、Brabender 拉伸仪（Extensopgraph）、实验室烘焙设备（NATIONACMFG、Co）、Buhler 小型制粉机等精密仪器设备 94 台件。中心所用仪器均经过计量检定，分析测试方法全部采用现行国际标准（ISO）、国外先进标准（AACC、AOAC、ICC）、国家标准（GB ）或其他合同约定标准。测试服务范围包括谷物及制品，油料及制品、乳及乳制品、果蔬及制品、调味品、饲料及添加剂、种子、化肥、农药等近 200 个产品的品质及成分分析。可开展感官品质、营养品质、理化特性、加工特性、有毒有害成分鉴定、种性鉴定等 400 余项。特别在小麦品质、水稻品质、大豆功能性成分鉴定，产品质量综合评价及资源加工利用等方面有一定研究基础。

2．农业部食品质量监督检验测试中心（哈尔滨）

农业部食品质量监督检验测试中心（哈尔滨）前身是黑龙江省农垦科学院测试化验中心。是经黑龙江省编委批准，于 1979 年成立的公益性科研事业服务单位；也是“六五”期间原农垦部重点投资的综合性测试化验中心；是农业部、黑龙江省农垦总局领导下的分析测试专职机构。1988 年，根据农业部文件，在原测试中心的基础上，筹建了“农业部大豆及大豆制品质量监督检验测试中心”，该中心于 1990 年首次通过农业部质检机构认可和国家计量认证，1993 年，根据农业部文件批复，在“农业部大豆及大豆制品质量监督检验测试中心”基础上建立了“农业部食品质量监督检验测试中心（哈尔滨）”。两个部级中心于 1998 年 2 月通过了农业部质检机构认可和国家计量认证复审。1990 年 2 月，被中国绿色食品发展中心授权为“绿色食品定点监测中心”，2003 年 4 月，中心又被农业部授权确定为“无公害农产品定点检验机构”。

授权的产品：谷物及制品类（28 个产品）、油料类（2 个产品）、食用淀粉（5 个产品）、面制品类（5 个产品）、食用植物油类（11 个产品）、乳及乳制品类（10 个产品）、婴幼儿食品类（6 个产品）、酒类（7 个产品）、饮料类（5 个产品）、糖果类（4 个产品）、食用菌类（2

个产品)、肉及肉制品类(6 个产品)、蛋及蛋制品类(1 个产品)、水果(2 个产品)、化肥类(11 个产品),合计 105 个产品。另外还包括环境(水、大气、固体污染物、噪声)等。

质量认证的参数:计量认证的参数同上述授权产品所含参数,共计 518 个项目参数。

仪器/装备:GC-17A 气相色谱仪、QP5050A 气相色谱质谱联用仪、WATERS 高效液相色谱仪、全自动氨基酸分析仪、DIONEX ICS-2500 离子色谱仪、布鲁克红外光谱仪、岛津 6800 原子吸收光谱仪、凯氏定氮仪、全自动脂肪分析仪(FOSS)、半自动纤维分析仪、CEM 微波工作站、CEM 微波灰化系统、DIONEX ASE200 快速溶剂萃取仪、吉尔森固相萃取仪。

检验项目:谷物及制品、大豆及大豆制品、油料及制品、乳及乳制品、果蔬及制品、调味品、食用淀粉、面制品类、食用植物油类、婴幼儿食品类、酒类、饮料类、糖果类、食用菌类、肉及肉制品类、蛋及蛋制品类、饲料及添加剂、种子、化肥、农药等 300 多个产品的品质及成分分析。可开展感官品质、营养品质、理化特性、加工特性、有毒有害成分鉴定、种性鉴定等 600 余项。每一年对绿色食品的抽检验定内容及项目不是固定不变的,主要依据中国绿色食品发展中心及省绿色食品管理机构下发的绿色食品产品质量抽检计划项目而定。

2004 年中国绿色食品发展中心下发的《绿色食品产品质量抽检计划项目》中规定的检验项目有:

(1)乳制品

① 液态奶

普通液态奶:蛋白质、脂肪、铅、硝酸盐、亚硝酸盐、黄曲霉毒素 M_1、抗生素和微生物。

花色奶:蛋白质、脂肪、铅、硝酸盐、亚硝酸盐、黄曲霉毒素 M_1、甜味剂(甜蜜素,糖精钠,安塞蜜)、人工合成色素、防腐剂(山梨酸,苯甲酸)和微生物。

强化奶:在普通奶检验项目基础上加测营养强化物质。

② 酸牛奶。蛋白质、脂肪、人工合成色素、甜味剂(甜蜜素,糖精钠,安塞蜜)、铅、苯甲酸和微生物。

③ 乳粉

普通乳粉(加糖与不加糖):蛋白质、脂肪、铅、硝酸盐、亚硝酸盐、黄曲霉毒素 M_1、抗生素和微生物。

配方乳粉:蛋白质、脂肪、硝酸盐、亚硝酸盐、黄曲霉毒素 M_1、抗生素、微生物、VA、VD、VB、VB_1、VB_2、胡萝卜素、牛磺酸、Ca、P、Ca/P 和烟酸。

④ 炼乳。蛋白质、脂肪、硝酸盐、亚硝酸盐、乳糖结晶颗粒、铅、黄曲霉毒素 M_1、抗生素和微生物。

⑤ 含乳饮料。蛋白质、甜味剂(甜蜜素,糖精钠,安塞蜜)、人工合成色素、防腐剂

（山梨酸，苯甲酸）、铅和微生物。

⑥ 奶油。酸度、脂肪、硝酸盐、亚硝酸盐、黄曲霉毒素 M_1、微生物。

（2）豆制品

① 豆制粉。蛋白质、脂肪、硝酸盐、亚硝酸盐、黄曲霉毒素 B_1、微生物。

② 非发酵性豆制品。食品添加剂（SO_2，H_2O_2，甲酸，苯甲酸）、微生物、铅和砷。

发酵性豆制品：黄曲霉毒素 B_1、防腐剂（苯甲酸）、微生物、铅和砷。

（3）粮食类

水分、黄曲霉毒素 B_1、乐果、敌敌畏、杀螟硫磷、马拉硫磷、对硫磷、甲拌磷、铅、镉、砷、汞和氟等。

（4）酱油

氨基酸态氮、黄曲霉毒素 B_1、三氯丙醇、苯甲酸、菌落总数、大肠菌群、致病菌、砷和铅。

（5）醋

醋酸、游离矿酸、黄曲霉毒素 B_1、苯甲酸、菌落总数、大肠菌群、致病菌、砷和铅。

（6）食用盐

氯化钠、水分、水不溶物、碘酸钾（加碘盐）、亚铁氰化钾、铅和砷。

（7）食用油

浸出油溶剂残留量、黄曲霉毒素 B_1、苯并[a]芘、酸价、加热试验、过氧化值、羰基价、砷和汞等。

（8）茶叶

甲胺磷、乙酰甲胺磷、乐果、氧化乐果、敌敌畏、杀螟硫磷、喹硫磷、三氯杀螨醇、氰戊菊酯、溴氰菊酯、联苯菊酯、氯氰菊酯、铅和铜等。

（9）饮料

苯甲酸钠、山梨酸钠、糖精钠、着色剂（视产品添加的着色剂种类而定）、铅、砷、细菌总数、大肠菌群和致病菌（沙门菌）。主要营养成分，视不同种类饮料由各质检机构选定1～2项。

（10）蜜饯

Pb、SO_2、防腐剂（山梨酸，苯甲酸）、人工合成色素、甜味剂（甜蜜素，糖精钠，安塞蜜）、大肠菌群、致病菌、霉菌计数。

（11）白砂糖

蔗糖分、还原糖、不溶于水杂质、二氧化硫、菌落总数、大肠菌群、致病菌、铜、砷和铅。

（12）酒类

① 白酒。酒精度、总酸、总酯、固形物、乙酸乙酯（浓香型为乙酸乙酯）、甲醇、杂

醇油、铅和锰。

② 啤酒。酒精度、原麦汁浓度、总酸、黄曲霉毒素 B_1、硝酸根、游离二氧化硫、山梨酸、甲醛、双乙酸、细菌总数、大肠菌群。

③ 葡萄酒。干浸出物、酒精度、总酸、总糖、总二氧化硫、山梨酸、细菌总数、大肠菌群、砷和铅。

（13）蔬菜、水果类

甲胺磷、乙酰甲胺磷、乐果、氧化乐果、敌敌畏、毒死蜱、克百威、氯氰菊酯、氰戊菊酯、溴氰菊酯、百菌清、铅和镉等。

（14）酱菜

苯甲酸钠、山梨酸钠、细菌总数、大肠菌数、致病菌、亚硝酸盐、铅、砷、镉、汞和氟。

（15）方便食品

黄曲霉毒素 B_1、苯甲酸、菌落总数、大肠菌群、致病菌、砷和铅。

（16）畜产品类

① 蛋及蛋制品。铅、砷、汞、菌落总数、大肠菌群、致病菌、金霉素、土霉素和磺胺类（自选 3～4 种）。

② 鲜肉。挥发性盐基氮、汞、四环素、金霉素、土霉素和磺胺类（自选 3～4 种）。猪肉加测酸克伦特罗。疫病（口蹄疫、猪瘟、禽流感、布氏杆菌病）。

③ 肉制品（肉松、肉脯、肉干）。水分、亚硝酸盐、菌落总数、大肠菌群和致病菌。

（17）水产品

铅、砷、汞、菌落总数、大肠菌群、致病菌、金霉素、氯霉素和磺胺类（自选 3～4 种）。

根据这些检验项目，质检中心就要按国标或行标进行全面检验，对以上未涉及的抽检产品，各质检机构须自行确定检验项目并报绿色食品发展中心同意后实施检验。

农业部谷物及制品质量监督检验测试中心（哈尔滨）按照 2004 年中国绿色食品发展中心下发的《绿色食品产品质量抽检计划项目》对黑龙江省 153 个绿色食品产品质量进行了检验。

思考与练习

1. 简述绿色食品标准体系的构成。
2. 简述绿色食品种植业生产的支撑标准。
3. 简述抽样检验与申报检验的区别。
4. 简述绿色食品产品质量检验的主要内容。

5. 举例说明绿色食品感官品质中规定的定性、定量、半定量指标。

6. 举例说明绿色食品卫生标准和普通食品卫生标准在检验项目方面的区别。

7. 举例说明哪些绿色食品产品的特性只能用感官检验而不能用仪器检验。

8. 谈谈你所在区域绿色食品产品质量检验情况。

9. 结合实际情况，谈谈我国食品安全现状及如何加强我国绿色食品质量检验工作。

模块五　绿色食品认证

学习目标：

1．理解质量认证的含义、作用

2．掌握绿色食品生产资料的申报条件及认证程序

3．掌握绿色食品生产基地的申报条件及认证程序

4．掌握绿色食品产品的申报条件及认证程序

课题一　质量认证概述

质量认证作为对产品质量、企业质量保证能力实施的第三方评价活动，已经成为世界各国规范市场行为、促进贸易发展和保护消费者合法权益的有效手段。质量认证在全球经济一体化中发挥着越来越重要的作用。

质量认证是实施质量监督的有效方式，也是作为认证方建立市场信誉的有效途径。通过质量认证，能够保障供需双方权益、促进产品销售并为消费者提供消费信心和质量保证，因而必将提高其产品的市场竞争力。

一、质量认证的含义

质量认证，就是由第三方依据规定的程序，对产品、过程或服务符合特定标准或规定的要求所给予的书面保证。质量认证也叫合格评定，是国际上通行的管理产品质量的有效方法。质量认证，分为产品质量认证和质量体系认证两类。

产品质量认证是指依据产品标准和相应技术要求，经认证机构确认并通过颁发认证证书和认证标志来证明某一产品符合相应标准和相应技术要求的活动。产品质量认证的对象是特定产品，包括服务。认证的依据或者说获准认证的条件是产品（服务）质量要符合指定的标准的要求，质量体系要满足指定质量保证标准要求。证明获准认证的方式是颁发产

品认证证书和认证标志，其认证标志可用于获准认证的产品上。产品质量认证包括两种：安全性产品认证和合格认证。安全性产品认证是根据安全标准进行认证或只对商品标准中有关安全的项目进行的认证，通过法律、行政法规或规章规定强制执行的认证；合格认证，是依据产品标准的要求，对产品的全部性能进行的综合性质量认证，一般属于自愿性认证，是否申请认证，由企业自行决定。

二、认证的形式

各种类型的质量认证制度，按其所包含的认证基本要素不同，大致可以分为以下六个类型。

1．全数检验

由经过认可的独立检验机构按照指定的标准，对申请认证的产品作 100%的检验后发给认证证书。这种认证模式，费用太高。

2．批量试验

依据规定的抽样检查方案对企业生产的一批产品进行抽样试验的认证。目的在于帮助买方判断该产品是否符合技术规范。这一认证模式，只有在供需双方协商一致后才能有效地实行。而且，一般只对该批检验合格的产品发给认证证书。

3．型式试验

按照规定的方法对产品进行试验，来验证产品是否符合标准或技术规范。这种认证只发证书，不允许使用合格标志。它的优点是对产品只需进行一次实验，所需的时间、费用都较低。

4．型式试验加认证后监督

由于抽样范围不同，抽样检验包括市场抽样检验、工厂抽样检验、双重抽样检验。是一种带有监督措施的型式试验。监督的办法是从市场上购买样品或从批发商、零售商的仓库中随机抽样进行检验，以证明认证产品的质量特性持续符合标准或技术规范的要求。这种认证形式的产品可以使用认证标志，优点是认证费用较低，并有一定的监督力度。工厂抽样检验，从工厂发货前的产品中随机抽样检查，也可从市场和供方双重抽样检验。它们的差异在于提供的产品质量信任程度不同。

5．工厂质量体系评定

是对产品的生产各环节按照所规定的技术标准生产产品的质量体系进行检查评定。证实工厂具有按既定的标准或规范提供产品的质量保证能力。认证对象是质量体系而不是产品。监督是定期对质量体系进行复查。通过认证的企业，由认证机构给予质量体系注册登记，发给注册证书，表明该体系是根据 ISO 9000 标准及相应的国家标准进行了评定并取得了注册资格。通过该种认证的企业，不能在产品上使用产品质量认证标志。这种认证形式，适应面广、灵活性大。是一种世界范围的信任证明，得到世界各国公认的认证模式。

6．型式试验加工厂质量体系评定再加认证后监督

就是对产品认证的同时要求对申请认证产品进行质量体系的检查、评定和复查。无论是批准认证的基本条件，还是认证后的监督都是相当完善、严密的，能对顾客提供最高的信任。是各种认证机构通常采用的模式，也是国际标准化组织推荐的模式。通过这种方式认证的产品，可以使用认证标志。

概括起来，质量认证包括产品质量认证、质量管理体系认证和综合认证三个基本类型。

质量认证的沿革，质量认证的原动力是购买方对所购产品质量的信任的客观需要。现代质量认证制度发源于英国。英国于 1903 年开始使用风筝标志，证明产品符合英国 BS 标准。该标志于 1922 年注册成为受法律保护的认证标志。质量认证工作从 20 世纪 30 年代后发展相当快，到 50 年代基本上已普及到所有工业化国家。60 年代起，东欧国家陆续开展认证活动。多数第三世界国家是从 70 年代后开始实行。目前，质量认证制度已发展成为一种世界趋势。推动质量认证制度发展的客观因素就是国际经济交往的扩大和加深。

我国于 1978 年 9 月加入国际标准化组织（ISO）之后，才引入质量认证。1988 年 12 月颁布《中华人民共和国标准化法》后，我国质量认证工作纳入法制化轨道。随着我国参与世界经济循环的深入和扩大，我国质量认证工作有了较快的发展。

三、质量认证的作用

随着国际贸易的发展，需方对产品质量信息的需求越来越高，质量认证在世界范围内得到了迅速发展。其作用如下：

1．提高企业质量信誉，树立企业良好形象，增强企业的市场竞争力

产品质量信誉是企业的生命，企业的产品有了信誉，才会有市场，才会有效益。由于质量认证依据于先进水平的产品标准和质量体系标准，在质量竞争已经成为市场竞争的主要表现形式的现代市场上，企业一旦获得认证标志和认证证书，就取得了较高的质量信誉，也就拥有了竞争优势，就能在社会上树立良好的企业形象、扩大市场占有率，从而获得显著经济效益。

2．促使企业加强质量管理，建立健全质量体系，提高企业管理水平

企业在实施质量认证过程中，必须采用先进的产品标准和质量体系标准，经认证合格后还要定期接受监督复审。这就迫使企业不断地完善质量体系，持续改善质量管理工作。

3．减少了社会重复检验，简化了交易和进出口手续

现代社会中，一个企业一方面从许多企业获得产品，另一方面也为众多企业供应产品。在大量的供需交易活动中，都需要经常、反复地进行验收检验和供应商质保能力的检验。这需要消耗大量的人力物力，也影响交易的速度。实行质量认证，可以节省大量的检验和检查费用，提高了交易效率和速度，从而使认证合格企业得到方便和效益。

4．有利于保障和维护消费者合法权益

不论是自愿性的合格认证，还是强制性的安全认证，通过使用认证标志，可以防止消费者在市场上误购不符合标准的低劣产品。

四、绿色食品质量认证的性质

绿色食品认证，是包括产品质量认证和质量管理体系认证的综合质量认证。

1．绿色食品认证，是产品质量认证

绿色食品认证的基本依据是绿色食品质量标准。绿色食品标准，是由农业部发布的推荐性国家标准，对于认证机构和认证后企业来说，是强制性标准。认证机构和认证后的企业，必须严格执行该标准。《绿色食品产品标准》是衡量绿色食品最终产品质量的指标尺度。绿色食品产品标准包括质量和卫生标准两部分，它虽然跟普通食品的国家标准一样，规定了食品的外观品质、营养品质和卫生品质等内容，其中卫生标准包括农药残留、有害重金属污染和有害微生物污染，这些要求也完全概括了对无公害蔬菜的标准。但其卫生品质要求高于国家现行标准，即严于国家同类食品标准，达到或接近同类食品的国际先进标准，主要表现在对农药残留和重金属的检测项目种类多、指标严。而且，使用的主要原料必须是来自绿色食品产地的、按绿色食品生产技术操作规程生产出来的产品。绿色食品产品标准反映了绿色食品生产、管理和质量控制的先进水平，突出了绿色食品产品无污染、安全的卫生品质。绿色食品最终产品必须由中国绿色食品发展中心指定的食品监测部门依据绿色食品卫生标准检测合格。绿色食品认证，必须经过指定的权威检测部门，对该产品的外观品质、理化品质、营养品质等指标依据相关技术标准进行科学、全面的综合检测，只有各项检测指标完全符合相关的质量标准，才能被认证为绿色食品。而且，为了保证绿色食品标志的权威性，国家绿色食品管理机构，每年都要指定有关的绿色食品质量监督检测部门对部分产品进行抽检。属于型式试验加认证后监督类型的产品质量认证。

2．绿色食品认证，也是质量管理体系认证

为了保证绿色食品产品无污染、安全、优质、营养的特性，开发绿色食品有一套较为完整的质量标准体系，其中，环境标准、技术标准（包括生产规范）、包装标准、储藏运输标准，都属于质量保证范畴，是质量保证体系认证，也是“从农田到餐桌”的全程质量控制体系。

3．绿色食品认证管理机构

中国绿色食品发展中心是组织和指导全国绿色食品开发和管理工作的权威机构，1990年开始筹备并积极开展工作，1992 年 11 月正式成立，隶属中华人民共和国农业部。中国绿色食品发展中心是绿色食品标志商标的唯一注册人，绿色食品标志，只能由经中国绿色食品发展中心授权即通过认证的企业在其被认证的产品和认证规模范围内使用。《绿色食品标志管理办法》第三条规定：使用绿色食品标志，须按本办法规定的程序提出申请，由农业部审核批准其使用权。未经农业部批准，任何单位和个人无权使用绿色食品标志。

绿色食品认证实行环境监测、产品检测，监测和检测均由中心委托有资质的第三方进行。同时，适合我国幅员广阔的实际需要，实行由中国绿色食品发展中心、所在省绿色食品办公室、绿色食品发展中心分级管理的体制。

课题二 绿色食品生产资料申报与认证

“绿色食品生产资料”是指经中国绿色食品发展中心认定，符合绿色食品生产要求及相关标准的，被正式推荐用于绿色食品生产的生产资料。

一、申报绿色食品生产资料的基本条件

（一）申报人条件

凡具备绿色食品生产资料生产条件的单位和个人均可作为绿色食品生产资料认定推荐申请人，但是，随着绿色食品事业的发展，申请人的范围有所拓展，为进一步规范管理，做如下规定：

1．企业履约能力

申报企业要有一定规模，能建立稳定的质量保证体系，能承担起标志使用费。

2．企业合法性

必须是国家工商管理部门正式注册的生产企业，并有相关部门颁发的生产许可证。

（二）申报的绿色食品生产资料条件

1．合法性

申报的生产资料必须是经国家有关部门检验登记，允许生产、销售的产品。

2．有效性

申报的生产资料必须有利于保护和促进使用对象的生长，或有利于保护或提高产品品质。

3．安全性

申报的生产资料不可造成使用对象产生和积累有害物质，不影响人体健康。

4. 可持续性

申报的生产资料对生态环境无不良影响。

（三）绿色食品生产资料认定推荐范围

1. 涵盖的范围

包括农药、肥料、食品添加剂、饲料添加剂（或预混料）、饲料（指配合饲料）、兽药、包装材料及其他相关生产资料。

2. 分级管理

绿色食品生产资料认定推荐分为A级绿色食品生产资料与AA级绿色食品生产资料，前者适用于A级绿色食品，后者可推荐用于所有绿色食品和有机食品。

（四）认证时限

① 省绿办收到申报企业全部材料后，15 d内完成材料初审工作，并报送中心。

② 中心收到申报材料后，15 d 内完成材料审查工作。审查合格者，15 d 内中心派人或委托绿办派人，按照《绿色食品生产资料企业核查表》对申请企业进行检查和抽样，并将样品寄送中心指定的监测机构检测。

③ 中心收到《绿色食品生产资料企业核查表》和产品质量检测报告后，一周内完成审核。合格者由中心与其签订协议，颁发推荐证书，并发布公告。不合格者，在其不合格部分做出相应改进前，不再受理其申请。

二、绿色食品生产资料认证程序

绿色食品推荐生产资料是绿色食品产品生产的基础保障，它可以确保绿色食品的产品质量。认定推荐绿色食品生产资料，可以确保生产绿色食品所用生产资料的有效性和安全性。企业欲在本企业生产的生产资料上使用绿色食品标志，必须按以下程序提出申请：

① 申请人向中心或所在省绿办提交正式的书面申请，填写《绿色食品生产资料认定推荐申请书》（一式两份）、《产品情况调查表》，并提交相关材料。

② 各省绿办将依据企业的申请，对企业申报材料进行初审，并将初审合格的材料上报中心。

③ 中心收到申报材料后，组织专家审查，审查合格者，中心派人或委托绿办派人对申请企业进行检查和抽样，并将样品寄送中心指定的监测机构检测。

④ 中心对检查和检测结果进行审核。合格者由中心与其签订协议，颁发推荐证书，并发布公告。不合格者，在其不合格部分做出相应改进前，不再受理其申请。

三、绿色食品生产资料的认证管理

（一）申报绿色食品生产资料所需材料

申报企业要准备一份完整的符合绿色食品推荐生产资料要求的申报材料，申报材料包括下面几个部分。

1. 填写《绿色食品生产资料认定推荐申请书》（一式两份）、《产品情况调查表》

填写《绿色食品生产资料认定推荐申请书》的要求，产品名称力求准确，一份表格内只可填写一种产品，并限定产品适用范围。工艺流程应详细、具体地说明原料、添加物的成分、用量，以利于审查。

2. 附相关申报材料

① 企业营业执照复印件。

② 产品商标注册证复印件。

③ 由国家规定的单位颁发的生产许可证、登记证或卫生许可证。

④ 产品执行标准。

⑤ 产品工艺流程及加工规程。

⑥ 企业质量管理手册。

⑦ 由环保部门出具的环保合格证明及生产企业环境评价报告。

⑧ 由省级以上质量监测部门出具的一年之内的产品质量检测报告。

⑨ 产品标签及使用说明书。

⑩ 生产记录。

⑪ 其他材料，如专利证书、成果鉴定证书等复印件。

⑫ 对于农药生产企业，还需提交相关材料。

提交的相关材料有由取得农业部认证资格的农药登记药效试验单位出具的田间药效试验报告、由通过农业部认证的单位出具的急性毒性试验报告、已正式登记的农药产品，需提交省级以上单位出具的在我国两年、两地的残留试验及对生态环境影响报告。

⑬ 对于肥料生产企业，还需提交相关材料。

提交的相关材料有田间肥效试验报告、毒性试验报告。

⑭ 对于饲料及饲料添加剂生产企业，还需提交相关材料。

提交的相关材料有毒理学安全评价报告、效果验证试验报告、饲料原料的绿色食品证书和采购合同复印件。

⑮ 对于食品添加剂生产企业，还需提交相关材料。

提交的相关材料有效果试验报告、根据《食品安全性毒理学评价程序》进行安全性毒理学评价的资料、生产复合食品添加剂的申请企业还需提供产品配方等资料。

⑯ 其他生产资料生产企业参照以上企业申报材料提交相关材料。

（二）申报表格

申报绿色食品生产资料所需表格，包括《绿色食品生产资料认定推荐申请书》《产品情况调查表》。申报企业均需填写《绿色食品生产资料认定推荐申请书》，并要求企业根据自己产品类别填写《产品情况调查表》。各类绿色食品生产资料申报表格如下：

绿色食品生产资料认定推荐申请书

<table>
<tr><td rowspan="2">申请企业名称</td><td>中文</td><td colspan="3"></td></tr>
<tr><td>英文</td><td colspan="3"></td></tr>
<tr><td rowspan="2">申请产品名称</td><td>中文</td><td></td><td rowspan="2">申请产品类别</td><td rowspan="2"></td></tr>
<tr><td>英文</td><td></td></tr>
<tr><td>申请产品包装形式</td><td colspan="2"></td><td>申请产品规格</td><td></td></tr>
<tr><td>检验登记单位</td><td colspan="2"></td><td>检验单位编号</td><td></td></tr>
<tr><td>注册商标名称</td><td colspan="2"></td><td>商标编号</td><td></td></tr>
<tr><td colspan="5">产品特点说明：</td></tr>
<tr><td colspan="5">申请企业法人签名　　　　　　申请企业盖章
年　月　日　　　　　　　　　年　月　日</td></tr>
<tr><td colspan="5">企业地址　　　　　　　　　　　邮政编码
联系电话　　　　传真　　　　　联系人</td></tr>
</table>

产品情况调查表

<table>
<tr><td rowspan="9">企业情况</td><td>企业名称</td><td></td><td>法人代表</td><td></td></tr>
<tr><td>详细地址</td><td colspan="3"></td></tr>
<tr><td>联系电话</td><td></td><td>邮编</td><td></td></tr>
<tr><td>主管部门</td><td colspan="3"></td></tr>
<tr><td colspan="2">领取营业执照时间</td><td>执照编号</td><td></td></tr>
<tr><td>职工人数</td><td></td><td>技术人员</td><td></td></tr>
<tr><td>固定资金</td><td></td><td>流动资金</td><td></td></tr>
<tr><td>生产经营范围</td><td colspan="3"></td></tr>
<tr><td>年生产
总值</td><td></td><td>年利润</td><td></td></tr>
<tr><td rowspan="7">申报产品情况</td><td>产品名称</td><td></td><td>商标</td><td></td></tr>
<tr><td>设计
年产规模</td><td></td><td>实际
年产规模</td><td></td></tr>
<tr><td>出厂价</td><td></td><td>销售价</td><td></td></tr>
<tr><td>国内
年销售量</td><td></td><td>年出口量</td><td></td></tr>
<tr><td>主要销售范围</td><td colspan="3"></td></tr>
<tr><td>专利或
获奖情况</td><td colspan="3"></td></tr>
<tr><td rowspan="3">原料供应</td><td>原料名称</td><td colspan="3"></td></tr>
<tr><td>供应单位</td><td></td><td>年供应量</td><td></td></tr>
<tr><td>供应形式</td><td colspan="3"></td></tr>
</table>

填表人　　　　　　　　　　　　　　　　企业盖章

年　　月　　日

产 品 情 况

（农 药）

<table>
<tr><td colspan="2">产品中文名称</td><td></td><td>产品英文名称</td><td></td></tr>
<tr><td colspan="2">通用名</td><td></td><td>商品名</td><td></td></tr>
<tr><td colspan="2">化学名</td><td colspan="3"></td></tr>
<tr><td colspan="2">类别</td><td></td><td>剂型</td><td></td></tr>
<tr><td colspan="2">结构式</td><td colspan="3"></td></tr>
<tr><td rowspan="3">组成</td><td></td><td>有效成分含量/%</td><td colspan="2">其他成分（包括助剂）名称和含量</td></tr>
<tr><td>原药</td><td></td><td colspan="2"></td></tr>
<tr><td>制剂</td><td></td><td colspan="2"></td></tr>
<tr><td rowspan="6">原药理化性质</td><td>外观</td><td colspan="3"></td></tr>
<tr><td>比重</td><td colspan="3"></td></tr>
<tr><td>沸点</td><td colspan="3"></td></tr>
<tr><td>熔点</td><td colspan="3"></td></tr>
<tr><td>蒸汽点</td><td colspan="3"></td></tr>
<tr><td>溶解度</td><td colspan="3"></td></tr>
<tr><td colspan="5">原药生产工艺简述（或原药来源）：</td></tr>
</table>

<table>
<tr><td rowspan="15">制剂产品规格及理化性质</td><td>外观</td><td colspan="3"></td></tr>
<tr><td>比重或密度</td><td colspan="3"></td></tr>
<tr><td>酸碱度：pH</td><td colspan="3"></td></tr>
<tr><td>细度或粒度</td><td colspan="3"></td></tr>
<tr><td>悬浮率</td><td colspan="3"></td></tr>
<tr><td>乳剂稳定性（稀释倍数）</td><td colspan="3"></td></tr>
<tr><td>湿润性（时间）</td><td colspan="3"></td></tr>
<tr><td>水分</td><td colspan="3"></td></tr>
<tr><td>黏度</td><td colspan="3"></td></tr>
<tr><td>脱落率</td><td colspan="3"></td></tr>
<tr><td>可燃性或闪点</td><td colspan="3"></td></tr>
<tr><td>爆炸性</td><td colspan="3"></td></tr>
<tr><td>热、冷稳定性</td><td colspan="3"></td></tr>
<tr><td>常温贮存稳定性</td><td colspan="3"></td></tr>
<tr><td>与其他家药相混性</td><td colspan="3"></td></tr>
<tr><td colspan="5">制剂加工方法简述：</td></tr>
<tr><td rowspan="2">产品分析方法</td><td colspan="4">原药：</td></tr>
<tr><td colspan="4">制剂：</td></tr>
<tr><td colspan="5">毒理学</td></tr>
<tr><td colspan="5">急性毒性</td></tr>
<tr><td rowspan="2">给药途径</td><td rowspan="2">试验动物</td><td rowspan="2">性别</td><td colspan="2">LD_{50}/（mg/kg）</td></tr>
<tr><td>原　药</td><td>制　剂</td></tr>
<tr><td>经　口</td><td></td><td></td><td colspan="2"></td></tr>
<tr><td>经　皮</td><td></td><td></td><td colspan="2"></td></tr>
<tr><td>吸　入</td><td></td><td></td><td colspan="2"></td></tr>
<tr><td colspan="5">眼睛和皮肤刺激性</td></tr>
<tr><td colspan="5">过敏试验</td></tr>
</table>

<table>
<tr><td colspan="4">亚慢（急）性毒性　　　　试验天数</td></tr>
<tr><td>给药途径</td><td>试验动物</td><td>性别</td><td>无作用剂量/ppm</td></tr>
<tr><td>经　口</td><td></td><td></td><td></td></tr>
<tr><td>经　皮</td><td></td><td></td><td></td></tr>
<tr><td>吸　入</td><td></td><td></td><td></td></tr>
<tr><td colspan="4">慢性毒性　　　　试验天数</td></tr>
<tr><td>给药途径</td><td>试验动物</td><td>性别</td><td>无作用剂量/ppm</td></tr>
<tr><td></td><td></td><td></td><td></td></tr>
<tr><td colspan="4">致突变</td></tr>
<tr><td colspan="4">1.Ames 试验</td></tr>
<tr><td colspan="4">2.微核或骨髓细胞染色体畸变</td></tr>
<tr><td colspan="4">3.显性致死或生殖细胞染色体</td></tr>
<tr><td colspan="4">繁殖和致畸</td></tr>
<tr><td colspan="4">在动物体内的代谢</td></tr>
<tr><td colspan="4">吸收</td></tr>
<tr><td colspan="4">分布</td></tr>
<tr><td colspan="4">累积</td></tr>
<tr><td colspan="4">排出</td></tr>
<tr><td colspan="4">代谢物及其毒性</td></tr>
<tr><td colspan="4">迟发性神经毒性</td></tr>
<tr><td colspan="4">人群接触资料</td></tr>
<tr><td colspan="4">空气中最高允许浓度</td></tr>
<tr><td colspan="4">急救措施及解毒性：</td></tr>
<tr><td colspan="4">推荐的每人每日允许摄入量：</td></tr>
</table>

<table>
<tr><td colspan="5">药效　　　　　　　　　　田间药效试验许可证号</td></tr>
<tr><td colspan="5">在中国两年两地药效试验结果</td></tr>
<tr><td>时　间</td><td></td><td></td><td></td><td></td></tr>
<tr><td>地　点</td><td></td><td></td><td></td><td></td></tr>
<tr><td>作　物</td><td></td><td></td><td></td><td></td></tr>
<tr><td>防治对象</td><td></td><td></td><td></td><td></td></tr>
<tr><td>施药方法</td><td></td><td></td><td></td><td></td></tr>
<tr><td>用药量（有效成分　克/亩）</td><td></td><td></td><td></td><td></td></tr>
<tr><td>防治效果</td><td></td><td></td><td></td><td></td></tr>
<tr><td>药害</td><td></td><td></td><td></td><td></td></tr>
<tr><td colspan="2">残留及对环境质量的影响</td><td></td><td></td><td></td></tr>
<tr><td colspan="5">国内外残留试验结果　　　　　　国家</td></tr>
<tr><td>作物</td><td></td><td></td><td></td><td></td></tr>
<tr><td>时间</td><td></td><td></td><td></td><td></td></tr>
<tr><td>地点</td><td></td><td></td><td></td><td></td></tr>
<tr><td>施药方法</td><td></td><td></td><td></td><td></td></tr>
<tr><td>用药量（有效成分　克/亩）</td><td></td><td></td><td></td><td></td></tr>
<tr><td>测定部位</td><td></td><td></td><td></td><td></td></tr>
<tr><td>距末次施药天数</td><td></td><td></td><td></td><td></td></tr>
<tr><td>残留量</td><td></td><td></td><td></td><td></td></tr>
<tr><td colspan="5">残留分析方法摘要（作物、土壤、水）</td></tr>
<tr><td colspan="5">仪器名称　　　　　　最低检测浓度</td></tr>
<tr><td colspan="5">回收率　　　　　　变异系数</td></tr>
<tr><td colspan="5">推荐的安全使用标准（包括最高用量、最低稀释倍数、最多使用数、安全间隔期）</td></tr>
</table>

<table>
<tr><td colspan="6">农产品最大残留限量（包括推荐值）</td></tr>
<tr><td colspan="2">作物</td><td>农产品</td><td colspan="2">最大残留限量/ppm</td><td>国家</td></tr>
<tr><td colspan="2"></td><td></td><td colspan="2"></td><td></td></tr>
<tr><td colspan="6">土壤中滞留时间或半衰期</td></tr>
<tr><td colspan="6">水中滞留时间或半衰期</td></tr>
<tr><td colspan="6">光解情况</td></tr>
<tr><td colspan="6">在植物体内的代谢</td></tr>
<tr><td colspan="6">吸收</td></tr>
<tr><td colspan="6">分布</td></tr>
<tr><td colspan="6">半衰期</td></tr>
<tr><td colspan="6">代谢物及其毒性</td></tr>
<tr><td colspan="6">对生态系统影响</td></tr>
<tr><td colspan="6">天敌及有益生物（LD_{50}）</td></tr>
<tr><td colspan="6">鱼及水生生物（LD_{50} 或 TLM）</td></tr>
<tr><td colspan="6">成果鉴定或申报专利情况（附材料或技术依托单位转让材料）</td></tr>
<tr><td rowspan="4">生产许可登记情况</td><td>国家</td><td>单位</td><td>登记日期及有效期</td><td>编号</td><td>用途</td></tr>
<tr><td></td><td></td><td></td><td></td><td></td></tr>
<tr><td></td><td></td><td></td><td></td><td></td></tr>
<tr><td></td><td></td><td></td><td></td><td></td></tr>
<tr><td rowspan="2">标签样张</td><td colspan="5">在其他国家登记标签样张
用“O”表示
已提供　　未提供</td></tr>
<tr><td colspan="5">在中国标用的标签样张
用“O”表示
已提供　　未提供</td></tr>
</table>

产品情况

（添加剂及其他生资）

<table>
<tr><td>产品名称</td><td colspan="2"></td><td>英文名称</td><td colspan="2"></td></tr>
<tr><td>通用名</td><td colspan="2"></td><td>英文名</td><td colspan="2"></td></tr>
<tr><td colspan="6">有效成分名称及含量：</td></tr>
<tr><td colspan="6">其他成分名称和含量：</td></tr>
<tr><td colspan="6">毒理学</td></tr>
<tr><td>毒理试验项目</td><td>给药途径</td><td>试验动物</td><td>结论</td><td colspan="2">试验单位</td></tr>
<tr><td></td><td></td><td></td><td></td><td colspan="2"></td></tr>
<tr><td colspan="6">与同类产品比较试验</td></tr>
<tr><td>时间</td><td>地点</td><td>方法</td><td>效果</td><td colspan="2">试验单位</td></tr>
<tr><td></td><td></td><td></td><td></td><td colspan="2"></td></tr>
<tr><td colspan="6">生产试验</td></tr>
<tr><td>时间</td><td>地点</td><td>方法</td><td>效果</td><td colspan="2">试验单位</td></tr>
<tr><td></td><td></td><td></td><td></td><td colspan="2"></td></tr>
<tr><td colspan="6">产品生产工艺流程：</td></tr>
<tr><td colspan="6">原料组成和供应情况</td></tr>
<tr><td>原料名称</td><td>产品中比例</td><td>供应单位</td><td>年供应量</td><td>经济性质</td><td>供应方式</td></tr>
<tr><td></td><td></td><td></td><td></td><td></td><td></td></tr>
</table>

原 料 概 况

<table>
<tr><td colspan="8">主要原料生产环境污染简介：

原料生产情况：</td></tr>
<tr><td colspan="2">原料名称</td><td colspan="3"></td><td>生产面积</td><td colspan="2"></td></tr>
<tr><td colspan="2">年生产量</td><td colspan="3"></td><td>收获时间</td><td colspan="2"></td></tr>
<tr><td colspan="2">主要病虫害</td><td colspan="6"></td></tr>
<tr><td rowspan="2">农药使用情况</td><td>农药名称</td><td>剂型</td><td>目的</td><td>使用方法</td><td>每次用量或浓度</td><td>全年使用次数</td><td>末次使用时间</td></tr>
<tr><td></td><td></td><td></td><td></td><td></td><td></td><td></td></tr>
<tr><td rowspan="2">肥料使用情况</td><td>肥料种类</td><td>类别</td><td>使用方法</td><td>使用时间</td><td>每次用量/
（千克/亩）</td><td>全年用量</td><td>末次使用时间</td></tr>
<tr><td></td><td></td><td></td><td></td><td></td><td></td><td></td></tr>
</table>

原料生产单位负责人　　　　　　　　　　　　填表人

产 品 情 况

（微生物肥料）

<table>
<tr><td colspan="2">商品名</td><td></td><td>英文名</td><td></td></tr>
<tr><td colspan="2">通用名</td><td></td><td>英文名</td><td></td></tr>
<tr><td rowspan="4">微生物菌种</td><td>种名</td><td colspan="3"></td></tr>
<tr><td>形态特征</td><td colspan="3"></td></tr>
<tr><td>安全检验</td><td colspan="3"></td></tr>
<tr><td>效力检验</td><td colspan="3"></td></tr>
<tr><td rowspan="6">组成</td><td>有效成分名称及含量</td><td colspan="3"></td></tr>
<tr><td>重金属元素名称及含量</td><td colspan="3"></td></tr>
<tr><td>大肠杆菌含量</td><td colspan="3"></td></tr>
<tr><td>蛔虫卵含量</td><td colspan="3"></td></tr>
<tr><td>其他成分名称及含量</td><td colspan="3"></td></tr>
<tr><td>原料名称及其比例</td><td colspan="3"></td></tr>
<tr><td rowspan="7">理化性质</td><td>外观</td><td colspan="3"></td></tr>
<tr><td>含水量</td><td colspan="3"></td></tr>
<tr><td>酸碱度（pH）</td><td colspan="3"></td></tr>
<tr><td>有机质含量/%</td><td colspan="3"></td></tr>
<tr><td>活菌数</td><td colspan="3"></td></tr>
<tr><td>杂菌数</td><td colspan="3"></td></tr>
<tr><td>有效保存期</td><td colspan="3"></td></tr>
</table>

产 品 情 况

（其他肥料）

<table>
<tr><td colspan="2">商品名</td><td></td><td>英文名</td><td></td></tr>
<tr><td colspan="2">通用名</td><td></td><td>英文名</td><td></td></tr>
<tr><td colspan="2">化学名</td><td></td><td>英文名</td><td></td></tr>
<tr><td rowspan="4">组
成</td><td>有效成分名称及含量</td><td colspan="3"></td></tr>
<tr><td>重金属元素名称及含量</td><td colspan="3"></td></tr>
<tr><td>其他成分名称及含量</td><td colspan="3"></td></tr>
<tr><td>原料名称及其比例</td><td colspan="3"></td></tr>
<tr><td rowspan="6">理化
性质</td><td>外观</td><td colspan="3"></td></tr>
<tr><td>可溶性</td><td colspan="3"></td></tr>
<tr><td>放射性</td><td colspan="3"></td></tr>
<tr><td>贮存稳定性</td><td colspan="3"></td></tr>
<tr><td>粒度</td><td colspan="3"></td></tr>
<tr><td>硬度</td><td colspan="3"></td></tr>
<tr><td colspan="5">生产工艺流程：</td></tr>
<tr><td colspan="5">产品分析方法（摘要）：</td></tr>
<tr><td colspan="5">原料代售情况</td></tr>
</table>

原料名称	供应单位	经济性质	年供应量	供应方式

毒理学

毒性试验项目	给药途径	试验动物	致死量	试验单位

效果资料（两年以上的田间试验）

试验时间	试验单位和地点	供试作物	使用量	施用方法	施用效果

成果鉴定或申报专利情况（附材料或技术依托单位转让材料）：

<table>
<tr><td rowspan="4">生产许可登记情况</td><td>国家</td><td>单位</td><td>登记日期
及有效期</td><td>编号</td><td>登记作物及用途</td></tr>
<tr><td></td><td></td><td></td><td></td><td></td></tr>
<tr><td></td><td></td><td></td><td></td><td></td></tr>
<tr><td></td><td></td><td></td><td></td><td></td></tr>
<tr><td rowspan="2">标
签
样
张</td><td colspan="5">在其他国家登记标签样张
用“O”表示
已提供　　未提供</td></tr>
<tr><td colspan="5">在中国标用的标签样张
用“O”表示
已提供　　未提供
中文　　英文</td></tr>
</table>

（三）证书管理

绿色食品生产资料的推荐期为 3 年，中心每年对推荐产品的质量及协议履行情况进行年审。年审内容包括：

❖ 企业对《绿色食品生产资料认定推荐协议》的履行情况。

❖ 委托有关检测单位对推荐产品进行质量抽检，并审查抽检结果。

❖ 产品销售和售后服务情况。

因各种原因，由国家规定的单位颁发的生产许可证、登记证或卫生许可证被取消者，被推荐资格也随之取消。

（四）认证费用

申报企业必须缴纳以下费用：

❖ 申请费（500 元）：用于印刷申请资料、制作证书、对企业的咨询服务。

❖ 检验费按国家规定收费标准缴纳检测单位。

❖ 审查许可费（8 000 元）：用于聘请专家、对企业实地检查、审查材料。

❖ 公告费（1 000 元）：用于在报纸上发布颁证企业及产品名单。

❖ 标志使用费按推荐产品销售额的 5%缴纳中心。

❖ 年审费（1 000 元）：用于对产品抽检和企业检查。

申请企业增报的产品，每个品种缴纳申请费 200 元，审查许可费 2 000 元，其他费用同上。申请费随申请材料缴纳，审查许可费领取证书时缴纳，公告费在发布公告一个月内缴纳，第一年标志使用费在领证时交纳，第二、第三年的标志使用费和年审费于每年年审时缴纳。

课题三　绿色食品生产基地申报与认证

一、申报绿色食品生产基地的基本条件

绿色食品基地，是根据绿色食品特定标准认定，具有一定生产规模、生产设施条件和技术保证措施的食品生产企业或生产区域。

绿色食品基地，分为绿色食品初级产品生产基地、绿色食品加工产品生产基地、绿色食品综合生产基地。

（一）申报绿色食品初级农产品生产基地的基本条件

① 绿色食品必须是该单位的主导产品，并达到以下生产规模（表 5-1）。

表 5-1　绿色食品基地生产规模

产品类别	生产规模	说明
粮食	年产 1 万 t 或 1 300 hm^2 以上	因地域、产品差异，此栏中三类产品生产规模可适当调整
蔬菜	大田 67 hm^2 以上或保护地 13 hm^2 以上	
水果	年产 3 000 t 以上或 333 hm^2 以上	
茶叶	年产干毛茶 300 t 以上或 333 hm^2 以上	
杂粮	年产 250 万 t 以上或 333 hm^2 以上	
蛋鸡	年存栏 15 万只以上	
蛋鸭	年存栏 5 万只以上	
肉鸡	年屠宰加工 150 万只以上	
肉鸭	年屠宰加工 50 万只以上	
奶牛	成乳牛存栏数 400 头以上	每头年产奶 4 000 kg 以上的牛，为成乳牛
肉牛	年出栏 2 000 头以上	
猪	年出栏 5 000 头以上	
羊	年存栏 10 000 只以上	
水产养殖	养殖面积 3 333 hm^2 以上或精养鱼塘 33 hm^2 以上	精养池塘面积包括鱼池、种池

② 具备完善的绿色食品管理机构和生产服务体系，并制定出相应技术措施和规章制度。

③ 绿色食品种植单位必须制订绿色食品作物生产计划、病虫害、杂草防治措施及农药使用计划、施肥及轮作计划、仓库卫生措施。

④ 绿色食品养殖单位必须制订养殖计划、疫病防治措施、饲料检验措施、畜舍清洁措施。

⑤ 生产单位还必须建立严格的档案制度及检测制度。

⑥ 从事绿色食品生产技术推广人员及直接从事绿色食品生产的人员必须经过绿色食品知识培训。

⑦ 具备环境保护措施，使该环境持续稳定在良好状态。

⑧ 具备较完善的生产设施。保证稳定的生产规模，具有抵御一般自然灾害的能力。

（二）申报绿色食品加工产品生产基地的基本条件

① 加工产品必须为绿色食品，并为该单位的主导产品，其产量或产值占该单位总产量或总产值的 60%以上。

② 企业达到大中型企业的规模。

③ 必须具备专门的绿色食品加工生产管理机构，负责原料供应、加工生产规程和产品销售，并制定出相应的技术措施和规章制度。

④ 必须有相应的技术措施和保障制度。

⑤ 从事绿色食品加工的管理人员及直接从事加工生产的人员，必须经过绿色食品知识培训。

⑥ 必须具有行之有效的环保措施。

(三) 申报绿色食品综合生产基地的基本条件

应具有绿色食品初级产品及绿色食品加工产品，并同时符合绿色食品初级产品、加工产品生产基地的各项条件。

二、绿色食品基地的认证程序

凡符合基地标准的绿色食品生产单位均可申请作为绿色食品基地。

① 申请。申请人向所在省、自治区、直辖市绿色食品办公室提出申请，并领取绿色食品基地申请书。

② 填写申请书并上报。申请人按要求和规范填写《绿色食品基地申请书》，报所在省（区、市）绿色食品办公室。

③ 持证上岗。申请人组织本单位直接从事绿色食品管理、生产的人员参加培训，并经上级机构考核、确认。

④ 省绿办实地考察并写出考察报告。由各省（区、市）绿色食品办公室派专人到申报企业实地考察，核实企业的生产规模、管理、环境及质量控制情况，写出正式考察报告。

⑤ 省绿办初审，上报中心审核。

⑥ 中心组织专家审核，如合格派专人进行实地考察。

⑦ 中心与符合绿色食品基地标准的申请人签订《绿色食品基地协议书》，然后向其颁发“绿色食品基地建设通知书”。

⑧ 申请单位实施一年后，由中心和省绿办监督员进行评估和确认。对符合条件的单位颁发正式的绿色食品基地证书和铭牌，并予以公告。

三、申报绿色食品的材料

- ❖ 《绿色食品基地申请书》。
- ❖ 省绿办考察报告。
- ❖ 绿色食品证书文本复印件。
- ❖ 绿色食品生产操作规程。
- ❖ 基地示意图。

❖ 基地专职管理机构和人员组成名单。

❖ 技术人员名单及培训合格证书复印件。

❖ 各种档案制度样本。如，田间生产管理档案、收购记录、贮藏记录、销售记录、生资购买及使用登记记录等。

❖ 检查制度等。

四、绿色食品基地管理

① 绿色食品标志在基地的使用范围限于下面几个方面：基地内生产的绿色食品产品；建筑物内外挂贴性装潢；广告、宣传品、办公用品、运输工具、小礼物等。绿色食品基地必须严格履行“绿色食品基地协议”。

② 绿色食品基地自批准之日起 6 年有效。到期欲继续作为绿色食品基地的，须在有效期满前半年内提出续报，否则视为自动放弃。

③ 在有效期内，绿色食品基地应接受中国绿色食品发展中心及其委托管理机构对其标志使用及生产条件进行监督、检查。

检查不合格的限期整改，整改后仍不合格的，由中国绿色食品发展中心撤销其绿色食品基地名称，在本使用期限内不再受理其申请。自动放弃或被撤销绿色食品基地名称的，由中国绿色食品发展中心收回证书和铭牌，并公告于众。

④ 未经中国绿色食品发展中心批准，不得将绿色食品基地证书及铭牌转让给其他单位或个人。

⑤ 基地生产者在绿色食品地块要设置展板，记载如下事项：

绿色食品××××基地生产地块

作物名称、产地编号、种植面积、负责人、时间。

⑥ 基地生产者田间档案记录在收获后，由专门机构统一保存 6 年。

⑦ 基地必须使用经中心推荐的绿色食品肥料、农药、添加剂等生产资料。

课题四　绿色食品产品的申报及认证

一、申报绿色食品产品的条件

凡具有绿色食品生产条件的国内企业均可按本程序申请绿色食品认证。

申请人必须是企业法人。企业应具备绿色食品生产的条件；生产有一定规模，具有较完善的质量管理体系；加工企业须生产经营一年以上。

绿色食品产品的申报范围，见项目二　子模块四。

非企业法人、无法控制产品质量的单位、团体、组织及有可能影响认证公正性的都不能作为申请人。

二、认证程序

① 申请人向中国绿色食品发展中心（以下简称中心）及其所在省（自治区、直辖市）绿色食品办公室、绿色食品发展中心（以下简称省绿办）领取《绿色食品标志使用申请书》《企业及生产情况调查表》及有关资料，或从中心网站（网址：www.greenfood.org.cn）下载。

② 申请人填写并向所在省绿办递交《绿色食品标志使用申请书》《企业及生产情况调查表》及以下材料：

- ❖ 保证执行绿色食品标准和规范的声明。
- ❖ 生产操作规程（种植规程、养殖规程、加工规程）。
- ❖ 公司对“基地+农户”的质量控制体系（包括合同、基地图、基地和农户清单、管理制度）。
- ❖ 产品执行标准。
- ❖ 产品注册商标文本（复印件）。
- ❖ 企业营业执照（复印件）。
- ❖ 企业质量管理手册。
- ❖ 要求提供的其他材料（通过体系认证的，附证书复印件）。

③ 受理及文审：

- ❖ 省绿办收到上述申请材料后，进行登记、编号，5 个工作日内完成对申请认证材料的审查工作，并向申请人发出《文审意见通知单》，同时抄送中心认证处。
- ❖ 申请认证材料不齐全的，要求申请人收到《文审意见通知单》后 10 个工作日提交补充材料。
- ❖ 申请认证材料不合格的，通知申请人本生产周期不再受理其申请。
- ❖ 申请认证材料合格的，进行现场检查、产品抽样。

④ 现场检查、产品抽样：

- ❖ 省绿办应在《文审意见通知单》中明确现场检查计划，并在计划得到申请人确认后委派 2 名或 2 名以上检查员进行现场检查。
- ❖ 检查员根据《绿色食品检查员工作手册》（试行）和《绿色食品产地环境质量现状调查技术规范》（试行）中规定的有关项目进行逐项检查。每位检查员单独填写现场检查表和检查意见。现场检查和环境质量现状调查工作在5个工作日内完成，完成后5个工作日内向省绿办递交现场检查评估报告和环境质量现状调查报告及有关调查资料。

❖ 现场检查合格，可以安排产品抽样。凡申请人提供了近一年内绿色食品定点产品监测机构出具的产品质量检测报告，并经检查员确认，符合绿色食品产品检测项目和质量要求的，免产品抽样检测。

❖ 现场检查合格，需要抽样检测的产品安排产品抽样。

当时可以抽到适抽产品的，检查员依据《绿色食品产品抽样技术规范》进行产品抽样，并填写《绿色食品产品抽样单》，同时将抽样单抄送中心认证处。特殊产品（如动物性产品等）另行规定。

当时无适抽产品的，检查员与申请人当场确定抽样计划，同时将抽样计划抄送中心认证处。

申请人将样品、产品执行标准、《绿色食品产品抽样单》和检测费寄送绿色食品定点产品监测机构。

现场检查不合格，不安排产品抽样。

⑤ 环境监测：

❖ 绿色食品产地环境质量现状调查由检查员在现场检查时同步完成。

❖ 经调查确认，产地环境质量符合《绿色食品产地环境质量现状调查技术规范》规定的免测条件，免做环境监测。

❖ 根据《绿色食品 产地环境质量现状调查技术规范》的有关规定，经调查确认，必要进行环境监测的，省绿办自收到调查报告2个工作日内以书面形式通知绿色食品定点环境监测机构进行环境监测，同时将通知单抄送中心认证处。

❖ 定点环境监测机构收到通知单后，40个工作日内出具环境监测报告，连同填写的《绿色食品环境监测情况表》，直接报送中心认证处，同时抄送省绿办。

⑥ 产品检测：

绿色食品定点产品监测机构自收到样品、产品执行标准、《绿色食品产品抽样单》、检测费后，20个工作日内完成检测工作，出具产品检测报告，连同填写的《绿色食品产品检测情况表》，报送中心认证处，同时抄送省绿办。

⑦ 认证审核：

❖ 省绿办收到检查员现场检查评估报告和环境质量现状调查报告后，3个工作日内签署审查意见，并将认证申请材料、检查员现场检查评估报告、环境质量现状调查报告及《省绿办绿色食品认证情况表》等材料报送中心认证处。

❖ 中心认证处收到省绿办报送材料、环境监测报告、产品检测报告及申请人直接寄送的《申请绿色食品认证基本情况调查表》后，进行登记、编号，在确认收到最后一份材料后 2 个工作日内下发受理通知书，书面通知申请人，并抄送省绿办。

- ❖ 中心认证处组织审查人员及有关专家对上述材料进行审核，20 个工作日内做出审核结论。
- ❖ 审核结论为“有疑问，需现场检查”的，中心认证处在 2 个工作日内完成现场检查计划，书面通知申请人，并抄送省绿办。得到申请人确认后，5 个工作日内派检查员再次进行现场检查。
- ❖ 审核结论为“材料不完整或需要补充说明”的，中心认证处向申请人发送《绿色食品认证审核通知单》，同时抄送省绿办。申请人需在 20 个工作日内将补充材料报送中心认证处，并抄送省绿办。
- ❖ 审核结论为“合格”或“不合格”。中心认证处将认证材料、认证审核意见报送绿色食品评审委员会。

⑧ 认证评审：

- ❖ 绿色食品评审委员会自收到认证材料、认证处审核意见后 10 个工作日内进行全面评审，并做出认证终审结论。
- ❖ 认证终审结论分为认证合格、认证不合格两种。
- ❖ 结论为“认证合格”，进行颁证。
- ❖ 结论为“认证不合格”，评审委员会秘书处在做出终审结论 2 个工作日内，将《认证结论通知单》发送申请人，并抄送省绿办。本生产周期不再受理其申请。

⑨ 颁证：

- ❖ 中心在 5 个工作日内将办证的有关文件寄送“认证合格”申请人，并抄送省绿办。申请人在 60 个工作日内与中心签订《绿色食品标志商标使用许可合同》。
- ❖ 中心主任签发证书。

三、绿色食品申报材料

① 申请书及企业情况调查表。

② 保证执行绿色食品标准和规范的声明。

③ 生产操作规程（种植规程、养殖规程、加工规程）。

④“基地+农户”质量控制体系相关材料。

⑤ 产品注册商标文本复印件。

⑥ 企业营业执照复印件。

⑦ 企业质量管理手册。

⑧ 产品包装标签。

⑨ 其他材料（QS 证书以及相关质量证明证书等复印件）。

⑩ 文审意见通知单。

⑪ 现场检查评估报告。

⑫ 环境质量现状调查报告。

⑬ 产品抽样单。

⑭ 环境监测任务通知书。

⑮ 环境质量监测情况表。

⑯ 产品检测情况表。

⑰ 省绿办认证情况表。

⑱ 现场检查照片。

⑲ 申请认证基本情况调查表。

⑳ 环境监测报告。

㉑ 产品检测报告。

附一　绿色食品标志使用证书

证　书

Certificate

准予＿＿＿＿＿＿＿＿＿＿＿＿在＿＿＿＿＿＿＿＿＿上

使用绿色食品商标标志，标志编号LB—　　—　　.

特颁此证。

This is to Certify that ＿＿＿＿＿＿＿＿＿＿＿＿＿＿is

granted to use Green Food Lable on ＿＿＿＿＿＿＿＿＿＿

Serial Number:

使用期限：　　年　月至　　年　月　　　　授权机构代表：

Term of validity From　　To　　　　Authorized Signature:

附二　绿色食品认证程序图

绿色食品认证程序图

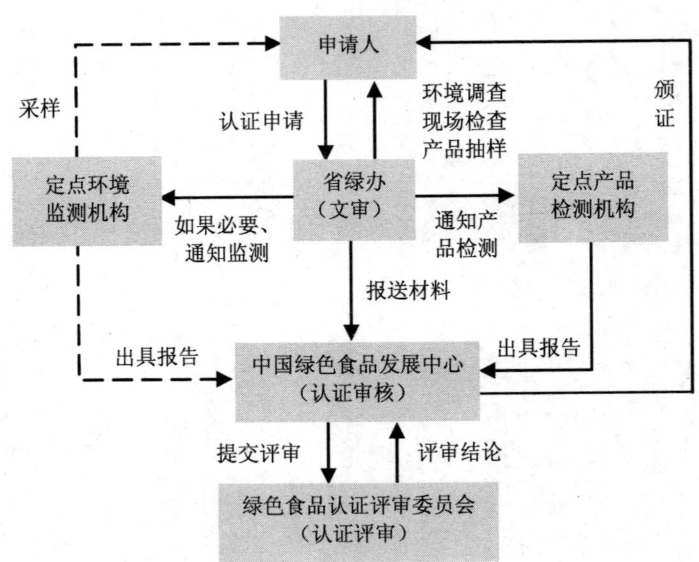

附三　绿色食品标志使用申请书

绿色食品标志使用申请书

申请单位

申请日期　　　　年　　　月　　　日　　　（盖章）

说　明

1. 随申请书须报以下材料：

（1）《企业及生产情况调查表》。

（2）产品或产品原料产地的《农业环境质量监测报告》（附监测点分布图）及农业环境质量现状评价。

（3）由省级或省级以上食品质量监督检验部门出具的一年之内的《产品质量检验报告》，执行企标的附报企业标准。

（4）《商标注册证》的复印件。

（5）企业生产技术规程及质量管理手册。

（6）省绿办考察报告。

2. 申请书及附报材料（1）、（2）复印无效。

3. 填写材料时须字迹整洁、术语规范、印章清晰。

4. 所有表格的栏目不得空缺，不填写的须说明理由。

5. 填表人须亲自签名盖章，对所填内容负法律责任。

附四　企业及生产情况调查表

申请单位全称			
英 文 名 称			
详 细 地 址 （合同接收地址）			
产 品 名 称		英 文 名 称	
包 装 方 式		包 装 规 格	
注册商标名称		注册商标编号	
产品特点简介			
原料生产环境简介			
省级绿色食品办意见	年　月　日		
中国绿色食品发展中心审批结论	年　月　日		
绿色食品证书编号及使用期限			
年度抽检记录			
备注			

课题五　绿色食品商业、餐饮业申报及认证

一、绿色食品商业标志使用权的申报及认证

1. 申报条件

（1）绿色食品商店基本条件

要具有食品经营许可证和卫生许可证，商店门市面积不少于 50 m^2，配有能确保食品质量的专用库房，店内环境优雅、清洁、卫生设施齐备先进。绿色食品上柜品种及数量占商店食品上柜销售品种及数量 60%以上。

（2）绿色食品专柜基本条件

要具有食品经营许可证，专柜长度不少于 6 m，配有具备一定保鲜能力、卫生条件、能确保食品质量的专用库房。专柜内必须全部销售绿色食品。

（3）绿色食品标志使用管理条件

绿色食品标志必须设置在店内外及柜台的显著位置，有关标志及广告用语、店内装潢及店员着装必须符合国家绿色食品管理机构统一规定。

（4）从业人员条件

作业人员必须经过绿色食品基础知识培训，具有对绿色食品标识的鉴别能力，严禁假冒绿色食品上柜。

2. 认证程序

① 申请人填写“商业企业使用绿色食品标志申请书”一式两份（附报材料），报所在省（自治区、直辖市、计划单列市，下同）绿色食品管理部门。

② 省绿色食品管理机构对申请材料进行初审，并对该企业进行实地考核，写出正式考核报告，连同初审意见报国家绿色食品管理机构。

③ 国家绿色食品管理机构通知省绿色食品管理机构对申请单位进行为期 3 个月的试营业跟踪考核。3 个月后，由申请单位和当地绿色食品管理部门共同写出报告，报国家绿色食品管理机构进行复审。对符合条件的企业，国家绿色食品管理机构与其签订“绿色食品标志使用协议”；颁发绿色食品标志使用证书及绿色食品商业企业牌匾，同时公告于众。对申报不合格的企业，当年不再受理其申请。

二、绿色食品餐饮业标志使用权的申报及认证

1．申报条件

（1）餐饮企业基本情况

具有餐饮经营许可证和卫生许可证，餐厅面积不少于100 m^2，配有能确保食品质量的专用库房和操作间，炊事及卫生设施齐备先进，必须有特级厨师一名以上。餐饮配方中绿色食品的使用量不少于食品总量60%。

（2）绿色食品标志使用标准

绿色食品标志必须设置在餐厅内外及服务台的显著位置，有关标志及广告用语设计、餐厅内装潢及服务员着装，必须符合国家绿色食品管理机构统一规定。

（3）从业人员条件

从业人员必须经过绿色食品基础知识培训，具有对绿色食品标识鉴别能力，严禁采购和使用假冒绿色食品。

2．认证程序

① 申请人填写"餐饮企业使用绿色食品标志申请书"一式两份（含附报材料），报所在省（自治区、直辖市、计划单列市，下同）绿色食品管理部门。

② 省绿色食品管理机构对申请材料进行初审，并对该企业进行实地考核，写出正式考核报告，连同初审意见报国家绿色食品管理机构。

③ 国家绿色食品管理机构通知省绿色食品管理机构对申请单位进行为期3个月的试营业跟踪考核。3个月后，由申请单位和当地绿色食品管理部门共同写出报告，报国家绿色食品管理机构进行复审。对符合条件的企业，国家绿色食品管理机构与其签订"绿色食品标志使用协议"；颁发绿色食品标志使用证书及绿色食品商业企业牌匾，同时公告于众。对申报不合格的企业，当年不再受理其申请。

技能训练

【训练项目】绿色食品基地的申报及管理

【训练目标】通过训练，对绿色食品基地的申报及管理有一个比较清晰的认知

【相关资讯】通过教材、参考书及网络查询相关资讯

【训练要求】

1. 分组进行，每组4～5人。
2. 认知绿色食品基地及对绿色食品基地进行分类。
3. 明确绿色食品基地标准——各类绿色食品基地的申报条件。
4. 掌握申报程序。

5. 领会所需申报材料。

6. 熟悉绿色食品基地管理内容。

【训练考核】通过教材、参考书及网络查询等，各组分别完成一份训练项目

各组分别介绍自己的训练项目，其他学生提出修改意见。指导教师点评、总结，提出共性的问题。然后各组再次分别修改完善自己的训练项目。

思考与练习

1. 简述质量认证的含义和作用。
2. 简述绿色食品认证与质量管理体系认证的关系。
3. 简述绿色食品生产资料认证的程序。
4. 简述申报绿色食品基地应具备的条件。
5. 简述申报绿色食品产品认证的主体资格。
6. 简述绿色食品产品认证程序。
7. 掌握主要绿色食品生产技术规程。

模块六　绿色食品市场营销

学习目标：

1. 理解绿色食品市场营销的概念
2. 掌握绿色食品市场营销原则、营销战略和对策
3. 掌握绿色食品市场体系的构成，能对市场环境进行准确分析与定位
4. 树立绿色营销意识，加大宣传力度，不断提升品牌的公信力

20多年来，我国绿色食品从概念到产品，从产品到产业，从产业到品牌，从局部发展向全国推进，从国内走向国际，一步一个脚印，取得了举世瞩目的成就。绿色食品创立的“从农田到餐桌”全程质量控制模式，促进了农业标准化生产，提高了农产品的质量安全水平；绿色食品建立的以安全、优质为核心的技术标准体系，符合我国国情，整体达到了国际先进水平；绿色食品创建的质量认证与商标管理相结合的基本制度，创新了我国农产品质量安全监管的技术手段，推动了农业品牌战略的实施；绿色食品推行的以品牌带动龙头企业、促进标准化基地建设的产业化发展模式，提高了农业组织化、规模化、产业化发展水平。通过发展绿色食品，在不断满足城乡居民对安全优质农产品消费需求的同时，面向全社会，引导和传播了科学、安全、健康、环保的消费理念；面向广大企业和农户，普及和推广了安全优质农产品标准化生产技术和管理模式；面向国内外市场，宣传和提升了我国绿色食品的品牌形象。

课题一　绿色食品市场营销概述

一、绿色食品市场营销的含义

1．市场营销概念

人们对市场营销概念的认识是随着市场经济的发展而逐渐深化和完善的。在市场经济发展初期，人们认为市场营销就是在市场上推销产品的经营活动，把市场营销局限于流通领域的产品推销这个范围内。随着市场经济的发展，它的概念得到了进一步扩大和深化，形成了现代市场营销概念即通过市场交换以满足消费者需求的企业综合性的经营推销活动。现代市场营销的概念突破了流通领域的范围，增添了生产领域的产前活动和消费领域的售后活动。产前活动包括消费者行为研究、新产品开发和价格研究、市场调查以及市场预测等活动；售后活动包括产品的包装、储运、售后意见的收集和处理以及售后服务等活动。

为了加深对市场营销概念的理解，应主要把握以下四个方面：一是市场营销的理念——“顾客就是上帝”。现代市场营销是以消费者为中心，一切企业的营销活动都以消费者为出发点和归宿。二是市场营销的目标是顾客满意和企业获利。企业的生产者将顾客需求的产品通过营销活动引导给消费者，使他们满意，实现社会利益。同时，企业也应获得自身的利益。社会利益和企业利益相结合，当前利益和长远利益相结合是市场营销的双重目标。三是市场营销的中心是实现市场交易。市场营销活动要紧紧围绕生产者和消费者在市场上的交易活动，使每一次交易都公平、合理。既不能在交易中损害消费者的利益，也不能一味取悦顾客而忽视为顾客解决实际问题，努力使产品和价格真正满足顾客的要求。四是市场营销的手段要以整体、综合性营销活动为主。企业应将市场营销视为一个系统，从整体、综合性的角度认识和组织营销活动。营销手段多种多样，将之协调配合起来可以使整体效果大于单一手段效果之和。其中有两种市场营销策略组合，不仅对市场营销理论产生重要影响，而且应用范围相当广泛、应用效果相当明显。一种是创立于20世纪50年代，以企业利润为中心的4P营销策略组合，即企业的整体营销，寻求产品、价格、渠道和促销四大策略因素的配合和协调，以求与顾客建立起长期稳定的交易关系。它要求企业的产品价格与产品的质量相一致，渠道应与产品价格和质量相一致，促销也应与产品价格、产品质量和产品渠道相一致，以便实现整体化推销的目的。另一种是产生于20世纪80年代，以消费者满意为中心的4C营销组合，即企业将消费的需求与欲望、成本、便利和沟通四大策略因素组合在一起，以寻求消费者的信任和满意。它要求企业以消费者的需求和欲望安排所生产的产品，以消费者愿意支付的成本考虑产品的定价，以消费者便利的方式选择销售渠道，与消费者的有效沟通实现双方利益的整合。

2．绿色食品市场营销的概念

绿色食品市场营销是指将质量水平较高，安全水平较好的食品，通过特定市场交换寻求满足消费者需求的企业综合性的经营推销活动。对上述概念的认识和理解，除深入理解质量水平较高、安全水平较好的含义和把握市场营销概念以外，还应加深对“特定市场交换”的理解。“特定市场交换”是指市场交换的条件、环境不同。绿色食品是一种“特殊”的食品，它不仅要求生产的质量安全，而且要求运输、贮藏、包装等不能造成污染，还应在洁净的市场环境下进行营销活动，以保证“从农田到餐桌”的全程“绿化”。因此，绿色食品市场交换活动不能在普通食品市场中进行，而要建立符合绿色食品要求的“特定”市场中进行。

二、绿色食品市场营销的重要作用

1．开拓市场

开拓市场的基本手段是积极开展市场营销活动，特别是绿色食品作为新开发的食品，更需要强化市场营销。几年来，在北京、上海等地进行绿色食品展销以及历届绿色食品博览会，绿色食品的销售都取得了明显的效果。提高了绿色食品的知名度，为进一步开拓市场奠定了良好的基础。

2．满足消费者需求

现代市场营销理念是以消费者为中心，以满足消费者需求为目的，绿色食品市场营销也不例外。绿色食品不仅要经过必要的营销过程，而且要加强对其质量安全水平的介绍和宣传，使更多的顾客购买。消费者通过实际消费，不断加深对绿色食品质量安全水平的认识，经过多次反复，才能对绿色食品产生整体、全面了解，成为绿色食品的稳定消费者。

3．推出知名品牌

在市场经济条件下，品牌不仅是用来识别产品和服务的名称、符号、标志，还是消费者对产品、服务乃至企业的总体形象认识和感受，是一个企业最为宝贵的无形资产，是取之不尽、用之不竭的财富源泉。品牌战略已经成为市场经济发达国家企业抢占国内外市场的战略抉择。从产品营销逐渐转向品牌营销，使消费者对绿色食品知名品牌的认识上升到对整体绿色食品的信任，成为绿色食品的忠实、持久消费者。

4．促进生产发展

随着市场经济的发展，市场营销与生产发展的关系越来越密切，已经成为促进生产发展的重要保证。当前我国食品销售市场已经由卖方市场转变为买方市场。在买方市场的条件下，通过绿色食品市场营销可以引导消费、创造需求进而以需求来拉动供给，刺激绿色食品生产发展。

5．增加农业收入

提高农民收入是我国农业和农村工作的中心任务。加大市场营销力度、促进绿色食品发展是我国提高农民收入的主要选择之一。我国发展绿色食品的实践，也提供了有力的证据。全国已建成绿色食品大型原料标准化生产基地 432 个，面积达到 1.03 亿亩，生产总量 5 718 万 t，对接龙头企业 1 138 家，带动农户 1 297 万个，每年直接增加农民收入 6.5 亿元以上。

6．实现以销定产

在市场经济条件下，生产的发展必须以市场为导向。市场营销就是市场导向的重要组成部分，是实现市场导向的主要条件和措施。

当前和今后一个时期，努力实现可持续发展、不断提升品牌的公信力、加快市场流通体系建设是推进绿色食品事业的基本方向。一要根据我国农业农村经济发展“十二五”规划，与“菜篮子”产品标准化生产基地和农业标准化示范县建设相结合，大力推行绿色食品标准化生产，带动农产品质量安全水平提高；与农民专业合作社示范社建设相结合，积极引导农民专业合作社发展绿色食品，提高农民专业合作社标准化生产、规范化管理、品牌化经营水平；与优势农产品产业带和特色农业建设相结合，稳步推进绿色食品原料标准化基地建设，增强农产品市场竞争力，促进农业增效、农民增收。二要立足精品定位，坚持“从严从紧、宁缺毋滥”的原则，不降低质量标准，不降低准入门槛，不降低“含金量”，始终保持标准的先进性、认证的规范性和监管的严肃性；要通过完善标准体系，落实标准化生产，严格认证制度，加强证后监管，强化淘汰退出机制，确保产品质量稳定可靠，品牌形象令人信赖，使绿色食品始终成为我国安全优质农产品精品品牌的代表，始终成为引领高端农产品生产和消费的“风向标”。三要面向国际国内两个市场，全方位加大品牌宣传和市场服务力度，加快实现品牌由认知度向认可度、由影响力向竞争力的转变；要引导和鼓励发展绿色食品专业连锁经营、直销配送，积极探索和推进“农超对接”，实现优质优价，提升品牌价值，使绿色食品进入“以品牌引领消费、以消费拓展市场、以市场拉动生产”持续健康发展的轨道。

课题二　绿色食品市场体系

一、绿色食品市场体系的特点

绿色食品市场是绿色食品交换的场所及其交换关系的总和。它不仅是指单一的由绿色食品的生产者、经营者和消费者进行商品和服务交换的场所和渠道，而且是一个完整的市场体系。由于绿色食品产品及其生产方式与普通食品不同，因而其市场体系也具有自身的特点。

1．结构完整性

绿色食品开发将农工商部门、产加销环节紧密地结合在一起，并通过市场的联结和推动作用，不断扩大规模，提高水平，实现效益。因此，绿色食品市场并非是单一的生产要素市场和产品市场，还是由产品市场、要素市场、技术市场构成的一个整体。

2．功能专业化

绿色食品市场功能专业化，一方面是指为绿色食品生产企业提供专业化的生产资料和技术服务，另一方面是指绿色食品流通渠道的专业化。绿色食品产品的特点，需要绿色食品生产资料市场，为绿色食品生产企业和广大农户提供生物肥料、生物农药、天然食品添加剂以及饲料添加剂等专业化的生产资料，并配合专业化的技术服务来确保绿色食品最终产品质量。通过专业化的流通渠道，绿色食品产品才能集中展示它的特点，树立产业形象，满足广大消费者的规模需求，实现绿色食品独特的价值，体现开发绿色食品的经济效益和社会效益。

3．机制规范化

市场的健康运行依靠规范的机制来保障。绿色食品市场运行机制是由三个紧密联系的手段构成：一是以标准为核心的技术手段。绿色食品生产资料和产品，要进入市场都必须依据绿色食品标准体系，经过严格的审查和认证。二是以质量为核心的竞争手段。进入市场的绿色食品生产资料和产品在确保质量的前提下，公平地参与竞争，并由供求关系反映的价格信号来调节。三是以标志为核心的法律手段。绿色食品产业发展实施商标管理，进入绿色食品市场的经济主体要受到法律的约束和规范，这样才能建立有效的市场环境和规范的交易规则，并维护绿色食品生产者、经营者和消费者的权益。

二、绿色食品市场体系的地位与作用

绿色食品市场建设在绿色食品产业发展中占据极其重要的地位，它既是产业发展的基础，也是产业发展的推动力。

1．绿色食品市场体系为绿色食品产业发展提供了空间

绿色食品生产和营销企业是绿色食品产业活动的主体，在市场经济环境里，它们都要通过产品销售来获得利润，并通过市场竞争来表现其发展的生命力。没有完整的市场体系，生产资料无法获得；没有市场机制的作用，难以提高企业和产品的市场竞争力；没有开放的市场流通渠道和网络，则难以通过消费市场带动生产规模的扩大。

2．绿色食品市场体系是提高绿色食品产业发展水平的重要条件

市场既是社会分工的产物，又是社会分工得以存在和发展的基本条件。合理有效的社会分工，一方面拓宽了绿色食品产业的发展空间，使其在广度上发展；另一方面提高了绿色食品产业发展的专业化水平，使其在深度上发展。正是这种分工和结合，使绿色食品产业的专业化水平不断得到提高，产业发展的规模不断得到扩大，从而在整体上不断提高产业化发展的水平。

3．绿色食品市场体系是形成绿色食品产业发展合力的基本途径

绿色食品产业由于生产企业及其产品比较分散，企业之间缺乏必要经济联系，难以形成生产条件的优势互补，区域之间市场流通也有障碍，生产企业与营销企业缺乏必要的联系，生产加工企业与原料生产及生产资料生产企业之间缺乏联系，这将影响和制约绿色食品产业的发展。结果是绿色食品产业难以形成全国统一的市场；产加销环节难以形成统一的整体；绿色食品产业主体难以形成走向市场的合力。而解决这三个问题，必须建立和完善绿色食品市场体系。

4．绿色食品市场体系有利于树立绿色食品产业形象，实现开发绿色食品的价值

绿色食品产业作为一项新兴产业需要塑造产业形象来吸引广大公众。绿色食品产业形象包括产业的理念文化、行为方式以及视觉识别，而这三项内容均需通过市场来传播和强化。绿色食品企业开发绿色食品的目的和价值在于通过生产绿色食品来保护环境和资源并增进人民健康，只有通过完善的绿色食品市场体系才能实现这个目标。

5．绿色食品市场体系有利于引导绿色食品生产企业开发适销对路的产品，不断提高科技水平

有效的市场运行体系将在竞争机制的作用下，迫使绿色食品生产企业以市场需求为导向，不断改进技术提升绿色食品品质，提高产品的市场竞争力。这种竞争力不仅表现在绿色食品生产企业之间和绿色食品产品之间，而且也反映在绿色食品与普通食品之间。

三、绿色食品市场体系构成

绿色食品市场是一个完整的体系，既有层次和范围，又有内涵和特点，它是绿色食品市场建设的理论基础。绿色食品市场体系由五个部分组成：

1．市场结构

市场结构包括三个方面内容：一是发育良好的商品市场和发育充分的生产要素市场；二是形成统一的国内市场和积极开拓国际市场；三是建立高效的现货市场和比较规范的期货市场。

绿色食品市场逐渐形成规模，可以满足部分地区和部分消费者对绿色食品的需求。由于绿色食品开发需要相应的生产技术规程来保障，而落实生产技术规程的一项措施是提供先进、实用的生产资料，如生物肥料、生物农药、饲料添加剂、食品添加剂等。随着绿色食品生产企业的增多以及绿色食品开发向基地化发展，广大企业和农户对绿色食品生产所需的生产资料的需求也日益迫切，因此，需要加快绿色食品生产资料市场的培育，这也是确保绿色食品产品质量、推动绿色食品产业技术进步的需要。绿色食品开发比较分散，但市场在初期阶段需要相对集中，这样才能获得规模效益，有利于整体形象的宣传和树立。开发绿色食品的一个重要目的是将其打入国际市场，参与国际竞争，展示我国优质农产品及其加工品的精品形象，实现出口创汇。因此，必须积极开拓国际市场，逐步建立比较稳定的贸易出口渠道，提高绿色食品在国际市场的占有率。绿色食品是城乡居民日常食品消费的高档必需品，因此需要稳定的现货市场保障居民的经常性消费需求。绿色食品开发的基础是农业，而农业受自然和市场风险交织影响。因此，建立绿色食品期货市场也是一个发展方向。

2. 市场功能

市场具有四个基本功能：即显示功能、导向功能、调节功能和扩大功能。市场对农产品供求的调节具有滞后性特点，如果信息反馈不及时，容易产生供求失衡。因此，在绿色食品市场建设中，要充分合理地发挥市场功能作用，必须对绿色食品市场供求状况进行调查和分析；及时传递市场信息，沟通生产企业之间、经营企业之间以及生产企业与经营企业之间的联系；对价格定位进行研究；有效组织、合理分配、及时集散货物；正确引导消费观念和行为的转变；确保产品质量，并不断开展技术创新和产品创新。

3. 市场运行

市场正常运行一般需要三个条件：一是保证市场经济主体全面进入市场，参与市场公平竞争，分享市场提供的一切机会；二是保证价格信号引导生产和经营，调节供求关系，从而有利于通过价格机制和供求规律引导企业配置生产要素，调整生产结构，并满足消费者多层次的市场需求；三是政府要适时适度地运用经济手段调控市场的运行，完全依靠市场调节，市场经济的风险性、盲目性和滞后性的缺点对产业发展会造成损害。

在绿色食品市场运行过程中，要引导绿色食品生产企业和流通企业共同围绕培育绿色食品市场，参与公平竞争，保持市场透明度，并积极开展联合，做到利益共享、风险共担。绿色食品生产企业要根据市场需求的变化，及时调整产品结构，多开发适销对路的绿色食品产品；绿色食品流通企业要及时组织货源，建立相对稳定的流通渠道，满足广大消费者的需求。

4. 市场组织

市场组织是商品流通、市场运行的载体，建立流通渠道并形成网络是市场组织建设的重点。

5. 市场秩序

市场的顺利运行需要良好的市场秩序来保障；而良好的市场秩序要靠有效的管理措施和规范的交易规则来维持。农业部中国绿色食品发展中心先后出台了《绿色食品商业、餐饮企业管理暂行规定》《绿色食品出口产品管理暂行规定》等政策，这些措施为规范绿色食品生产和流通企业的经济行为创造了条件。

课题三　绿色食品市场环境分析与定位

一、绿色食品市场营销环境分析

市场营销环境是指与企业市场营销有关的各种外界客观因素。根据其性质可分为政治环境、经济环境、文化环境、法律环境、地理环境、组织环境和心理环境等；按照地域可以分为国际市场环境和国内市场环境。

（一）绿色食品营销的国际环境分析

绿色食品营销的国际市场环境已经形成，初步具备了营销的组织基础及法规、市场观念和社会需求环境条件。

1. 组织基础

绿色组织的建立最初始于美国。20 世纪 70 年代，美国成立了数百个青少年环保组织，发起了保护地球生态平衡的“地球日”活动。此后，各国绿色组织纷纷成立，英国、德国、日本等国还成立了以保护生态环境为宗旨的社团组织——绿党。1992 年在法国成立了“有机农业运动国际联盟”，现已有近 100 个国家参加，遍及世界各大洲，成为国际性的绿色组织。国际性绿色组织的出现，对绿色食品的国际营销起到了巨大的推动作用。

2. 法律环境

在国际性绿色组织建立的同时，西方发达国家已从行政、立法、经济等方面形成了一套行之有效的环保规范。目前，世界上已签署的与环保有关的法律、国际性公约、协定或协议多达 180 多项。国际标准化组织的 ISO 9000，ISO 4000（即国际贸易商品在技术、安全、卫生、环保等方面的质量保证体系）系列标准和 ISO 1800（即国际环境标准制度）等协约，协议上限制甚至禁止了许多非绿色产品的国际贸易。乌拉圭回合贸易谈判签署的最后文件中，农产品等被纳入世界贸易组织体制，呈现出明显的“绿色印记”。西方发达国家都已建立了环境标志制度，环境标志已成为产品进入这些国家的通行证。至此，有别于传统非关税的国际贸易技术壁垒——“绿色壁垒”已形成。

3. 社会实践基础

近年来，欧美国家纷纷以农产品生产过剩和农业补贴负担过重为契机进行农业转型。美国从 1985 年开始实施“低投入持续型”农业政策。在农业生产中减少农药、化肥的使用；欧共体从 20 世纪 80 年代后期开始推行新农业政策，改变以往大量投入化肥、农药的粗放型农业经营政策；日本也正积极推动“环境安全型”新农业政策。其宗旨是保护农业生态环境，满足人们日益增加的对有机食品的需求。新农业政策的实施无疑为绿色食品营销奠定了社会实践基础。

4. 市场观念环境

随着国际上环境保护意识的增强，人们对不污染环境的产业及产品的需求日益增长，甚至有些团体提出了“绿色消费主义”，为国际市场带来了绿色消费热。在国际消费市场上，绿色产品标志是取得消费者信任有竞争优势的主要条件。据调查显示，有79%的美国人表示一个公司的环境信誉会影响其购买决定。欧共体的调查表明，76%的荷兰人和82%的德国人在超市购物时会考虑环境污染的因素，半数的英国购物者会根据对环境和健康是否有利来选择商品；日本家庭主妇有91.6%的消费者对绿色食品（有机农产品）感兴趣，觉得有安全性的占88.3%。绿色食品、有机食品的市场消费观念已基本形成。

5. 社会需求环境

近年来发达国家对有机食品的需求迅速增长，并以20%的年递增率增加。预计再过10年，其消费量将是现在的5倍。目前，西欧是最大的有机食品需求市场，消费量最多的是奥地利、瑞士、英国和德国等，其供求矛盾已日趋明显，其国内生产能力有限，在相当程度上只有依靠进口。由此可见，开发有机食品将成为进军农产品国际市场良好契机，而获得了绿色标志的有机食品，也就拿到了进入国际市场的通行证。

（二）绿色食品营销的国内环境

1990年国家提出发展绿色食品，并在20年的发展进程中，形成了国内组织、法规、技术、社会实践及市场需求基础，并为国内绿色食品营销准备了市场环境。

1. 组织基础

农业部成立了“绿色食品发展中心”和“中国绿色食品总公司”，并由该中心注册了绿色食品标志，负责推行和管理此标志。同时制定了绿色食品标志管理办法及申请使用绿色食品标志的审核程序，并在30个省（市）建立了相应机构负责绿色食品的监督管理等，为国内绿色食品营销奠定了组织基础。

2. 政策法规、技术基础

我国已经制定并颁发了有关绿色食品的法规及其规章制度，制定了绿色食品的产品或产品原料的生态环境标准，绿色食品种植业、畜禽养殖、水产养殖及加工的生产技术操作规程，以及最终产品的质量卫生标准等，形成了绿色食品营销的技术基础。

3. 社会实践及市场需求基础

我国已开发了包括粮油、蔬菜、果品、饮料、畜禽蛋奶、水产酒类等约14大类2 400多种绿色食品，建成了千余家绿色食品企业和100多个绿色食品生产示范基地，还进行100余个生态农业示范县的建设，形成了绿色食品营销的社会实践基础。同时，随着生活水平由温饱型向小康型的转变，东部沿海等发达的大中城市的居民对自然、无污染的食品的需求愿望大大增强，成为一个较大规模消费群体，形成了绿色食品营销的市场需求基础。

二、绿色食品企业营销市场定位

企业所面临的是一个由多种因素构成的复杂环境。国家的宏观经济政策、法律政策的颁布，新技术的开发与利用，企业间的竞争状况，公众意识、多样化的需求等都与企业的市场营销息息相关，制约着企业的发展。绿色食品市场是新型的市场，它也面临着激烈的市场竞争，绿色食品企业都要在市场调研、市场预测的基础之上，进行市场细分和准确的市场定位。可供选择的市场定位方式主要有如下几种：

（一）根据不同地区消费者普遍需求进行市场定位

绿色食品的生产工艺要求较高，附加值很高，购买者是大中城市收入高、知识层次高的人群；而不同的地区，消费需求品种、数量又各不相同。根据营销调研，对不同区域消费者需求进行分析，根据不同地区消费者的不同需求来进行市场细分。即在一个消费区域内投放一种或几种消费者喜欢且有巨大潜在市场的产品。比如，在上海、广州等地，消费者对黑龙江的五常大米、七河源大米、大庆的古龙贡米比较认可。企业可以根据这一信息进行市场定位。

（二）根据企业自身的资源和优势进行市场定位

不同绿色食品企业自身的条件不一。经济实力雄厚、人员技术水平较高、设备先进的企业，在 A 级绿色食品进入国际市场受到限制的时候，发挥企业自身资源优势，加大对 AA 级绿色食品的市场开发，以求得在市场上的竞争地位。而规模小、生产能力较弱的企业，就应该把眼光放在国内 A 级绿色食品生产上，寻找自己的产品恰当位置，满足不同消费者的需求，求得企业的逐渐壮大和发展。

（三）根据绿色食品发展模式定位

绿色食品发展模式很多，黑龙江省绿色食品企业的发展呈现出四种发展模式，给绿色食品企业的市场定位提供了很好的借鉴作用。这四种发展模式是：

1. 绿色+特色模式

这种模式充分发挥产地和产品特殊的历史地位和生态条件优势进行开发，如肇源的古龙贡米和牡丹江的响水大米都曾是皇室贡品。借古出新，推动绿色食品的快速发展。

2. 绿色+优质模式

如五常、兴凯湖的开发的绿色水稻，九三农场利用优质强筋小麦品种生产的饺子等，上市后由于质量出众很快得到了消费者的认可。

3．绿色+低成本、高效益模式

在生态环境符合绿色食品生产要求的地方只需对相对应生产资料的使用进行控制就可使其升级为绿色食品获得更大的经济效益。如黑龙江省的土壤、气候等条件非常适合大豆、马铃薯的生长，只要控制好生产资料的使用就可以生产出产品成本低、品质好、质量高、病害少的绿色大豆、马铃薯产品。

4．绿色+著名品牌模式

这种模式是利用企业原有知名度开发新产品，如大兴安岭的北奇神和哈慈集团开发的“七河源”牌大米及绿色猪肉。

课题四　绿色食品企业市场营销原则与对策

一、绿色食品企业市场营销原则

1．市场化原则

在市场经济条件下，绿色食品生产和营销都是在市场体系中完成的，不可能离开市场而独立完成。按市场经济规律办事，以市场为导向是发展绿色食品、搞好绿色食品市场营销的基本原则。市场经济规律主要包括：一是价值规律。在绿色食品市场营销过程中，采取什么营销战略和策略，使用什么营销方法和手段，建立什么市场营销网络等，都要进行认真的价值评估，以价值高低和利润多少为决定标准。二是竞争规律。市场经济是竞争经济，通过合理的竞争，一方面提高营销者的营销水平和能力，促进市场经济的发展；另一方面优胜劣汰，提高消费者的满足程度，扩大消费群体。三是供求规律。绿色食品市场营销符合市场需求才能使营销者获得较好的效益，实现收入增长。绿色食品市场营销结构和规模应与绿色食品市场供求关系相一致。当然，绿色食品的供求关系始终处于动态变化之中，要研究和掌握这种变化规律，适时调整绿色食品营销目标、战略和方法，真正促进绿色食品产业的发展。

2．重点分类原则

绿色食品市场营销要在市场营销定位的基础上，对不同经济区域、不同消费群体、不同市场分类，采取不同的销售方法，确立不同的重点发展目标和策略手段。绿色食品是质量水平较高、安全水平较好的食品，但又是价格相对较高的食品。因此，它的消费区域、消费市场和消费群体，都受到一定的限制。

从消费区域角度看，绿色食品在国内的主要消费区域是我国东部经济发达地区，那里的大中城市是绿色食品营销的重点。中部、西部的城市，特别是省会城市也是绿色食品市场营销的重点地区。国内市场以销售A级绿色食品为主。在国际上，主要消费群是日本、韩国、东南亚周边国家、俄罗斯、欧盟国家、加拿大以及美国，其中日本、韩国和欧盟国家是重点。国外市场以销售AA级绿色食品为主。

从消费市场角度看，省内主要以绿色食品批发市场建设为主，并在国内重点区域搞连销批发经营；绿色食品的零售业务，主要依托各地超市，借用超市建立销售专柜；国外绿色食品销售，应把主要精力放在与国外合作和实行委托代理制，打入国际相关市场。

从消费群体角度看：绿色食品的消费群体主要集中在中高收入家庭，其中知识界、企业家和政府工作人员更容易进入这个群体。

3. 综合效益为主原则

绿色食品发展的目的，一方面是为了获得更好的效益，另一方面为了消费者的身体健康和环境保护，这是绿色食品与普通食品的主要差别。因此绿色食品发展所追求的效益是综合、长远效益，是经济效益、社会效益和生态效益的结合，特别是能成为农民持久增加收入的支柱产业。绿色食品市场营销在追求经济效益的同时，也要兼顾社会效益和生态环境效益，有时可以牺牲一些经济效益来获得社会效益和生态效益。

4. 科技优先原则

绿色食品市场营销也离不开科技的先导作用。科技在绿色食品市场营销中的先导作用，主要表现在以下几个方面：一是确立绿色食品营销理念。二是确立绿色食品市场营销战略。三是确立绿色食品市场营销方法。四是确立绿色食品市场营销手段。

5. 多样化原则

绿色食品市场营销无论是在生产领域的产前活动，还是营销活动以及消费领域的售后活动，都应采取多样化发展策略和手段。在产前活动中，要采取多样化的方法进行市场调研和市场预测、产品设计；在营销活动中，要综合运用直销、广告等各种营销手段，激发消费者购买绿色食品的欲望，扩大消费群体，达到开拓市场和推销绿色食品的目的。在绿色食品销售之后要采取多种方法和手段，向消费者提供优质服务。如绿色食品售后反馈，建立固定消费者联系制度，定期向消费者征求食用反馈意见等。

6. 因地制宜原则

绿色食品市场营销要从各地、各行业实际情况出发，坚持因地制宜的原则。这样才能使生产出的绿色食品更具市场竞争力，在市场上卖得好价，增加市场主体的效益。黑龙江省应根据全国东、中、西三个不同经济区的实际情况，统筹安排各具特色的绿色食品市场营销计划和模式。在东部地区，应以A级绿色食品营销为主，在北京、上海、天津等特区城市除主要营销A级绿色食品外，还要配销AA级绿色食品。在中部地区，应以A级绿色食品营销为主，特别在大中城市应加快推销A级绿色食品。在西部地区，大中城市特别是省会城市，以推销A级绿色食品为主，并向其生产基地推销绿色生产资料等。

二、绿色食品市场营销战略

（一）绿色食品市场营销战略选择的客观依据

绿色食品市场营销战略的构建关系到绿色食品产业的持续、健康发展。在进行绿色食品市场营销时，首先要研究和选择市场营销战略，这是取得成功的关键。绿色食品市场营销战略选择的客观依据主要是绿色食品发展所处的战略阶段。绿色食品发展从战略上可分为三个阶段：初始阶段、发展阶段（也可称之为成长阶段）和成熟阶段。黑龙江省绿色食品虽然获得长足发展，在全国名列前茅，但从整体上看仍然处于初始阶段，局部地区由初始阶段向发展阶段转变。黑龙江省绿色食品市场营销战略应符合初始阶段的基本要求，适应绿色食品产业的发展需要。

（二）绿色食品市场营销的战略选择

绿色食品发展处于初始阶段，市场营销主要应采取低价位战略，使消费者乐于和肯于购买，在不断交易和消费过程中，逐步提高消费者对绿色食品的认知度，吸引出更多的消费者。

1. 绿色食品市场营销选择低价位战略的原因

一是人均收入水平偏低。我国人均收入水平虽然近些年有所增加，但仍然处于低收入水平的状态。这样的收入水平，适于消费价位较低的食品。

二是信息不对称的影响。绿色食品质量、安全品质为内在品质，消费者在市场上只能了解绿色食品的外在特点，短时间内无法确定其营养成分的含量和配合比例、有毒有害物质的含量等内在特征。这种绿色食品生产经营者与消费者之间信息不对称，使消费者很难在短时期内，通过营销者宣传，就对绿色食品产生青睐，愿意花高价格购买。

三是绿色食品的发展现状确定。当前人们所消费的食品中，绿色食品仅占极少的一部分，即便是中高收入家庭也占有较小的比例。让人们通过消费去真正体验绿色食品营养价值较高和对身体健康有利，是很难在短期内完成的。而且现在生产的绿色食品大都是“普通”食品，没有什么难以模仿的核心技术，很难因其“独有”的特点促使消费者即使花高价也愿意购买。要想成为像北京烤鸭、天津狗不理包子等名牌产品，还有很长一段路要走。

四是绿色食品实际营销状况的需要。绿色食品营销状况特别是营销价格，并没有表现出应有的优势。除特殊品牌如响水大米、古龙贡米等以外，其他大米、面粉、豆油等大宗产品，其市场销售价格并不比普通产品高。而那些特殊品牌的绿色食品，并不是由于是绿色食品而享名，只是在已是名牌的前提下，又赋予更为合理、科学的内容和解释。

2. 绿色食品市场营销实施低价位战略的要点

一是主要面向国内市场。黑龙江省大多数绿色食品都是 A 级质量标准，与国际有机食品质量差别很大，因此市场定位在国内市场，特别是我国的大中城市和东南沿海经济发达地区。

二是努力降低生产成本。黑龙江省绿色食品市场营销实施低价位战略的必要条件有较低的绿色食品生产和经营成本。实施低价位战略，并不是进行亏本销售，而是当前利益相对较小。只有成本足够低才能保证绿色食品市场营销有一定的利润空间。

三是实施产业化经营。绿色食品市场营销的低价位战略离不开产业化经营。农业产业化经营是从传统农业向现代农业转变的历史过程，是提高农业效益的必由之路。绿色食品的产业化经营可以将分散的生产、加工和销售整合在一起，使它们之间原有的市场交易过程转变为内部生产物流过程，可以节约市场交易成本。

四是切实搞好品牌整合。品牌整合是绿色食品市场营销发展的至关重要的课题，也是实施低价位战略的重要组成部分。黑龙江省绿色食品品牌杂而乱，难以形成市场营销的合力，甚至造成恶性竞争。在市场上，黑龙江省同一品种的绿色食品有几个、十几个甚至几十个品牌，竞相压价，有的甚至低于成本销售，无序争斗时有发生，严重影响黑龙江省绿色食品的市场形象和营销。

三、绿色食品企业市场营销对策

（一）实施绿色营销战略，开拓绿色食品市场

绿色营销是指企业在整个营销过程中充分体现环保意识和社会意识，向消费者提供科学、无污染、有利于资源保护的生产和销售方式，引导并满足消费者有利于环境保护及身心健康的消费需求。企业选择并实施绿色营销战略，在其经营活动中采用现代营销模式，追求经济效益、社会效益和环境效益的高度统一，是实现“既满足当代人的需要，又不损害后代人满足其需要”的发展。因此，绿色营销作为实现农业可持续发展的有效途径，无疑成为现代企业，尤其是绿色食品生产企业进行营销活动，进行市场开拓的必然选择。

实施绿色营销战略，首先要根据绿色消费趋势，发现市场机会，确定绿色食品营销的战略任务；其次，根据绿色食品标准，确定绿色食品的业务组合计划，对绿色食品市场进行市场细分后科学选择目标市场，并进行产品开发和研制，选择恰当的发展战略，制定包括清洁生产在内的战略规划；最后，根据绿色消费的要求制订绿色营销策略计划。

（二）实施绿色广告策略，宣传绿色消费

推行绿色广告是绿色营销的重要内容。绿色广告是宣传绿色消费的有效手段，是站在维护人类生存利益的基点上推销产品的广告，它的功能在于强化和提升人们的环保意识，使消费者将消费和个人生存危机及人类生存危机联系起来，使消费者认识到错误的消费影响到人类的生存，并最终落实到每个个体身上，这样消费者就会选择有利于个人健康和人

类生态平衡的包括绿色食品在内的绿色产品。运用绿色广告就可以迎合现代消费者的绿色消费心理，对绿色食品工程宣传，容易引起消费者的共鸣，从而达到促销的目的。目前在中国，绿色广告作为一种市场营销战略还未引起广大绿色食品生产者、经营者的普遍重视。因此，绿色食品生产、经营企业应该根据市场需求的多样性、目标市场、产品特性、消费者需求情感和售后优质服务等方面因素，充分运用广播电视、报纸、互联网等传播媒体，提高企业知名度和宣传产品品牌。

（三）努力拓展国外绿色食品销售市场

加强我国绿色食品出口营销力度，主要抓好两项工作。一是加强我国绿色食品在国际市场的营销渠道和网络的建设。针对所选定的绿色食品目标市场，研究其市场特征，制定科学合理的国际市场营销渠道，建立相应的营销组织，有效促进我国绿色食品出口的发展。二是要做好国际市场绿色食品信息的搜集工作。要重点搜集国外的先进生产技术、市场容量、法规、组织等方面的信息，掌握其绿色食品生产经营、管理方面的先进经验，特别是要掌握其绿色食品标准及生产经营管理等方面的规定及其变化，组织力量将国外绿色食品市场动态信息，特别是绿色食品有关质量标准及进口管理规定，及时向国内生产企业和贸易企业传达。有预见性地制定合理的营销策略，利于我国绿色食品进入发达国家的绿色食品市场，并不断扩大市场份额。

（四）选择合理的价格策略

1．新产品定价策略

许多绿色食品可以作为新产品看待，而且有些绿色食品本身就是新产品，为此这些产品可以采用新产品定价策略。

2．满意定价策略

参照市场上出现的相同或相似的绿色食品价格水平进行定价。

3．目标价格策略

根据企业预期的利润收益，结合市场的需求量和绿色食品的成本费用来确定产品的价格。

4．心理定价策略

根据消费者的消费心理进行定价。很多情况下，绿色食品可以满足消费者的某种心理需求，如自然、安全或赶时尚等，这就为绿色食品进行心理定价提供了依据。

（五）实施绿色包装策略

实行绿色营销策略，应对产品实行绿色包装。世界上发达国家确定了包装要符合“4R+1D”的原则，低消耗、开发新绿色材料、再利用、再循环和可降解。美国麦当劳连锁集团在世界快餐业内享有显赫的地位，“减少废物，再使用，再循环”的环保措施，是其经营成功的重要原因。

（六）实施品牌战略开拓市场

塑造绿色食品名优品牌，既要靠产品的内在品质，又要注意产品的外观设计。

品牌是企业发展的一个关键因素，也是提高企业竞争力的主要手段，它体现了一个企业的综合实力。选准目标市场，加快名优品牌的创立、延伸和整合力度，特别是要在整合上下工夫。目前，现有的小型绿色食品企业要向品牌亮、规模大、销路好、效益高的同类名牌企业靠拢。实践证明，绿色食品企业进行的品牌整合形成了巨大的合力，增强了市场的竞争力。构造绿色食品品牌，应注意把握以下三条原则：一是要坚持按市场竞争构造品牌。要遵循市场规律，根据商品的知名度和市场占有率来确定绿色食品品牌，政府不能靠行政命令人为构造品牌。二是要坚持用质量标准体系构造品牌。质量标准问题是构造品牌的主要基础，没有标准就没有质量，没有质量就没有品牌。三要坚持用产业化经营的方式构造品牌。产业化集生产、加工、储运、营销及相关产业为一体，既能实现绿色食品“从农田到餐桌”的全程质量控制，又能吸纳同类企业共创品牌，是构造品牌的有效途径。

思考与练习

1. 简述绿色食品市场营销含义。
2. 简述市场营销的重要作用。
3. 简述绿色食品市场体系的特点。
4. 简述绿色食品市场体系的地位与作用。
5. 简述绿色食品市场体系的组成。
6. 简述市场结构的内容。
7. 简述市场运行一般需要的条件。
8. 简述绿色食品市场营销环境的内容。
9. 简述绿色食品企业营销市场定位的内容。
10. 简述绿色食品市场营销的原则。
11. 简述绿色食品市场营销选择低价位战略的原因。
12. 简述绿色食品企业市场营销对策。

参考文献

[1] 中国标准出版社第一编辑室. 绿色食品标准汇编. 北京：中国标准出版社，2003.

[2] 中华人民共和国农业行业标准.北京：农业部. 2000.

[3] 刘连馥.绿色食品导论.北京：企业管理出版社，1998.

[4] 李秋洪，袁泳.绿色食品产业与技术.北京：中国农业科学技术出版社，2002.

[5] 张希良，王志国，马加林.绿色食品管理与生产技术.哈尔滨：黑龙江科学技术出版社，2003.

[6] 赵清爽，张希良，朱佳宁. 绿色食品发展战略研究开发与市场营销. 北京：中国致公出版社，2002.

[7] 黑龙江省绿色食品开发领导小组办公室，黑龙江省绿色食品发展中心.黑龙江省绿色食品管理手册（一～六）.哈尔滨：2004.

[8] 鞠剑峰，赵凤艳.绿色食品基础.哈尔滨：黑龙江人民出版社，2005.

[9] 鞠剑峰.绿色食品生产基地.北京：中国农业出版社，2006.

[10] 高翔. 特种经济动物养殖实用新技术.北京：中国农业出版社，2004.

[11] 李明荣.质量认证理论与实务.大连：大连理工大学出版社，2011.

[12] 中国绿色食品发展中心.http：//www.moa.gov.cn/sydw/lssp.

[13] 中国绿色食品网.http：//www.greenfood.org.en.

[14] 黑龙江绿色食品网. http：//www. lshlj.gov.cn.